# 図解 潜水艦

F FILES No.057

高平鳴海／野神明人／米田鷹雄 著

新紀元社

# はじめに

現代においては、潜水艦は最強の軍艦だといわれている。

第二次大戦までは、海中に潜んで貨物船を襲うという、陰湿なイメージがあった潜水艦だが、冷戦時代からは核ミサイルを搭載するという大役を任され、その性能もかなり向上した。

本来は人が踏み入ることのできない深海を行き、人知れず任務を遂行する潜水艦。それは高い技術を有した先進国でないと建造できず、軍事機密の塊と呼ばれる存在であり、ごく限られた、選ばれた者しか乗ることが許されない兵器なのだ。

作戦のため海中を航行中の現代潜水艦は、敵に撃破される可能性が低く、専門的な手段を講じないと見つけることすらできないといわれている。搭載される武器もかつては魚雷だけだったのが、誘導魚雷、弾道ミサイル、巡航ミサイル、対艦ミサイル、対空ミサイルなどを積めるようになり、ほぼすべての種類の敵を相手にできる。そして特殊部隊を敵地へ運んだり、空中・海中の無人機の母艦となるなど、多彩な特殊任務にも対応するようになっている。

潜水艦には昔から各国が注目してきた。大戦期のドイツではUボート乗りは国民から英雄扱いされていたというし、ソ連では潜水艦を重用し、さまざまな機能を持つ艦を建造し、ロシアとなった今でも運用を続けている。アメリカは潜水艦の戦術をよく研究し、すべての艦に原子炉を積むという思い切った方針を採った。そして日本は酸素魚雷や潜水空母など野心的な兵器を実用化し、現代でも最新かつ優秀な潜水艦を世に送り出している。

本書では「鉄の鯨」という愛称で呼ばれる潜水艦の実態を明らかにしていこう。

著者

# 目次

# 目次

# 第1章
# 潜水艦の存在意義と歴史

No.001

# 潜水艦とは何か

ひとことで表現するなら、水中に潜ることができる軍艦を潜水艦と呼ぶ。現代に至るまで、さまざまな用途の潜水艦が運用されてきた。

## ●完成された沈黙の軍艦

広義には水中に潜って行動できる船を**潜水艦**という。マイナーだが潜水船という呼称もある。かつては商用の潜水艦も2隻存在したが、今日一般的に潜水艦といえばイメージされる船は軍用であり、その全長は概ね50mを超え、百数十mもの巨艦もある。

水中に身を隠し、作戦行動を行う艦なので、たいていは何らかの兵器を搭載している。魚雷が一般的で、それ以外の用途の異なる武装、たとえばミサイルや火砲、機雷などが搭載可能な潜水艦もある。

第二次大戦までは主に、敵船舶に忍び寄って奇襲をかける兵器だった。使いようによっては強力な駒となるが、当時はまだ兵器として発展途上にあり、海軍の主力メンバーとしては力不足なところがあった。

しかし、技術の進歩で、戦後から重要な地位を占めるようになってきた。特に原子炉を内蔵して深く長く潜航が続けられるようになってから、その地位はめざましく向上した。

戦後から現代までに、潜水艦は核ミサイルを発射する戦略兵器へと進化を遂げた。昨今では巡航ミサイルによる対地攻撃をしながら、特殊部隊を敵地へ上陸させるといった戦術的任務をも担当できるようになっている。

潜水艦とは別に、**潜水艇**という言葉もある。こちらは比較的小型の潜水可能な船舶を指し、軍用と民間、有人と無人のものに分かれる。民間潜水艇は、レジャーまたは観光向けと深海調査船がよく知られている。南米の麻薬カルテルも密輸のために潜水艇を使っていたりする。潜水艇というカテゴリーには国際的な決まりがあるわけではなく、艦ほど大きくないというニュアンスで、慣習的に「艇」と呼んでいるだけである。英語でも、潜水艦はsubmarine、潜水艇はsubmersibleと区別される。

## 潜水艦とは

### 潜水艦とは？

潜水艦と潜水艇は大きさの違いで分けられている

なお、英語でも潜水艦＝Submarine、潜水艇＝ Submersibleと呼称が分かれている。また、ドイツ語では潜水艦はU-Schiffe又はU-Bootとなるが、慣習的に軍用潜水艦はU-Bootと呼ばれることが多い。なお、民間用の潜水艇は Tauchbootと呼び分けられている。

### さまざまな潜水艦たち

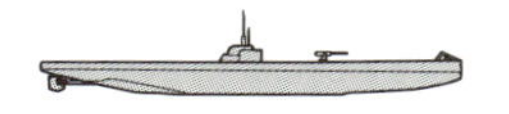

**Ms型潜水艦（独,1914）**
第一次大戦で活躍したU-Boot。

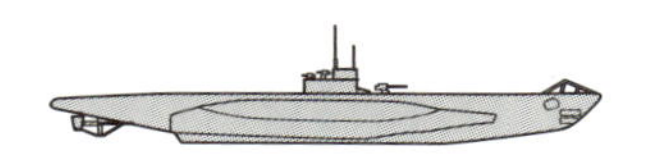

**U-VIIC型潜水艦（独,1940）**
第二次大戦で活躍したU-Boot。

**ロサンゼルス級原子力潜水艦（米,1976）**
原子力潜水艦として最多建造された。

**ボレイ型原子力潜水艦（露,2013）**
露の新型の弾道ミサイル潜水艦。

#### 関連項目

●軍用潜水艦の種類→No.002
●可潜艦から潜水艦へ→No.005
●攻撃型潜水艦→No.006
●弾道ミサイル潜水艦→No.007

No.002

# 軍用潜水艦の種類

**軍用潜水艦を分類する方法はいろいろある。任務によって分けたり艦のサイズや能力・機能によって分ける場合もあった。**

## ●大戦期から現代の潜水艦分類

潜水艦は戦略任務か戦術任務を遂行するかで分類するのが分かりやすい。

戦略任務とは核ミサイル＝弾道ミサイルを搭載し、大国の核戦略の一翼を担う抑止力的な潜水艦である。弾道ミサイルを積むには一定以上のサイズが必要で、原子力機関によって長期間海中に潜んでいなければ、その任はこなせない。**弾道ミサイル潜水艦**は他の潜水艦とは別格の艦である。

次に戦術任務を遂行する潜水艦だが、これは主に敵艦船を攻撃する艦を指す。第二次大戦ごろまでのほぼすべての潜水艦がそれに当たり、今日では攻撃型潜水艦と呼ばれているものだ。現代では、水上艦はもとより敵潜水艦とも戦うことを前提にしている。

大戦期までは、**攻撃型潜水艦**のうち大型艦を**巡洋潜水艦**、艦隊に随伴して水中から敵艦隊に対抗する艦を**艦隊型潜水艦**などと分類していた。なお、英海軍では攻撃型潜水艦に相当するものについて、現代でも艦隊型潜水艦と分類している。

戦後、軍事技術の進歩で巡航ミサイルが登場すると、これを主兵装として艦船や地上目標へ攻撃を行うことができる**巡航ミサイル潜水艦**も運用されるようになった。

小型で自国沿岸の防衛に用いられるものは**沿岸型潜水艦**または**哨戒潜水艦**と呼ばれる。現代でも、ドイツ海軍などの潜水艦はこれに分類できる。中でも特に小型で能力が限定的なものを、**特殊潜航艇**と呼ぶことがある。大戦期には対艦攻撃の任にあったが、現代では特殊部隊や工作員を秘密裏に上陸させるのに用いられている。

その他、補給潜水艦や輸送潜水艦、機雷敷設潜水艦、ピケット潜水艦など特定任務のための潜水艦があったが、大戦期以降はほとんど消滅した。

## 世界のさまざまな種類の潜水艦

| 種別（艦種記号） | 概要 | 代表的クラス |
|---|---|---|
| 攻撃潜水艦（SS）<br>攻撃原子力潜水艦（SSN） | 対艦船攻撃を主任務とする潜水艦。 | そうりゅう型（日,2009）<br>バージニア級（米,2004） |
| ミサイル潜水艦（SSG）<br>原子力巡航ミサイル潜水艦（SSGN） | 巡航ミサイルを主兵装とする潜水艦。 | オスカーII型（ソ,1985） |
| 弾道ミサイル潜水艦（SSB）<br>原子力弾道ミサイル潜水艦（SSBN） | 核弾道ミサイルを搭載した潜水艦。 | オハイオ級（米,1981）<br>タイフーン型（ソ,1981） |
| 巡洋潜水艦（SC） | 主として第二次大戦期までの種別。外洋での長期活動を目的とした大型の潜水艦。 | 巡潜乙型改二（日,1944）<br>T級潜水艦（英,1938） |
| 艦隊型潜水艦（SF） | 主として第二次大戦期までの種別だが、英では今も用いている。水上艦隊に随伴して行動することを目的とした潜水艦。 | 海大VII型（日,1942）<br>アスチュート級（英,2000） |
| 敷設潜水艦（SM） | 機雷を敷設する潜水艦。水上艦に比べて隠密のうちに機雷を敷設することを目的とした。 | UボートX型（独,1941） |
| 沿岸型潜水艦（SSC） | 哨戒潜水艦とも。内海や沿岸海域で活動する小型潜水艦。 | UボートII型（独,1935）<br>潜高小型（日,1945） |
| 特殊潜航艇（SSM） | 小型（主に150t以下）の潜航艇。奇襲的な対艦船攻撃、特殊部隊の隠密上陸などを行う。 | 甲標的（日,1940）<br>XE型（英,1944） |
| 補給潜水艦（SSO） | 他の艦に水上補給を行う潜水艦。 | UボートXIV型（独,1941） |
| 輸送潜水艦（SSLP,ASSP,APSS） | 拠点から拠点への輸送を行う輸送潜水艦。 | 三式潜航輸送艇（日,1943） |
| 練習潜水艦（SST） | 訓練のための潜水艦。老朽化した潜水艦があてられるのが通常である。 | みちしお（日,1999就役、2017より練習潜水艦） |
| レーダーピケット潜水艦（SSR） | 水上艦隊より前方に進出しレーダーで対空警戒を行い早期警戒を行う潜水艦。航空機搭載レーダーの性能向上により早期に消滅した。 | セイルフィッシュ級（米,1956） |

艦種記号は米軍の船体分類記号による。
末尾にNがつくのは、原子力機関であることを示す。
また、分類には明確な国際基準があるわけではないので、資料等により上表とは異なった分類となることもある。

関連項目

●潜水艦とは何か→No.001
●攻撃型潜水艦→No.006
●弾道ミサイル潜水艦→No.007
●潜水艦の名前→No.020

No.003

# 黎明期の潜水艦

**潜水艦に近い兵器は近代以前にもなかば伝説的に語られてきたが戦史に記録が残っている最初の潜水艦はアメリカの「タートル号」である。**

## ●潜水艦の進化の歴史

1776年、アメリカ独立戦争時に世界で初めて実戦投入された潜水艦が「**タートル号**」である。亀の甲羅を貼り合わせたような外見、全体は壺のようなシルエットで、一見では潜水艦の先祖には思えない。このひとり乗りの潜水艇はペダルで漕ぐことでスクリューを回して航走し、手動の注排水で浮沈をコントロールできる。30分程度の潜航が可能だった。敵の港に忍び込み、敵船の船底に錐で穴を空けて爆薬を仕込むというユニークな兵器だったが、戦果は残せなかった。

19世紀中盤の南北戦争では、南軍が「**ハンレー**」潜水艇を投入した。有名なホランド級潜水艦より少し早いデビューで、全長12mもあり、8人が乗り組んでやはり人力ペダルで推進した。8人で漕ぐのでだいぶ速かったのではなかろうか。「ハンレー」は機雷を付けた長い棒が艦首にあり、槍のように敵船に突き刺し固定してから離脱、長い紐を引いて爆発させるという独特の戦法を取った。1864年2月17日に北軍の蒸気帆船「ハウサトニック」を攻撃し、大破着底させた。「ハンレー」も帰途で沈んでしまうが、これが世界初の潜水艦による戦果とされている。

1863年、フランス海軍の「**プロンジュール**」は圧縮空気による推進に成功した。人力以外で水中航行した初の潜水艇だ。1877年、ポーランドでジェビエツキが開発した潜水艦は人力推進だったが、初めて潜望鏡を装備したといわれている。1885年、スウェーデンの「**ノルデンフェルト1号**」は、初めて自走魚雷を武装とし、甲板には機関砲も搭載していた。1900年就役の「**ナーワル**」(仏)は水上航行用の蒸気機関と水中航行用の蓄電池+モーターを積み、水中での行動力を飛躍的に向上させた。さらには二重の船殻を採用し、その隙間をバラストタンクとして使っていた。

## 試行錯誤の時代の潜水艦たち

タートル号（米,1776）

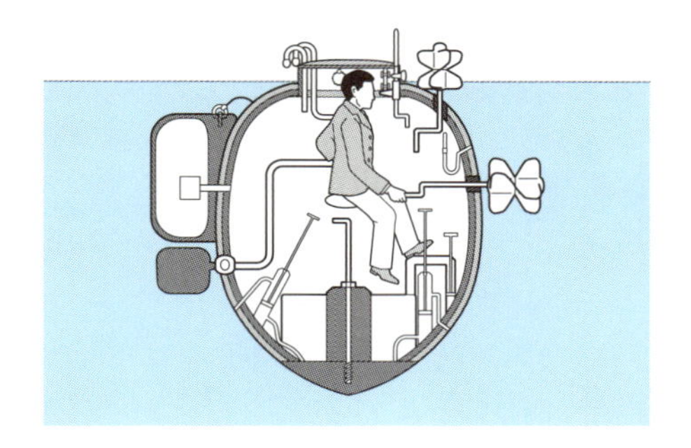

高さは3mほど。穏やかな状況なら速度2.6ktで30分の潜航が可能であったという。

H.L.ハンレー（米,1864）

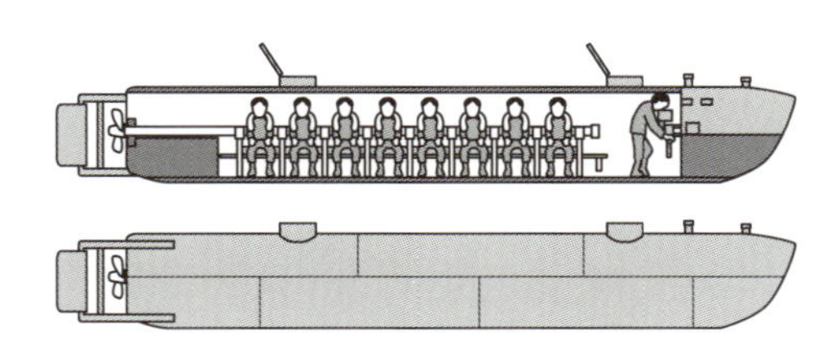

全長12m。8名が乗り込み、人力でスクリューを回した。世界初の戦果を挙げるも帰途に沈没。2000年に引き揚げられ、残されていた遺骸は2004年に軍葬で埋葬された。

プロンジュール（仏,1863）

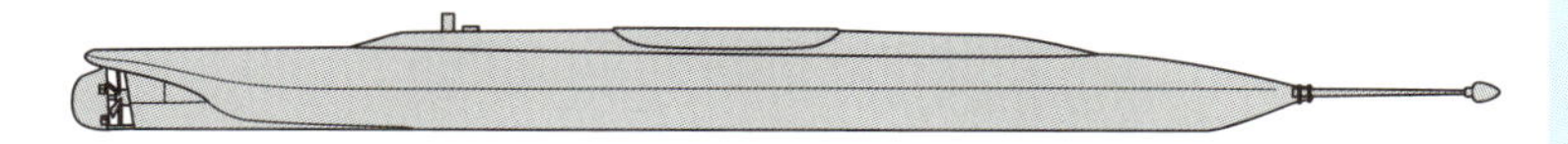

圧縮空気でスクリューを回し推進。全長は43mもあり、航続距離は9kmだった。甲板に救命艇が積まれている。長い棒で敵艦を突くか、その先に爆雷を付けて電気で着火する。

関連項目

●潜水艦とは何か→No.001
●黎明期の傑作潜水艦ホランド級→No.004
●主要国の潜水艦発展史②アメリカ→No.012
●主要国の潜水艦発展史⑤欧州→No.015

No.004

# 黎明期の傑作潜水艦ホランド級

アイルランド系移民のジョン・ホランドがアメリカで開発した潜水艦は実用的という評価を受け、世界中の海軍で採用された。

## ●世界が認めたベストセラー

**ホランド級**潜水艦は1878年に1号艇が就役し、1898年に世に出た改良型の6号艇が決定版として世に広く知られるようになった。

全長19m、乗員7名で、主機関はガソリンエンジン、それに水中航行用に蓄電池とモーターを搭載し、スクリューと直結させるという、現代まで続く動力システムレイアウトを確立していた。さらに司令塔を備え、垂直舵と水平舵を有して水中での安定した操縦性を確保している。

武装は魚雷発射管1門、そして圧縮空気でダイナマイトを飛ばす8インチダイナマイト砲を備えていた。

ホランド級は1900年に米海軍で就役したのを皮切りに英、露、伊、蘭、カナダ、オーストリア＝ハンガリー、ノルウェー、そして日本でも採用され、以後の潜水艦の礎となっていった。

## ●第六潜水艇の悲劇

日本は明治時代の末という時代、若干の改良を施したホランド級を「**第六型潜水艇**」という名で採用したが、1910年に大事故が起こった。高い評価を受けたにせよ、当時の技術水準は未熟で、潜水艦の事故は多発していた。各国ではホランド級の事故を隠す傾向にあったが、日本は違った。

佐久間艦長が指揮を執る「第六号」艇は、潜航中のエンジン作動実験を行っている最中のトラブルで沈没した。彼は後進のためにその原因を特定しようとメモを残し、天皇にはお詫びと忠誠を示した。他の乗員らも最期まで持ち場を離れず、最善を尽くしながら亡くなった。

こういう場合、他国では乗員はみんなパニックに陥りつつ窒息死するのが当たり前だったため、世界の海軍関係者に衝撃を与えたという。

## 黎明期の傑作ホランド級

### 水上でも水中でも攻撃可能なホランド級

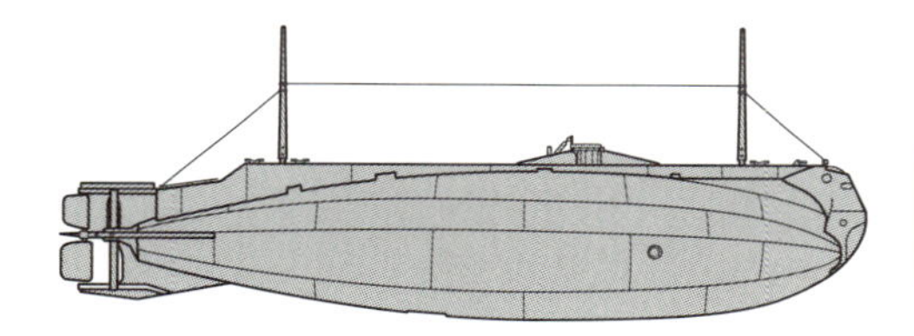

| 1878年／アメリカ<br>全長：19m<br>水中速力：5kt |
|---|

※スペックはUSS-1「ホランド」(1900) のもの。

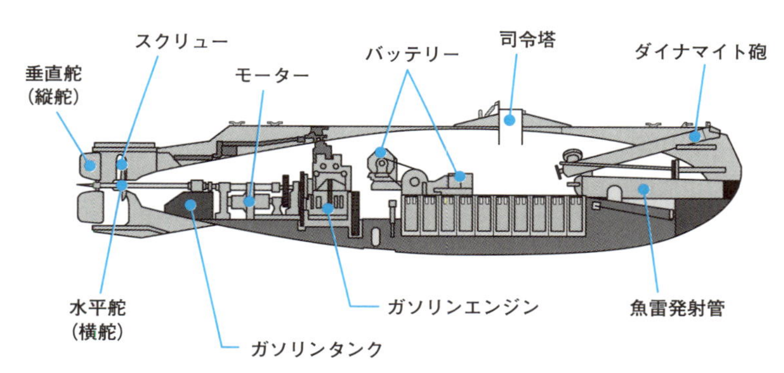


### ホランド級が備えた先進性

① 内燃機関（ガソリンエンジン）と蓄電池＆モーターを搭載し、スクリュー軸と直結。水上はガソリンエンジンを稼働して航行、水中ではモーター航行に切り替える方式を採用。

② 水平舵（横舵）と垂直舵（縦舵）を装備し、水中で安定した航行を可能にした。また内部の前後には浮力を調節するトリムタンクも備えた。

③ 水中で攻撃する450mm魚雷発射管と、水面で攻撃するダイナマイト砲を装備。圧縮空気で40mも爆発物を飛ばし、弾体には飛行を安定させる翼が付くグレネードランチャーに似た火器。

関連項目

●潜水艦とは何か→No.001
●黎明期の潜水艦→No.003
●主要国の潜水艦発展史②アメリカ→No.012
●日本海軍最初の潜水艦部隊→No.017

No.005

# 可潜艦から潜水艦へ

**普段は水上で航行し必要な時だけ潜る初期の艦を「可潜艦」と呼び、現代の大半を水中で活動する「潜水艦」と区別して呼ぶこともある。**

## ●天敵から逃れるため潜水艦へと進化した可潜艦

潜水艦は、水中に潜ることで相手から発見されにくくしたステルス艦として発展した。とはいえ、第二次大戦のころまでは常に水中に潜っていたわけではなく、普段は水上航行し、攻撃時や敵から逃れるときのみ水中に潜る戦法をとっていた。そのため船体の形も、水上航行時に速度を出しやすい水上船型をしていた。この時期の潜水艦のことを、潜ることが可能な船という意味で「**可潜艦**」と呼んで区別することもある。

一方、大戦中に生まれ戦後に主流となったのが、水中での航行性能に主眼を置いた**潜水艦**だ。船体は水中での抵抗が少ない涙滴型や葉巻型。潜ったままでも発電用エンジンを回せるように、水面に突き出し空気を取り入れるスノーケルが実用的になり蓄電池も拡充、大半を水中で行動する工夫が施されるようになった。さらに空気を必要としない原子力潜水艦が登場し、潜水艦のステルス能力は一層高いものとなった。

## ●水上排水量と水中排水量

船の大きさを表す単位に排水量がある。船を浮かべた場合にアルキメデスの原理で溢れる水量の体積を水の重さ(t)で表したものだ。軍艦では燃料、弾薬、水、人員、消耗品を満載した状態で計る「満載排水量」が国際基準として使われる(乗員、弾薬、消耗品のみの「基準排水量」もある)。

ところが潜水艦は水中に潜る特殊な艦だ。初期には可潜艦の名残で「満載排水量」が使われたが、発達する過程で水中に完全に沈めた状態で計る「**水中排水量**」が重視されるようになった。そこで浮かべた状態を「水上(満載)排水量」と呼び、「水中排水量」と並行して表記される。潜水艦には2種類の排水量が存在し「水中排水量」の方がより重い数値となる。

## 可潜艦と潜水艦

**可潜艦** 水上航行が基本で必要に応じて潜航。

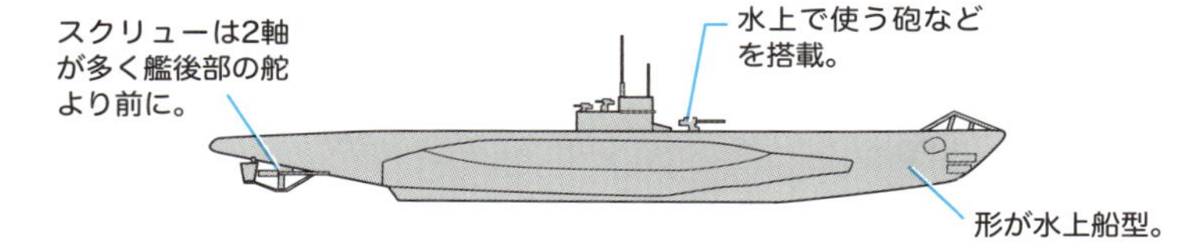


**潜水艦** 普段から水中に潜ったままで行動する。

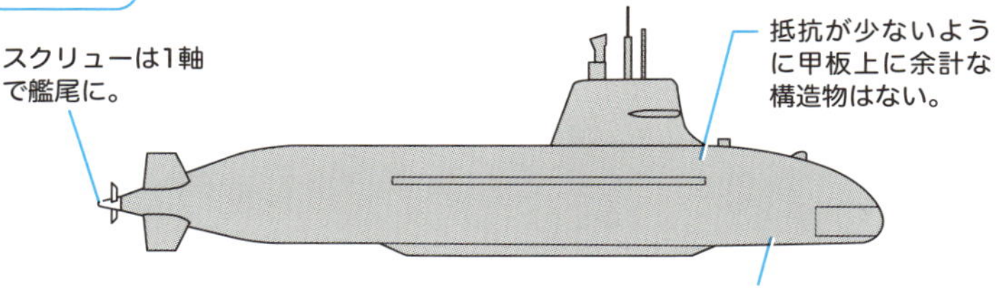


## 水上排水量と水中排水量

**水上（満載）排水量** 燃料、弾薬、水、人員、消耗品を満載した状態で水面に浮いたときの排水量。水上艦では満載排水量といわれる。

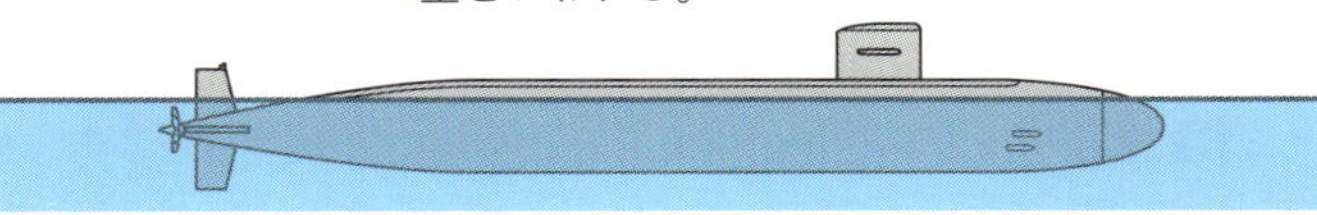

**水中排水量** 水中に完全に沈んだ状態での排水量。現在はこちらが重視される。

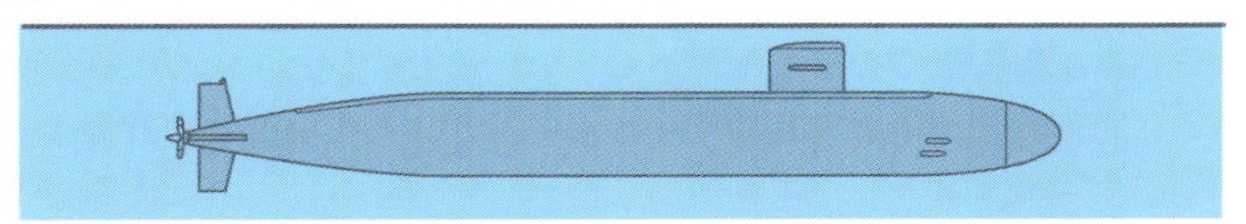

※ たとえばロサンゼルス級潜水艦の最終型では、水上排水量が6,300tに対し、水中排水量は7,147tになる。

### 関連項目

●潜水艦とは何か→No.001
●主要国の潜水艦発展史①ドイツ→No.011
●時代とともに変化した船体形状→No.022
●潜水艦の呼吸器官・スノーケル→No.038

No.006

# 攻撃型潜水艦

攻撃型潜水艦とは、戦術的任務を遂行する潜水艦のうち、対艦船攻撃を主目的として設計された潜水艦のことである。

## ●技術革新でできることが増えた潜水艦

黎明期の潜水艇から冷戦期以前までの潜水艦は(補助的な任務である一部の潜水艦を除いて)、すべてが対艦船攻撃を主目的として設計されてきた。艦のサイズ(大きければ巡洋潜水艦)や用兵思想(水上艦と行動をともにする艦隊型潜水艦)といった区分けは存在したが、結局どれも**攻撃型潜水艦**であるため、ことさらこう呼ばれることはなかった。

大戦期には砲も使われたが、主兵装は魚雷である。第二次大戦期まで魚雷は無誘導であったため、攻撃可能なのは水上艦に限られていた。その時代にも潜水艦が潜水艦を攻撃した例はあるが、片方が水上航走中の戦例だ。

戦後、探知技術の発達と誘導魚雷の実用化により、海中の潜水艦同士の戦いも可能になった。従来通り水上艦を狙ってもいいのだが、運用の幅が広がった。

まず、敵側の弾道ミサイル潜水艦を追尾・攻撃することは重要だし、攻撃型潜水艦にしかできない任務である。逆に友軍の弾道ミサイル潜水艦を護衛し、敵潜水艦を寄せつけないようにする任務もある。

それから、友軍水上艦隊に攻撃を試みる敵潜水艦を排除するという護衛任務も可能になった。たとえば米海軍が機動部隊を編成する場合、水中には攻撃型潜水艦が護衛として配置されるといわれている。

さらには**潜水艦発射式巡航ミサイル**も実用化されている。これによって魚雷でなく巡航ミサイルで艦船や地上施設を攻撃できるようになった。専用のミサイル潜水艦でなくても、魚雷発射管から発射可能な巡航ミサイルも登場した。その上、潜水艦から発射できる対空ミサイルも実用化が進められている。使い方次第では、潜水艦の天敵だった対潜哨戒機や対潜ヘリなどにも一応の対抗手段ができることになる。

## 攻撃型潜水艦

### 現代の最新攻撃型潜水艦

バージニア級攻撃型原子力潜水艦

米海軍の最新鋭攻撃型原潜
全長：114.9m　水中排水量：7,800t
兵装：魚雷発射管×4、トマホークVLS×12

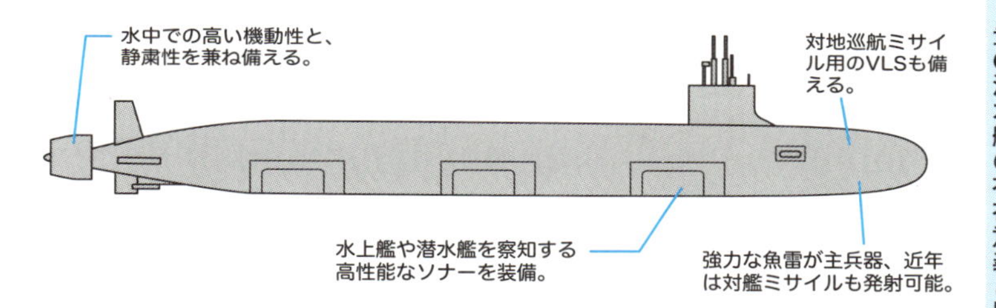


### 第二次大戦期の攻撃型潜水艦

U-VIIC型（独,1940）

全長：67.1-68.2m　水中排水量：860-1,099t
兵装：533mm魚雷発射管×5、88mm砲×2、
37mm砲×1, 20mm機銃×2

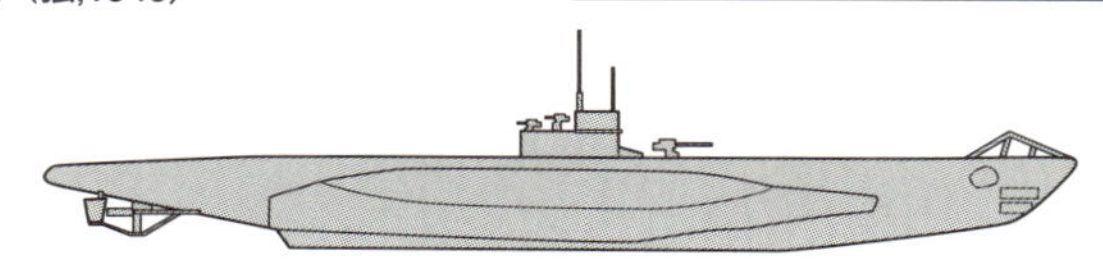

第二次大戦で665隻が竣工した潜水艦だけでなく軍艦として一形式でもっとも量産された艦である。対連合国通商破壊に猛威を振るった。

### 冷戦期の攻撃型潜水艦

チャーチル級原子力潜水艦（英,1971）

全長：87m　水中排水量：4,900t
兵装：533mm魚雷発射管×6門（ハープーン運用可）

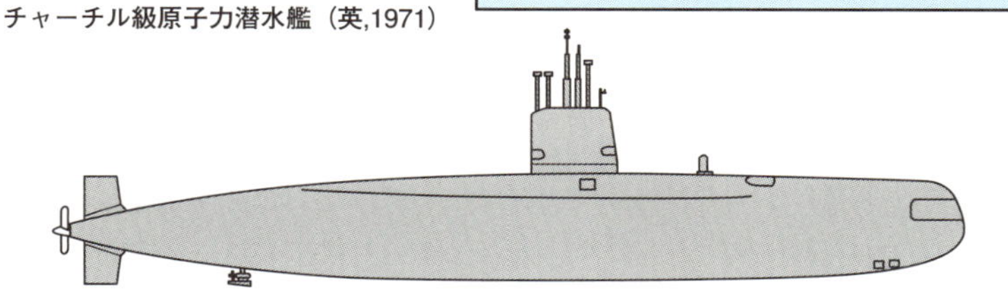

二番艦コンカラーはフォークランド紛争（1982）で魚雷により巡洋艦1を撃沈、駆逐艦1を撃破しており、原子力潜水艦として史上初の戦果をあげている。

関連項目


●魚雷の歴史→No.042
●誘導兵器となった魚雷→No.043
●現代潜水艦の任務②監視と領海警備→No.060
●攻撃潜水艦の魚雷攻撃手順→No.068

No.007

# 弾道ミサイル潜水艦

弾道ミサイル潜水艦は、戦略ミサイル潜水艦とも呼ばれる。核ミサイルを搭載し、敵国への直接攻撃を行うための潜水艦である。

## ●決して使われてはいけない兵器

第二次大戦末期に登場した核兵器は、急速に改良されて威力を増したと同時に、ロケットと組み合わされることで**大陸間弾道弾(ICBM)**となった。また各国が核技術の研究に力を入れた結果、複数の国家がICBMを獲得し、配備するようになった。

高速で落ちてくる弾道ミサイルは迎撃が困難であり、先制核攻撃をすると敵国は壊滅することが予想できる。しかし、敵国も攻撃を察知したら同時にミサイルを発射するか、生き残った戦力で核による反撃を行うはずだ。よって、両国とも潰れてしまう、もしくは地球全体が滅びることにもなりかねないので、核攻撃は実際には行われることはないとされている。これを**MAD**(相互確証破壊)と呼ぶ。

**弾道ミサイル潜水艦**は、その中で生まれた新兵器だった。いわば移動可能な水中ミサイルランチャーであり、たとえ本国が滅びても必ず報復という任務を達成しなくてはならない。つまり、敵に位置を悟られないことが重要となる。大型ミサイルを搭載し、潜ったまま長期間の航海ができるのが条件で、そのために艦体は大型で必ず原子力エンジンを積んでいる。

冷戦期の米軍には、出港するとすぐに潜航して海中を遊弋する**核パトロール**を行う弾道ミサイル潜水艦が41隻あり、「**自由のための41隻**(41 for Freedom)」と喧伝されていた。

弾道ミサイル潜水艦は、それまでの潜水艦と一線を画する。乗員に課せられるのは人類存亡のカギを握るレベルの重い任務だし、長期間の作戦行動を強いられる。そうしたプレッシャーやストレスに耐えられるよう艦内の設備は豪華で、トレーニングルームや娯楽室が用意された艦もある。その艦内では真水を作ることもできるという。電気も水も使い放題だ。

## 弾道ミサイル潜水艦

### 代表的な弾道ミサイル潜水艦

オハイオ級（米,1981）

全長:170.67m　水中排水量：18,750t
兵装：533mm魚雷発射管×4、トライデント
SLBM×24

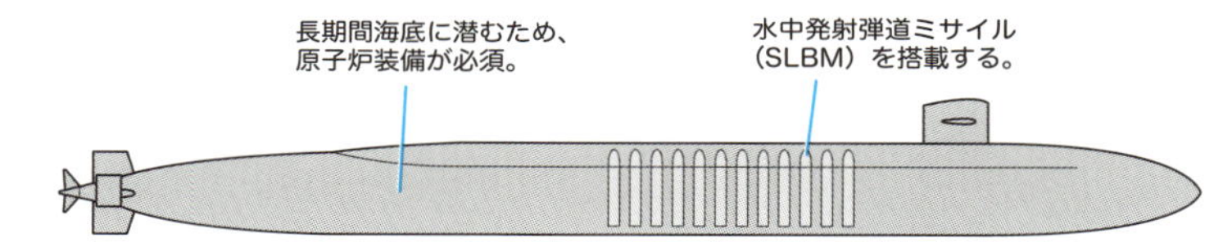


弾道ミサイルを多く搭載し、長期間の核パトロール任務に耐えるため船体は巨大になる。水中排水量は1万tをはるかに超える。

### 最新鋭弾道ミサイル潜水艦

ボレイ型（露,2013）

全長：170m　水中排水量：19,711t
兵装：533mm魚雷発射管×6、R-30ブラヴァー
SLBM×16

ロシアの最新の弾道ミサイル潜水艦であり、ポンプジェット推進を採用しているといわれている。

ル・トリオンファン級　（仏,1997）

全長：138m　水中排水量：14,335t
兵装：533mm魚雷発射管×4、M51
SLBM×16

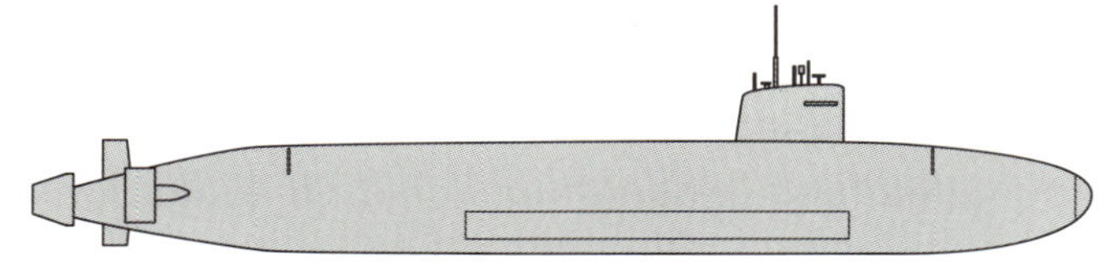

仏は核兵器300基程度を保有する世界三位の核大国であり、その核戦力の一翼を担っている。ポンプジェット推進を採用。

関連項目

●潜水艦の動力③原子力→No.027
潜水艦が搭載する弾道ミサイル→No.044
●現代潜水艦の任務①核パトロール→No.059
●北朝鮮の核戦略 ゴラエ型→No.066

No.008

# 世界最速の潜水艦

世界最速の潜水艦は1960年代末に現れ、今ではすべて退役した。現代において、潜水艦の速度はあまり重要視されていないのだ。

## ●パパ型原子力潜水艦

世界最速の44.7ktを記録したのは、ソ連で1969年に就役した**パパ型原子力潜水艦**(正式名称「661アンチャール設計潜水艦」)だった。世界初のオールチタン船体の艦でもある。チタンは軽くて強度が高いが、高価で加工が難しく、普通は艦艇には用いられない。小型軽量設計された2基の軽水型原子炉を搭載したが、高速航行すると船体外郭が損傷することもあった。パパ型は建造も維持もコスト高であり、航行時の騒音も問題だった。実用的でなく、実験または試作の性格が強い艦だった。1艦だけ建造され、1988年に予備役、翌年には除籍された。

## ●アルファ型原子力潜水艦

ソ連でこの後、1971年から就役した**アルファ型原子力潜水艦**は、世界第二位の高速潜水艦で複数建造された。正式名は「705リーラ設計潜水艦」、パパ型と同じくチタン船体で、動力は**溶融金属冷却原子炉**である。この原子炉は溶融金属を冷却材として用い、通常の原子炉より小型軽量なのに出力が高い。これにより水中で40kt以上を出すことができた。

水上戦力で劣るソ連海軍が、米空母機動部隊を小型高速潜水艦で襲撃するという戦術構想に基づいて、アルファ型は開発された。当時の米海軍ロサンゼルス級原子力潜水艦を振り切ったことから、世界に衝撃を与えた。

高速が売りではあったものの、溶融金属冷却原子炉やその他の新機軸装備はメンテナンスが難しく、またソ連海軍のドクトリンが大型潜水艦を主力とする方向に修正されたため、アルファ型は長く活躍しなかった。1990年までに2番艦を除いた6隻が除籍、2番艦も1996年に除籍され比較的短命に終った。

## ソ連が有した最速潜水艦たち

パパ型原子力潜水艦
（661アンチャール設計潜水艦）

全長：196.9m　全幅：11.5m
水中排水量：7,000t　水中速力：44.7kt
乗員：82人
兵装：P-70対艦ミサイル10基、
　　　533mm魚雷発射管６基　など

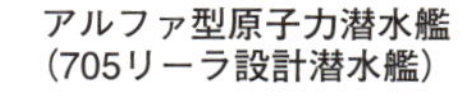

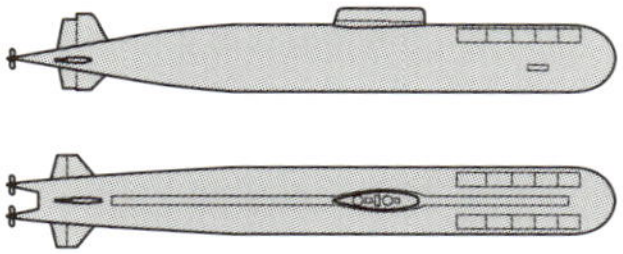

アルファ型原子力潜水艦
（705リーラ設計潜水艦）

全長：81.4m　全幅：9.5m
水中排水量：3,200t　水中速力：40kt＋
乗員：31人
兵装：RPK-6対艦ミサイル12基、
　　　533mm魚雷発射管６基　など

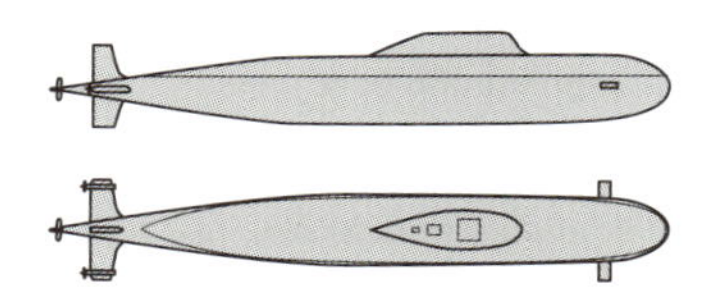

### 速さ比べ

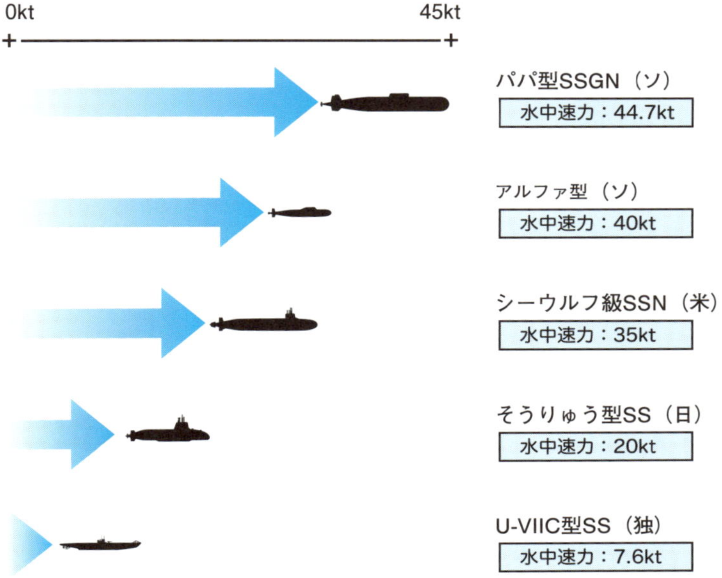

0kt　　45kt

パパ型SSGN（ソ）
水中速力：44.7kt

アルファ型（ソ）
水中速力：40kt

シーウルフ級SSN（米）
水中速力：35kt

そうりゅう型SS（日）
水中速力：20kt

U-VIIC型SS（独）
水中速力：7.6kt

関連項目

●攻撃型潜水艦→No.006
●主要国の潜水艦発展史③ソ連/ロシア→No.013
●時代とともに変化した船体形状→No.022
●潜水艦の動力③原子力→No.027

No.009

# 世界最大の潜水艦

これまでのところで世界最大の潜水艦は、ソ連で建造されたタイフーン型潜水艦である。その全長は171.5mに達する。

## ●ミサイルのサイズに合わせた巨体

ソ連が1981年に就役させた**タイフーン型潜水艦**は正式名称を「941アクーラ設計戦略任務重ミサイル潜水巡洋艦」という。ちなみに、アクーラとはサメの意味である。一番艦の名は「ドミトリー・ドンスコイ」で、合計6隻が建造された。

タイフーン型は全長171.5mで、アメリカの**オハイオ級弾道ミサイル原子力潜水艦**の170.7mと僅差だ。しかし、幅は24.6mで、オハイオ級の12.8mのほぼ倍で、水中排水量も26,925tとオハイオ級の18,750tを大きく上回る。文句なしに世界一大きい潜水艦であり、現在も1隻だけが現役である。

構造は複殻式で、船体主要部はふたつの耐圧殻を横に連結し、それぞれの耐圧殻に推進軸が設けられている。それで現代潜水艦としては珍しい2軸推進となった。艦内のスペースにはかなりの余裕があり、複数のラウンジやスポーツジムなどがあることが分かっている。

タイフーン型は**R-39弾道ミサイル**（米側識別名SS-N-20）を20基積んでいるが、この弾道ミサイルは射程8,250kmもあった。ただしサイズも大きく、全長16m重量84tもあった。参考までに、同時期の米弾道ミサイルは「トライデントC4」で全長10m重量33tだ。ミサイルのサイズに合わせて艦体が設計され、それも20本と大盤振る舞いで積載したため、仕方なしにこんな巨体となった。

現役として残った一番艦は2003年に新型のR-30弾道ミサイルのテスト艦として改装後、運用されている。なおR-30は全長12m重量37tと大幅に小型化されたため、後継艦の「955ボレイ設計戦略任務ミサイル潜水巡洋艦」も水中排水量19,711tとスリムになった。

## 世界最大のタイフーン型

タイフーン型弾道ミサイル原子力潜水艦
（941アクーラ設計戦略任務重ミサイル潜水巡洋艦）

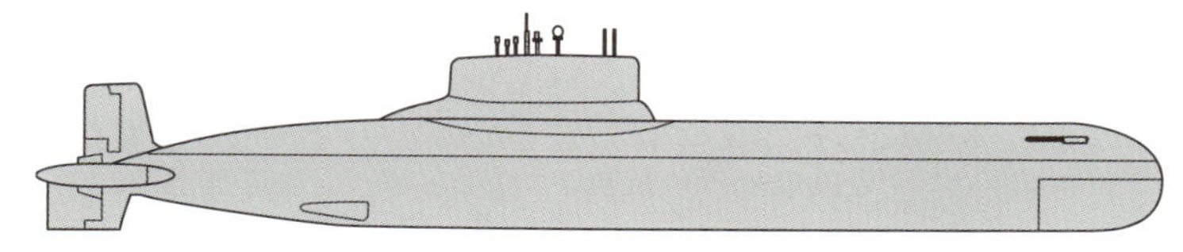

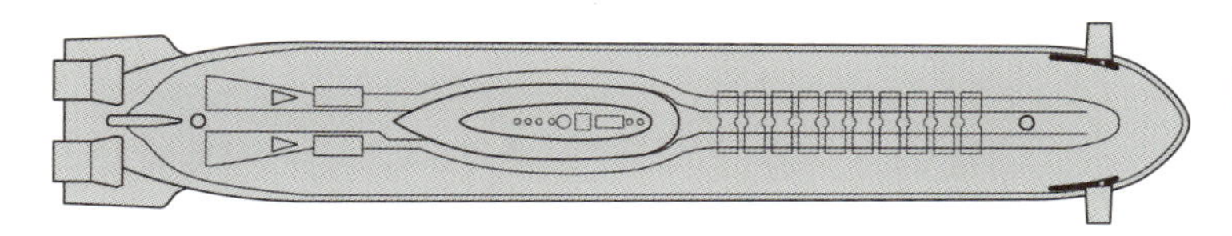

全長：171.5m　全幅：24.6m　水中排水量：26,925t 水中速力：27kt　乗員：160名
兵装：R-39弾道ミサイル20基、533mm魚雷発射管4門、650mm魚雷発射管2門　など

### 大きさ比較

0　180

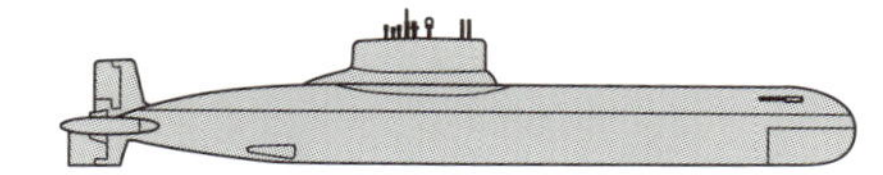

タイフーン型SSBN（ソ）
全長：171.5m　水中排水量：26,925t

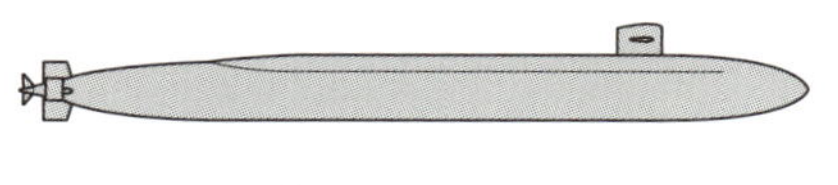

オハイオ級SSBN（米）
全長：170.7m　水中排水量：18,750t

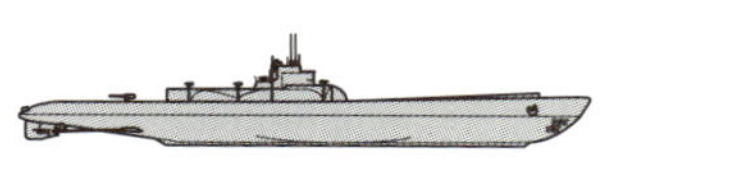

伊400型潜水艦（日）
全長：122m　水中排水量：6,500t

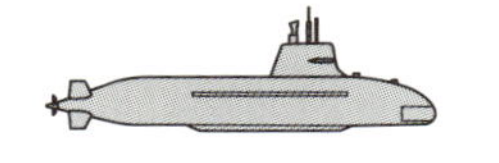

そうりゅう型潜水艦（日）
全長：84m　水中排水量：4,200t

関連項目

●弾道ミサイル潜水艦→No.007
主要国の潜水艦発展史②アメリカ→No.012
●主要国の潜水艦発展史③ソ連/ロシア→No.013
●潜水艦が搭載する弾道ミサイル→No.044

No.010

# 潜水艦の寿命はどのくらいか

潜水艦の寿命については、ばらつきはあるものの一般に25年から35年程度と考えられている。潜水艦の種類によっても差が出る。

## ●設計段階から想定される運用期間

過去の例を挙げると、第二次大戦中の米潜水艦ガトー級やパラオ級は、20年前後で除籍されている。ソ連時代に建造された**デルタⅣ型**(制式名「667BDRMデルリフィン設計潜水艦」)は、2000年代の改装工事で艦齢が35年に延長された。改装で寿命を延ばすこともできるわけだ。

いずれにせよ、潜水艦は水圧がかかる海中での運用を余儀なくされるため、戦中から戦後すぐくらいの時代まで、寿命が水上艦より短めだった。

昨今の原子力潜水艦は建造コストも高く建造期間も長くなっていることから、長期的な整備計画が必要なため、設計時点で艦の寿命を綿密に設定することも多い。英海軍の最新鋭攻撃型原子力潜水艦アスチュート級は、就役期間25年として設計された。ちなみに、米の弾道ミサイル原子力潜水艦は寿命設定が長めになっている。現役のオハイオ級原子力潜水艦で最初に退役予定の7番艦「アラスカ」は、43年間(1985-2029)使い続けられる見込みだ。オハイオ級の後継として計画中の**コロンビア級原子力潜水艦**は、42年間就役できるように設計中である。

ハードウェアとしての寿命もあるが、戦略・戦術の変化や政治的理由で寿命を迎える場合もある。

かつて、海上自衛隊の潜水艦は保有総数が16隻と定められていた。その一方で造船所と建造技術の維持のため毎年1隻を発注していたのだ。海自潜水艦の寿命は16年と極端に短かったわけだが、反面、常に新型高性能の艦を運用することができた。

戦略原潜は国際的な軍縮条約などに左右されることがある。ソ連の**デルタⅠ型潜水艦**(正式名称「667Bムレナ計画潜水艦」)は、第一次戦略兵器削減条約(START I)への対応のため、艦齢20年前後で退役となっている。

## 潜水艦の運用年数

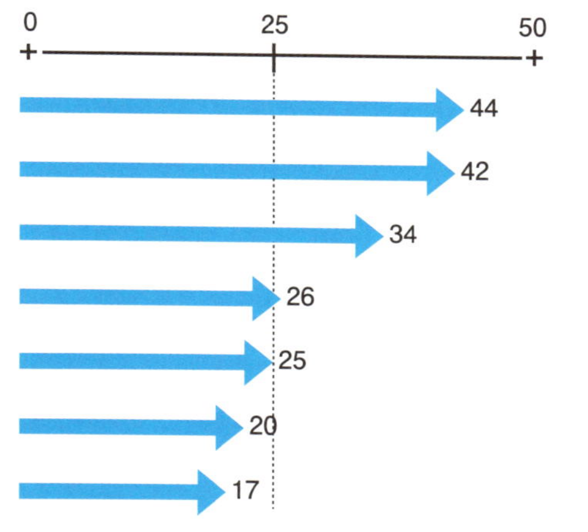


### 世界最高齢の潜水艦

台湾で運用される海獅級潜水艦「海獅」は、アメリカで1945年に就役し1971年に退役したテンチ級を1973年に買い取って改称した艦である。太平洋戦争にも参加した老兵だが、なんとまだ現役であり、艦齢は70歳を超える。ただし、老朽化により水深20mまでしか潜水できないといわれている。ちなみに海獅級の僚艦である「海豹」は1946年から休みなく運用し続けられており、就役年数としてはこちらが最高齢潜水艦である。

台湾は政治的事情があって他国から潜水艦を購入しづらいという事情がある。

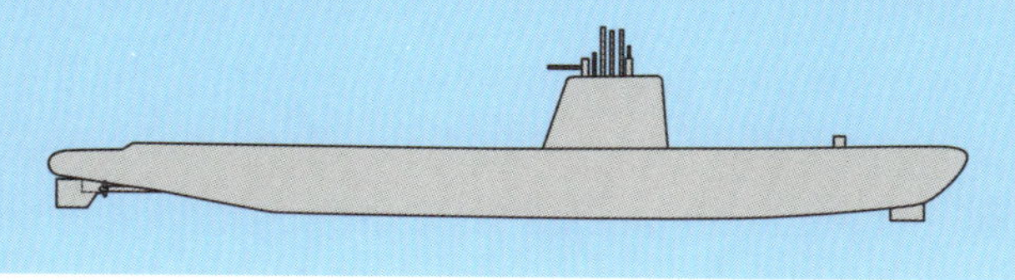

関連項目


●主要国の潜水艦発展史②アメリカ→No.012
●主要国の潜水艦発展史④日本→No.014
●潜水艦の動力③原子力→No.027
●潜水艦の建造方法→No.049

No.011

# 主要国の潜水艦発展史① ドイツ

大戦期の潜水艦の代名詞ともいえるのが、ドイツが開発したUボートだ。潜水艦が有用な兵器であることを証明しその後の発展につなげた

## ●Uボートが、潜水艦を主力兵器として世界に認めさせた

第二次大戦まで活躍したドイツの潜水艦は、「**Uボート**(Unterseeboot 水面下の船)」の名前で知られている。最初のUボートであるU-1型が完成したのは1906年。水中排水量283tの沿岸用小型艦で各国の潜水艦を参考に建造された。その後、独自に改良を加え発展。1913年に就役したU-19型では初めて、発電用の内燃機関を従来のガソリンエンジンに変えて、より安全性の高いディーゼルエンジンを潜水艦に搭載している。

1914～1918年の第一次大戦時には、開戦当初はあくまでも補助艦艇の扱いだったが、開戦3か月後に「U-9」がイギリスの巡洋艦を3隻続けて撃沈し評価が一変。1915年からは商船を狙う通商破壊作戦で多大な戦果を挙げ世界中に知られるようになった。第一次大戦後は、生き残ったUボートは戦勝国に接収され、各国のその後の潜水艦に多大な影響を与えている。

第二次大戦でも、Uボートはドイツ海軍の主力となり、小型艦から遠洋艦まで1,600隻近くが就役。主力は、水中排水量800t前後と遠洋型にしてはコンパクトなU-VIIC型で、総計で665隻もが就役している。第二次大戦でUボートが沈めた連合軍艦艇は、空母2隻戦艦2隻の他3,000隻以上の商船に及ぶが、一方で損害も非常に多く実に743隻が戦没し、Uボート乗組員の損耗率はドイツ軍全体でも抜きん出ていたといわれている。

戦後しばらくはドイツの潜水艦建造は途絶えたが、1962年に沿岸警備用の201型(水中排水量433t)を就役させた。戦後に西ドイツ海軍に課せられた排水量制限(現在は撤廃)により小型艦主体だったが、Uボート以来の実績は衰えず他国からも高く評価された。そこで輸出専用として水中排水量1,200tの**209型**が誕生、15か国の海軍で活躍している。また現在のドイツ海軍は、1,859tの212A型を6隻保有している。

## ドイツ潜水艦の発展と代表的な潜水艦

| | |
|---|---|
| 1906年 | ドイツ国産の初のUボート「U-1」完成。 |
| 1913年 | 内燃機関にディーゼルエンジンを搭載。 |
| 1914～18年 | 第一次大戦の開戦時、ドイツ海軍に在籍した潜水艦は28隻。 |

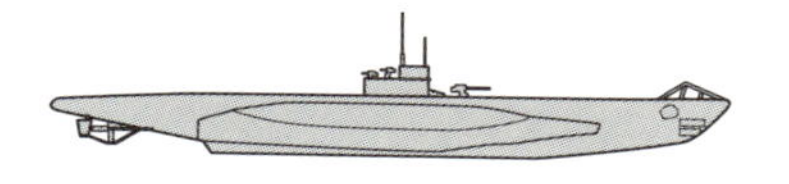

戦時型Uボート　通称Ms型潜水艦

水中排水量950t前後の巡洋型潜水艦を中心に大戦中に300隻以上建造。

| | |
|---|---|
| 1939～45年 | 第二次大戦。開戦時、ドイツ海軍に在籍した潜水艦は52隻。大戦中には1,600隻以上建造。スノーケルも実用化。 |

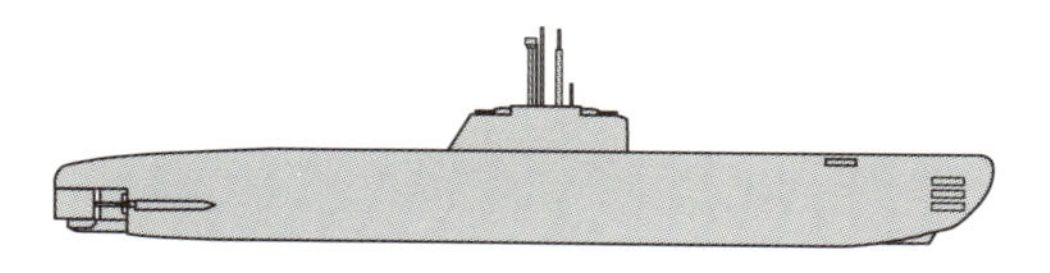

U-XXI型

水中排水量：2,100t
後期に作られ、水中性能重視の設計。スノーケルも装備。

| | |
|---|---|
| 1962年 | 沿岸用小型艦201型<br>戦後の西ドイツは敗戦による制限をうけ当時は小型艦のみ保有を許された。 |
| 1971年 | 輸出用攻撃潜水艦209型<br>輸出用に西ドイツで開発された約1,207～1,810tの通常動力巡洋潜水艦。 |
| 2005年～ | AIP搭載潜水艦212A型　輸出用214型<br>209型をベースに燃料電池式の非待機依存推進（AIP）機関を組み込んだ新世代艦。 |

関連項目

●可潜艦から潜水艦へ→No.005
●大戦期の潜水艦運用→No.057
●世界で使われるベストセラー潜水艦→No.019
●Uボートが駆使した狼群戦術→No.058

No.012

# 主要国の潜水艦発展史② アメリカ

**第二次大戦中に潜水艦で多大な戦果を挙げたアメリカは戦後に原子力潜水艦を開発、弾道ミサイル潜水艦は核戦力の一翼を担っている。**

## ●黎明期からの潜水艦先進国

黎明期にホランド級を生んだアメリカは、第一次大戦期初期には500tクラスの沿岸潜水艦H級を装備。当時の各国でも広く使われた。しかしドイツのUボートの活躍に触発され、1000tクラスのS級を開発する。

第二次大戦前には溶接構造を取り入れたポーパス級で大量生産への道を開き、その技術を使って第二次大戦の主力となった艦隊型の傑作艦**ガトー級**を生み出した。その改良型であるパラオ級やテンチ級と併せて234隻が建造され、太平洋では多くの日本軍艦や輸送船を沈める戦果を挙げている。これらは戦後もしばらく活躍している。

アメリカ潜水艦の大きな転機となったのが、1954年に就役した初の攻撃型原子力潜水艦「**ノーチラス**」だ。以後、アメリカの潜水艦は原子力艦が主体となり、1960年代～80年代には37隻建造されたスタージョン級が活躍、1976年から配備された**ロサンゼルス級**は実に62隻が作られ、今も後期型の32隻は改良を加えられながら現役だ。さらに1997年にはシーウルフ級が、2004年からは**バージニア級**が建造されている。

もうひとつの流れがミサイルを積んだ潜水艦。1957年には通常動力艦ながら巨大な巡航ミサイル2発を積んだグレイバック級を開発。1959年には弾道ミサイル原子力潜水艦ジョージ・ワシントン級を誕生させた。現在使われている弾道ミサイル原子力潜水艦は**オハイオ級**で、水中排水量18,750tの巨体に、24基のトライデント弾道ミサイルを積んでいる。

また近年は、攻撃型潜水艦にも巡航ミサイルを搭載し、バージニア級には魚雷発射管から撃つハープーン巡航ミサイルや、専用のVLSから発射するトマホーク巡航ミサイルを装備、対地攻撃の任務にも投入される。現在は合計68隻の原潜を保有し、アメリカのシーパワーを支えている。

## アメリカ潜水艦の発展と代表的な潜水艦



| | |
|---|---|
| 1900年 | 「ホランド」が完成、以後各国で使われ手本となる。 |
| 1914 ～ 18年 | 第一次大戦。H級（520t）S級（1,062t）導入。 |
| 1935年 | リベット工法をやめ、ポーパス級の一部から溶接工法を導入。 |
| 1939 ～ 45年 | 第二次大戦。遠洋型の攻撃型潜水艦ガトー級やパラオ級が活躍。後期に就役したテンチ級と併せ234隻が就役。 |
| 1954年 | 初の原子力潜水艦「ノーチラス」就役。 |

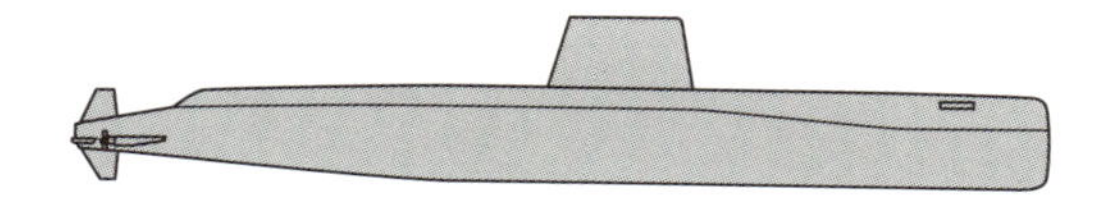

全長：92m　水上満載排水量：3,250t
兵装：魚雷発射管6門

| | |
|---|---|
| 1957年 | 通常動力巡航ミサイル潜水艦グレイバック級就役。 |
| 1959年 | 弾道ミサイル原子力潜水艦ジョージ・ワシントン級就役。 |
| 現在 | 通常型潜水艦を廃し、原子力潜水艦のみを運用。<br>2018年3月現在、攻撃型原潜改ロサンゼルス級32隻、シーウルフ級3隻、バージニア級15隻と、弾道ミサイル／巡航ミサイル原潜オハイオ級18隻が就役中。 |

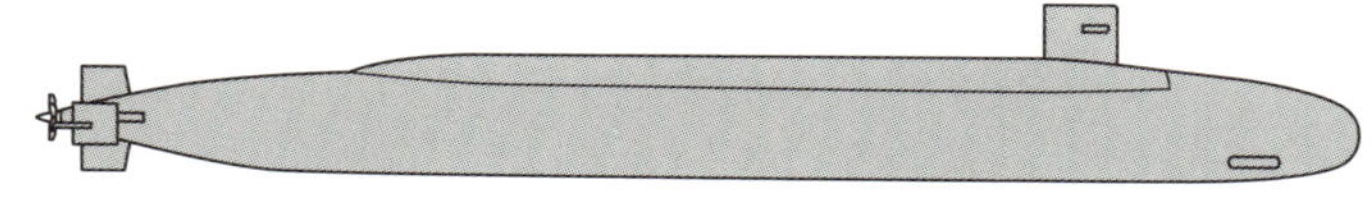

弾道ミサイル原子力潜水艦オハイオ級

全長：171m　水中排水量：18,750t
兵装：トライデント弾道ミサイル24発、同型艦18隻、初期の4隻は巡航ミサイル潜水艦に改修された。

関連項目

●黎明期の傑作潜水艦ホランド級→No.004
●潜水艦の動力③原子力→No.027
●現代潜水艦の任務①核パトロール→No.059
●次世代潜水艦①アメリカの「SWS」→No.100

No.013

# 主要国の潜水艦発展史③ ソ連/ロシア

冷戦期の主役の一方として大きな脅威を示したソ連の潜水艦。ソ連が崩壊しロシアに変わってからは停滞したが、近年は復活しつつある。

## ●冷戦期以降は潜水艦の増強で海軍力の不足を補った

20世紀初頭、バルチック艦隊を擁し海軍強国であったロシア帝国時代には、1903年に初の国産潜水艦「デルフィン」を就役させるなど力を入れていた。ロシア革命後のソ連では、陸軍優先で海軍は沿海防衛主体となった。その中心が沿海用の小型潜水艦で、第一次大戦後にひそかに協力関係にあったドイツの技術を導入し増産。第二次大戦の開戦時には、300～1700tの潜水艦254隻を保有、数では世界最多であった。また第二次大戦中には、遠洋航行能力を備えた2,100tのK型を建造している。

大戦直後には接収したドイツUボートの技術を参考に、水中航行性能を重視したズールー型を建造。潜水艦大国への道を歩む。冷戦が激化する1950年代以降、空母を中心としたアメリカ海軍力に対抗するために、潜水艦に活路を求めたのだ。1958年には、世界初の**弾道ミサイル通常動力潜水艦ゴルフ型**が就役。1960年には弾道ミサイル原子力潜水艦ホテル型を完成。計31隻を配備した。また1960年代からは対艦巡航ミサイルを搭載した巡航ミサイル潜水艦を配備。アメリカの空母に対する攻撃手段のひとつとした。1970年代以降も、海中の冷戦はますます熱を帯び、弾道ミサイル原潜は大型化。デルタ型を経て、水中排水量26,925tの**タイフーン型**を生み出した。同時にアメリカの原潜に対峙する攻撃型原潜も高性能化し、チタン製船殻のアルファ型やシエラ型を開発。その後、高価なチタンを廃止し価格を抑えたアクラ型などが数多く配備された。

1991年にソ連が崩壊しロシアに変わると潜水艦隊は縮小されたが、近年は再び復活の兆しが強い。対地巡航ミサイル原潜ヤーセン型や弾道ミサイル原潜ボレイ型を新規開発し続々就役。一方、輸出もされる攻撃型通常動力潜水艦キロ型にも力を入れ、現在74隻の潜水艦を保有する。

## ソ連／ロシア潜水艦の発展と代表的な潜水艦

| | |
|---|---|
| 1903年 | ロシア帝国時代に初の国産潜水艦「デルフィン」を開発。<br>水中排水量126t、ウラジオストクに配備され日露戦争にも参戦。 |
| 1917年 | ロシア革命でソ連に。以後、沿海防衛のため沿岸潜水艦を重視。 |
| 1941～45年 | 独ソ開戦時には300～1700tの沿岸潜水艦を254隻保有。 |
| 1947年 | Uボートの技術で水中能力を重視したズールー型を開発。 |
| 1958年 | 世界初の弾道ミサイル潜水艦ゴルフ型就役。 |

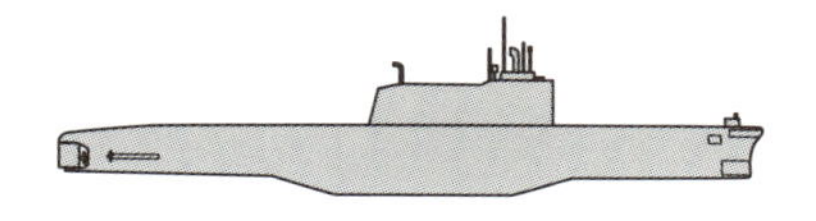

ゴルフ型

水中排水量：3,553t
兵装：セイル後部に弾道ミサイル発射管3門

| | |
|---|---|
| 1959年 | ソ連初の攻撃型原子力潜水艦ノヴェンバー型就役。 |
| 1970～91年 | 弾道ミサイル原潜の大型化とチタン製の高性能攻撃型原潜を開発。 |

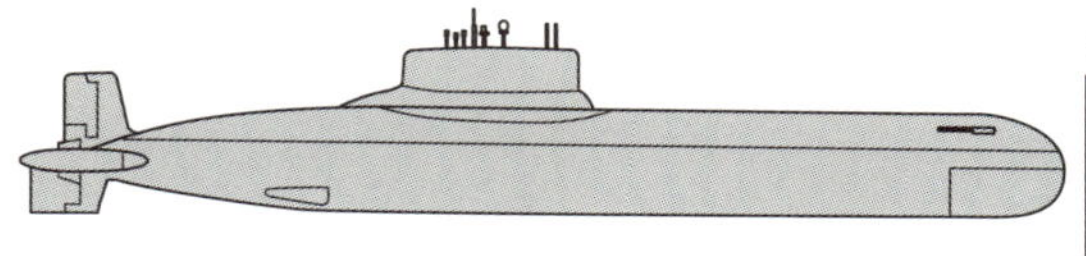

タイフーン型

全長：171m
水中排水量：26,950t
兵装：弾道ミサイル発射管20門、他

| | |
|---|---|
| 1991年 | ソ連崩壊。ロシアが誕生する。潜水艦隊は縮小され、多くが退役。 |
| 2013年～ | 新世代の弾道ミサイル原潜と巡航ミサイル原潜就役、ソ連時代の潜水艦や通常型と併せ、2018年現在74隻が就役中。 |

関連項目

●世界最速の潜水艦→No.008
●世界最大の潜水艦→No.009
●スターリンが望んだ全部載せ潜水艦→No.089
●次世代潜水艦②「A26」と「ハスキー」→No.101

No.014

# 主要国の潜水艦発展史④ 日本

海に囲まれた海洋国のため、早くから遠洋で活躍できる大型艦を開発。戦後は通常動力艦を独自進化させ、現在はAIP潜水艦が活躍している。

## ●第二次大戦時、多くの航空機搭載潜水艦を配備した

日本の潜水艦は、1906年にアメリカから輸入した5隻のホランド級に始まる。その後、仏英伊など各国からも輸入する一方で、1919年には初の設計から国産の潜水艦として海中1型(呂11)を完成させている。

同時期に第一次大戦の戦勝賠償としてドイツのUボートを取得。それを参考に艦隊に随伴できる水上航行性能を持つ大型の海大1型(伊51、2,430t)を1924年に完成させ、その後も発展させた。また入手したドイツ「U142」の設計図を元に、遠洋での単独作戦能力を持たせた巡洋潜水艦巡潜1型(伊1)を建造。その5番艦「伊5」には、格納庫と空気式カタパルトを装備し水上偵察機1機を搭載した。以後、巡潜甲型、巡潜乙型と続く巡洋潜水艦には、水上偵察機が標準搭載される。そして終戦間近の1944年には、パナマ運河の攻撃を意図して水上攻撃機3機を積む潜特型「**伊400**」を完成させる。水中排水量6,560tの巨体は、当時世界最大の潜水艦だった。航空機搭載潜水艦は実に合計40隻もあり、他国では例を見ない。

一方で沿海での哨戒を目的とした1,000t前後の海中型(呂号)も継続開発。その他、離島への隠密物資輸送を担う潜輸型、機雷敷設用の機雷潜型、水中高速性能を求めた潜高型なども開発された。

終戦後、潜水艦配備は一度途絶えたが、1955年にアメリカのガトー級を貸与され「くろしお」と命名し海上自衛隊が運用。その後1960年に、戦後初の国産潜水艦「おやしお」を完成。以後、通常動力型の哨戒潜水艦として独自の進化をとげてきた。現在配備されているおやしお型(二代目)は、通常動力型としては最大級の3,500tのサイズを誇る。さらに最新の**そうりゅう型**(4,200t)は非大気依存推進(AIP)機関を装備する。長らく保有数は16隻体制だったが、2022年までに22隻体制へ増勢される途上だ。

## 日本潜水艦の発展と代表的な潜水艦

| | |
|---|---|
| 1924年 | 艦隊に随伴できる海大1型（水中排水量2,430t）。 |
| 1926年 | 遠洋単独作戦能力を持つ巡潜1型（水中排水量2,791t）。 |
| 1932年 | 水上偵察機を搭載する巡潜1型改。 |
| 1941～45年 | 太平洋戦争突入。2,300t以上の大型主力艦（伊号　一等潜水艦）は計89隻建造された。 |

伊400型

全長：122m、水中排水量：6,560t
水上攻撃機「晴嵐」3機を搭載する、当時世界最大の潜水艦。

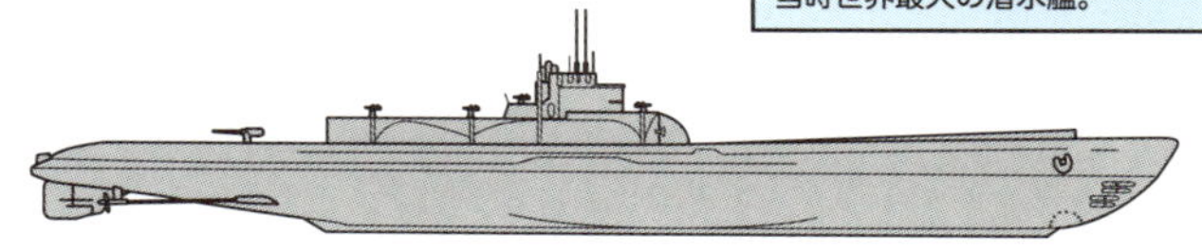

| | |
|---|---|
| 1955年 | 米ガトー級を貸与され「くろしお」として海自に就役。 |
| 1960年～ | 国産の通常動力の哨戒潜水艦初代「おやしお」を配備。 |
| 2009年～ | 非大気依存推進（AIP）機関を装備したそうりゅう型配備。 |

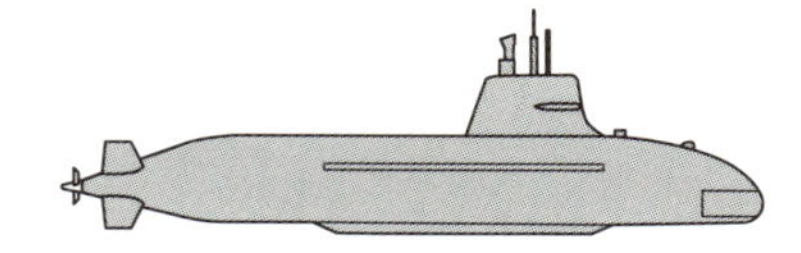

そうりゅう型

全長：84m、水中排水量：4,200t
兵装：魚雷発射管6門

| | |
|---|---|
| 2018年 | おやしお型9隻（2隻は練習潜水艦）、そうりゅう型9隻の計18隻。2022年には22隻体制に増勢される予定。 |

関連項目

●日本海軍最初の潜水艦部隊→No.017
●現代潜水艦の任務②監視と領海警備→No.060
●海上自衛隊でのサブマリナー養成→No.086
●第二次大戦の潜水空母「伊400」とは→No.089

No.015

# 主要国の潜水艦発展史⑤ 欧州

欧州では、黎明期からイギリスやフランスが潜水艦に力を入れ、ドイツやロシアと張り合っていた。現在、英仏は原潜のみを装備する。

## ●黎明期からの潜水艦大国だったイギリスとフランス

潜水艦の黎明期において技術を競ったのはイギリスとフランスだ。20世紀初頭には多くの小型潜水艦を保有し、第一次大戦では遠洋型潜水艦も保有していたが、ドイツのUボートのようなめざましい活躍はなかった。

第二次大戦期のイギリスは、水中排水量960tで沿海型のS級を62隻、1,560tで遠洋型のT級53隻などを建造し、ドイツやイタリアと戦った。大戦を生き残った艦の一部は、戦後に各国に供与されている。一方明暗を分けたのはフランスで、開戦時には水中排水量2,084tのルドゥタブル級29隻をはじめ、20cm砲2門を装備し当時世界最大の4,304t「**シュルクーフ**」や機雷敷設潜水艦6隻に600tクラスの沿海型33隻など、計77隻を保有していた。しかし早々とドイツに屈したため多くは接収や自沈処分されたが、中には「シュルクーフ」のように逃れて自由フランス軍として戦うなど数奇な運命をたどる艦もあった。またイタリアも独自に潜水艦を開発し、開戦時には115隻と数だけは英仏独を上回っていた。主に地中海で活躍した。

第二次大戦が終結したのちも、英仏は独自の潜水艦開発を進める。イギリスは1963年に就役した攻撃型原潜「ドレッドノート」や1966年就役の弾道ミサイル原潜レゾリューション級以降、原潜中心の編成になり、現在は4隻の弾道ミサイル原潜と7隻の攻撃型原潜のみを保有する。フランスも1971年就役のル・ルドゥタブル級弾道ミサイル原潜と1983年就役の攻撃型原潜リュビ級以降は、原潜のみだ。現在は4隻の弾道ミサイル原潜と6隻の攻撃型原潜を保有し、核抑止力の一端を担っている。

一方、その他の欧州各国も潜水艦を装備している。現在、自国開発の潜水艦を保有しているのは、ドイツ、イタリア、スペイン、スウェーデン、オランダの各国。いずれも攻撃型通常動力潜水艦だ。

## 第二次大戦開戦時（1939年）の欧州主要国の潜水艦勢力図

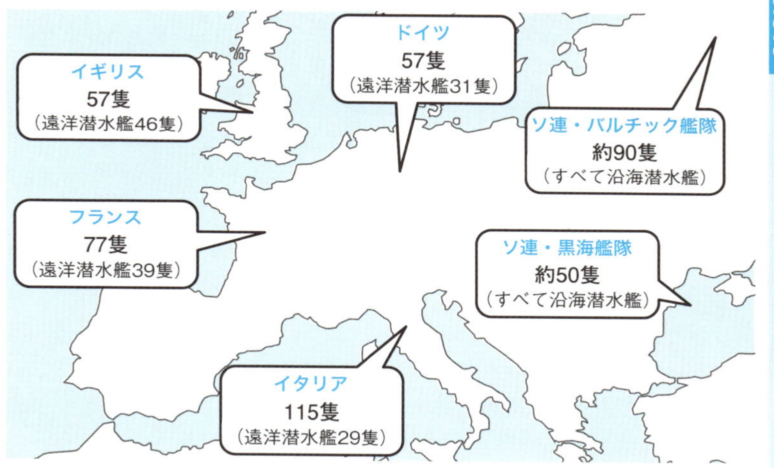


## 現在の欧州潜水艦保有国（2018年現在　ロシアを除く）

| | |
|---|---|
| 原子力潜水艦を自国で開発し装備 | ●イギリス<br>（弾道ミサイル原潜4隻、攻撃型原潜7隻）<br>●フランス<br>（弾道ミサイル原潜4隻、攻撃型原潜6隻） |
| 自国で通常動力型潜水艦を開発建造 | ドイツ、イタリア、オランダ、スペイン、スウェーデン、 |
| 他国から輸入、もしくはライセンス生産し装備 | ギリシャ、ノルウェー、ポーランド、ポルトガル、トルコ |

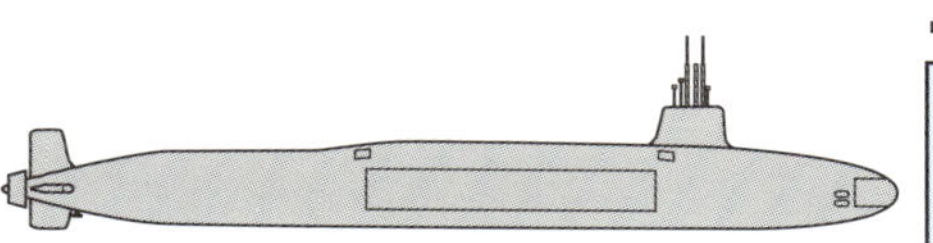

ヴァンガード級（英,1993）

全長：149.9m
水中排水量：15,900t
兵装：533mm魚雷発射管×4、
トライデントD5 SLBM×16

英国は核戦力をヴァンガード級に搭載する弾道ミサイルのみに頼っている。
同型艦4隻中1隻が常に核パトロール任務についている。

関連項目

●潜水艦を建造できる国→No.018
●潜水艦の動力③原子力→No.027
●大戦期の潜水艦運用→No.057
●現代潜水艦の任務①核パトロール→No.059

No.016

# 主要国の潜水艦発展史⑥ アジア・その他

**20世紀後半からアジア諸国でも潜水艦が重要視され保有が進んでいる。中国とインドは原潜も保有。北朝鮮も海軍力の中核に据えている。**

## ●アジアで原潜を運用するのは、中国とインド

第二次大戦までは、アジア諸国で潜水艦を自国開発していたのは日本以外にはなかった。戦力としては、ソ連の極東艦隊に80隻以上が配備されていた他、オーストラリアもイギリスのT級潜水艦3隻を保有していた。

現在では中国が潜水艦戦力に力を入れている。1950〜60年代まではソ連のウィスキー型攻撃型潜水艦やロメオ型を導入。その後、弾道ミサイル潜水艦ゴルフ型も導入している。1970年代に入るとロメオ型を発展させ国産化した明(ミン)型を完成。1974年には漢(ハン)型攻撃型原潜、1983年には夏(カ)型弾道ミサイル原潜を完成している。現在は**晋(ジン)型弾道ミサイル原潜４隻**、商(シャン)型攻撃型原潜4隻の他、攻撃型通常動力潜水艦の宋(ソン)型、元(ユァン)型にロシア製キロ型など、65隻を保有している。

一方、現在アジアで原潜を保有する、もう一か国がインドだ。ロシアからチャーリー型巡航ミサイル原潜を導入(現在は退役)し、2012年からはアクラ型原潜1隻をリース中。国産の弾道ミサイル原潜「アリハント」が2018年就役予定だ。加えて、仏の輸出用スコルペヌ型や露キロ型、独209型など輸入した攻撃型通常動力艦も合わせ、現在15隻を保有する。

この他、アジア・オセアニアで潜水艦の独自製造を行っているのはオーストラリアで、スウェーデンの設計で自国建造したコリンズ級を6隻保有。北朝鮮は1973年に中国経由でロメオ型2隻を取得、それを国内生産して約20隻。さらにセイルに弾道ミサイル発射管1基を備えた**ゴラエ型**1隻を開発した。小型の沿岸潜水艦も含め80隻以上を保有している。韓国はドイツの214型をライセンス生産する他、それをベースに国産潜水艦を建造中だ。またイランも小型の沿岸潜水艦を自国開発した。これ以外にアジアでは7か国が輸入やライセンス生産で潜水艦を保有している。

## 中国の潜水艦発展史

**1950～60年代**　ソ連から輸入し潜水艦の運用を始める。

ソ連のウィスキー型やロメオ型を導入。一部は部品で輸入し国内で組み立てる。さらに弾道ミサイル潜水艦ゴルフ型も4隻導入しそのうち2隻は国内で組み立て。

**1970～90年代**　国産化に成功し原潜も開発。

ソ連製を改良した通常動力艦明型を大量生産。攻撃型原潜漢型や弾道ミサイル原潜夏型を開発し配備。

**2000年～**　西側の潜水艦に匹敵する新世代艦を開発。

通常動力艦宋型、元型を生産。新世代の攻撃型原潜商型や弾道ミサイル原潜晋型を開発し配備。

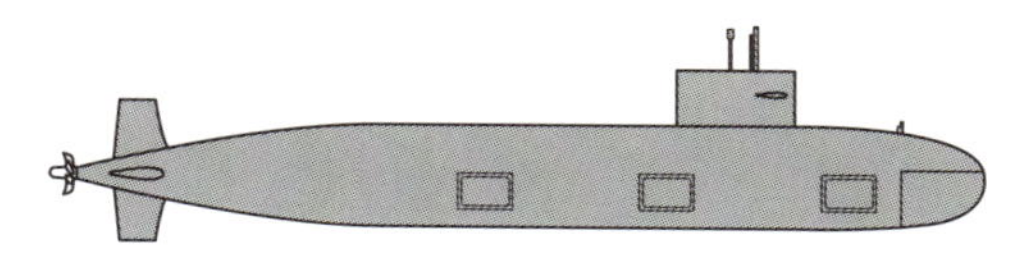

商型攻撃型原潜

水中排水量：6,096t
兵装：533mm魚雷発射管×6

## アジアの潜水艦事情（日本除く）

| | |
|---|---|
| 自国で通常動力型潜水艦を開発建造 | ●中国／弾道ミサイル原潜4隻<br>攻撃型原潜7隻<br>攻撃型通常動力艦53隻<br>●インド／弾道ミサイル原潜1隻（2018年就役予定）<br>攻撃型原潜1隻（ロシアからリース）<br>攻撃型通常動力艦14隻 |
| 通常動力艦を自国で開発、もしくはライセンス生産で建造し装備 | ●北朝鮮／ソ連ロメオ級の自国生産約20隻、通常動力弾道ミサイル潜水艦1隻　他、計80隻以上）<br>●韓国／ドイツ209型・214型をライセンス生産、小型艦を合わせて27隻<br>●オーストラリア／設計はスウェーデンのコリンズ型6隻を自国生産<br>●イラン／キロ型など18隻を輸入し保有。2014年に500tの小型艦を自国開発 |
| 他国から輸入（国内組み立て含む）して装備 | バングラデシュ、インドネシア、イスラエル、マレーシア、パキスタン、シンガポール、台湾、ベトナム |

関連項目

●覇権を狙う中国海軍→No.064
●北朝鮮を防衛する潜水艦隊→No.065
●北朝鮮の核戦略 ゴラエ型→No.066
●北朝鮮の半潜水艇→No.097

No.017

# 日本海軍最初の潜水艦部隊

日本海軍が最初に創設した潜水艦部隊は日露戦争を踏まえたものだった。開戦前に強大とされていた露艦隊への対処は重要課題だった。

## ●列強と同時期に新型兵器を導入した日本海軍

日本海軍では1905年7月31日に、**第一潜水艇隊**の第一型潜水艇が竣工した。そのころは「潜水艇」という名で登録されていた。近代潜水艦の元祖といわれるホランド級潜水艦をアメリカで建造させ、いったん分解してから日本国内で組み立て直したものだ。その後、同型の「第二潜水艇」～「第五潜水艇」までの5隻が竣工している。

ホランド級の改良型である「第六型潜水艇」は、初めて国産された潜水艦である。当時の日本の工業技術はまだ低くて、完成まで1年半もかかったが、1906年4月5日に最初の艦が竣工している。「第六型潜水艇」の同型艦はこの後も建造され、**第二潜水艇隊**が編成される。

これらの艦隊は日露戦争(1904-1905)のために用意された。ロシア側もすでに潜水艦を保有しており、ウラジオストクには3隻の潜水艦がいたというが、実戦には投入されなかった。日本潜水艦隊にはさらに潜水艦のサポートを行う潜水母艦として「韓崎丸」(翌年に「**韓崎**」と改称)が編入された。この艦は日露戦争中に拿捕されたロシア義勇艦隊貨物船「エカテリノスラフ」を改装したものだった。当時の小さい潜水艦は航続距離が短く、洋上で補給を行う潜水母艦が不可欠だった。

第一潜水艇隊は母艦1隻と潜水艇5隻で構成されたが、全部がそろったころには日露戦争は終結しており、戦闘に参加することはなかった。その後、艦の拡充や編成の変更を経て、1919年4月1日、第一潜水艇隊は**第一潜水隊**と改称されることとなる。同時に潜水艇は潜水艦と改称された。

ちなみに潜水艦は敵艦に奇襲をかけるのを基本戦術としている。サムライ精神を尊ぶ旧日本軍では、その独特の能力に理解は示しても、受け入れがたいとする将兵も少なくなかったという。

# 日本海軍最初の潜水艦隊

## 日本海軍最初の潜水艇

### ●第一型潜水艦

米国エレクトリック・ボート社が建造したホランド級潜水艦。
1905年7月から10月にかけて、第一潜水艇から第五潜水艇までの5隻が竣工。

排水量：常備103.25t　水中124t
全長：20.42m　全幅：3.63m
速力：水上8.87kt　水中6.87kt
乗員：16名
兵装：450mm魚雷発射管1門

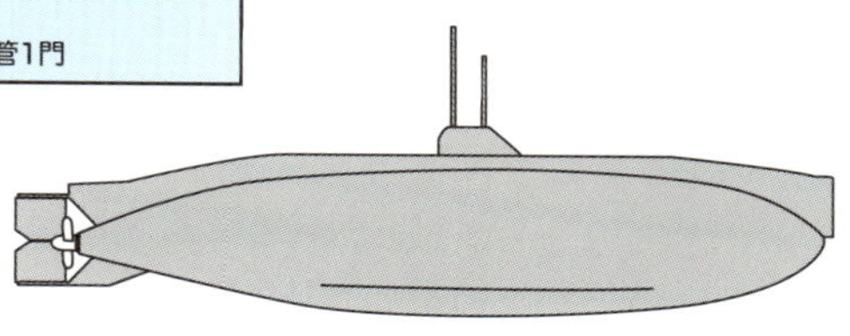

## 日本海軍最初の潜水部隊

| | |
|---|---|
| 1905/1/13 | 第一潜水艇隊を新編（横須賀鎮守府隷下）。<br>※ 潜水艇は竣工前。 |
| 1905/7/31 | 第一潜水艇竣工。 |
| 1905/8/1 | 第一潜水艇隊母艦として韓崎丸が編入。 |
| 1905/9/5 | 第二潜水艇、第三潜水艇竣工。 |
| 1905/10/1 | 第四潜水艇、第五潜水艇竣工。<br>※ 5隻の潜水艇が出揃う。 |
| 1909/4/17 | 第二潜水艇隊から第六、第七潜水艇を編入。<br>豊橋が第一、第二潜水艇隊の兼用母艦に指定。 |
| 1914/4/1 | 第一潜水隊と改称。<br>※ 日本海軍に「潜水艦」の種別が制定され、潜水艇は潜水艦と改称される。 |

関連項目

●黎明期の傑作潜水艦ホランド級→No.004
●主要国の潜水艦発展史④日本→No.014
●潜水艦への補給 潜水母艦→No.078

No.018

# 潜水艦を建造できる国

潜水艦の建造は非常に難しい。現代では特に核戦略の一角を担う兵器と見なされ、可能な限り先進の技術がつぎ込まれる。

## ●設計に素材に部品の精度

現代では潜水艦建造のハードルは非常に高くなってしまった。

水圧に耐えるという特殊な状況下で運用される乗り物を設計するのがまず難しい。艦体のコアとなる**耐圧殻**は、水圧を受けると直径方向で10㎜以上、艦首艦尾方向で数10㎜も収縮する。これに対応するために伸縮部やスライドを設けなくてはいけないのだが、設計ノウハウの蓄積が必要となる。さらには戦闘システムや航行システムなど、多様な機能を限られたスペースにコンパクトに配置し、また、長期にわたる水中行動を可能とする安全性も要求される。

では、最新の潜水艦の設計図を入手できたとしたら――それでも建造は容易ではない。まず潜水艦の素材は**特殊鋼**である。海上自衛隊の潜水艦で使われたというNS110鋼は1㎟あたり110kgまでの耐力(引張や圧縮)に耐えるという。それを利用し、普通の鋼板の数分の一の厚さで要求される強度を保つことができている。

耐圧殻自体も、その断面が極力真円になるように整形しなければならない。艦体を構成する鋼板はそれぞれ正確に曲げて溶接し、ブロック同士をつなぎ合わせるが、綿密な品質管理と緻密な**建造技術**が必要となる。

このように、すべての分野で高い工業技術を有する国だけが潜水艦を建造する実力を持っている。米・露・英・仏・独・日が独力で高性能艦を建造でき、中国もその仲間入りを果たしつつある。韓国、北朝鮮、インド、オーストラリア、スウェーデン、オランダ、イタリア、スペイン、ブラジルなどが、かろうじて建造可能な国とされる。

それ以外の国が潜水艦を欲しいと思えば、通常動力潜水艦を輸入することはできる。ただし、輸出国による技術支援は不可欠だろう。

## 主戦力として通用する潜水艦を造ることができる国々

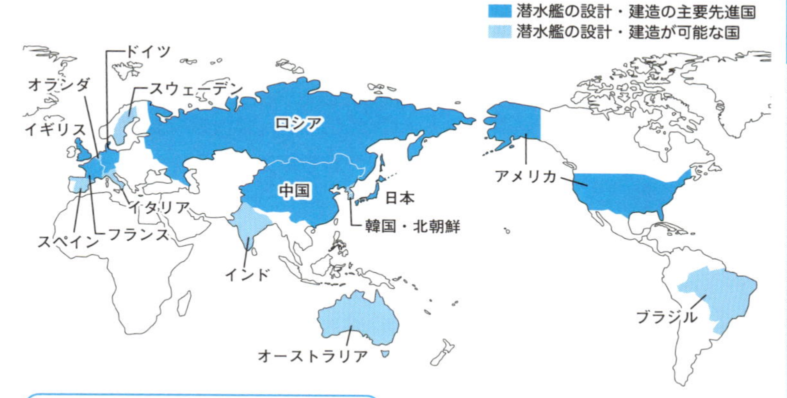


### 潜水艦の独自建造に必須な条件

① 単に造船技術を持つだけでなく、水圧がかかった状態での設計ノウハウを持っていること。

② 潜水艦に組み込む戦闘システムや航行システムなどを開発できるか、友好国から導入できること。

③ 船体の材料となる水圧に耐える特殊鋼を自前で製造するか友好国から輸入できること。

④ 特殊鋼を真円に近い耐圧殻に成型し、ブロックを溶接できる高い工作技術を備えること。

## ❖高い技術が必要ないケース

現代戦で通用する潜水艦は建造できる国が限られているが、既存技術でできる小型潜水艇や半潜水艇を有している国もある(北朝鮮の潜水艇など)。欧米では民間向けの遊覧潜水艇が市販されているので、どうしても必要ならそれを軍用として採用するのも不可能ではない。

ちなみに先進国のうち、ドイツなど輸出専用の潜水艦を造っている国もあるが、全艦を原子力化した米国は輸出を行っていない。逆に米国は、一定期間(2003-2007)、戦術研究のためにスウェーデンから通常動力潜水艦ゴドランド級を借りていた。

関連項目
●世界で使われるベストセラー潜水艦→No.019
●潜水艦の潜航深度はトップシークレット→No.023
●船体はどんな構造なのか→No.021

No.019

# 世界で使われるベストセラー潜水艦

潜水艦の自主建造が難しい国では輸入して装備する。ドイツの209型とロシアのキロ型は、多くの国で使われるベストセラーだ。

## ●輸出だけでなくユーザー国でのライセンス生産にも応じる209型

第二次大戦の敗戦で西ドイツは、潜水艦保有にサイズの制限をつけられた(500t以下)。しかし自主開発した205/206型は小型ながらも高性能で他国でも採用された。その基本設計を踏襲し、需要の高い中型の輸出専用通常動力攻撃潜水艦として**209型**を誕生させた。1971年からドイツとなった現在に至るまで、世界15か国で62隻が配備されている。近年では燃料電池式AIPを装備した発展型の214型も登場、4か国で採用された。

209型の成功は、単に高性能なことだけでなく、ユーザー国ごとの要求に応えサイズの変更や装備のカスタマイズに応じたことだ。最初の209/1100の水中排水量1,207tから、最大の209/1500の1,810tまでニーズに合わせて提供。また、ドイツの造船所で建造して輸出するだけでなく、ユーザー国での組み立てや**ライセンス生産**にも応じている。さらに旧式艦には近代化改修も行うなど、アフターサービスプランも万全だ。

## ●東側を代表する通常動力攻撃潜水艦「キロ」型

第二次大戦後、東側世界を牽引したソ連は、原子力潜水艦に注力する一方で通常動力型潜水艦も並行して開発生産してきた。1980年に登場した**キロ型**(877バルトゥース設計潜水艦)は水中排水量3,000tで、高い静粛性と性能を持ち、ソ連海軍に配備され多くの同盟国にも供与/輸出された。ソ連が崩壊しロシアとなってからも、改良を加えた改キロ型(ロシアでは636型と呼称)に進化。仕様の違いにより装備やサイズはさまざま、最大で水中排水量約4,000tまで拡大した。キロ型や改キロ型を採用した国はソ連/ロシアも含め8か国で59隻におよび、今もなお建造中が数隻。ただし209型とは違い建造はすべてソ連/ロシア国内の造船所で行われている。

## 世界に輸出され使われるドイツとロシアの潜水艦

209型

水中排水量：1,207 ～ 1,810t
全長：54.1 ～ 64.4m
最大潜航深度：約500m
魚雷発射管：8門
乗員：30 ～ 36名

配備国

ギリシャ、アルゼンチン、コロンビア、ペルー、トルコ、ベネズエラ、エクアドル、インドネシア、チリ、インド、ブラジル、韓国、エジプト、南アフリカ、ポルトガル

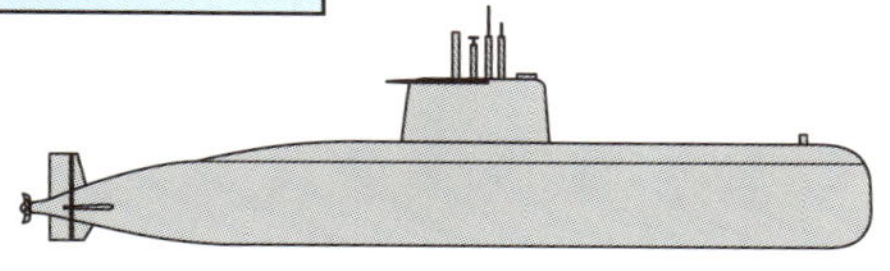

キロ型

水中排水量：3,000 ～ 3,950t
全長：70 ～ 74m
最大潜航深度：約300m
魚雷発射管：6門
乗員：52名

配備国

ソ連/ロシア、中国、インド、ベトナム、イラン、アルジェリア、ポーランド、ルーマニア（現在は退役）

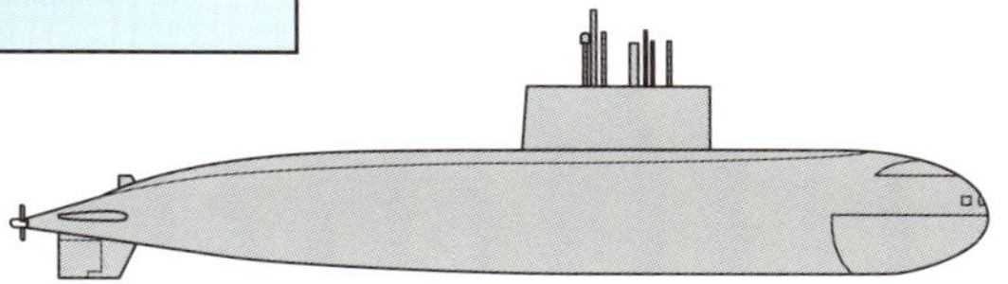

## 輸出される場合の3つの形態

### ① 完成品輸出

開発国内の造船所で建造し、完成品をユーザー国に輸出する。ユーザー国は技術移転や建造に関するノウハウは得られないが、調達価格は比較的安くなる。

### ② ユーザー国で組み立て

船体はブロックごとに開発国で建造し、その状態でユーザー国に搬送し組み立てる。技術移転はされないが、ユーザー国の造船業界にも経験とお金が落ちる。

### ③ ライセンス生産

ブラックボックス化された一部分を除きパーツの生産からユーザー国で行う。技術移転され建造ノウハウも得られるが、その分だけ調達価格は割高になりがち。

関連項目

●主要国の潜水艦発展史①ドイツ→No.011
●主要国の潜水艦発展史③ソ連/ロシア→No.013
●潜水艦を建造できる国→No.018

No.020

# 潜水艦の名前

軍艦は固有名を持っているのが一般的だが、第二次大戦期のドイツや日本では潜水艦を記号と番号で呼んでいた。

## ●慣習によるものだが現代では重要戦力

第二次大戦期まで潜水艦は補助的な戦力として扱われ、日本でも巡洋艦以上の艦長は大佐なのに対し、駆逐艦や魚雷艇と同じく潜水艦の艦長は中佐であった。そういったこともあってか、日独では大戦期まで潜水艦は記号と番号で命名された。日本は「伊400」のような特殊で巨大な潜水艦にさえ固有名を与えなかった。

ところが戦後世界の潜水艦は、海軍の中で戦略的にも戦術的にも重要な地位を占めるようになった。それを反映してか、大戦期にも固有名があった米国でも、かつて戦艦に用いた州名を潜水艦に付けるようになった。日本では昔、正規空母に付けていた名を与えている。

なおドイツは、今でも潜水艦を記号＋番号で呼んでいるが、海軍を縮小して沿岸警備を主任務としたため、潜水艦も補助艦艇として運用が続けられていることと、戦前からの慣習が続いていることによる。

現代潜水艦は機密の塊である。特に冷戦期のソ連は、西側諸国に対して潜水艦の名称や形式名を公開しなかった。そのため敵対する**NATO（北大西洋条約機構）軍**は、識別のために独自にコードネームを定めた。通話表として用いている**フォネティックコード**を順番に振って、アルファ型、ブラボー型、チャーリー型などの呼び名を与えたのである。

ソ連崩壊後、ロシアが情報公開を進める中でようやく潜水艦の正式名が判明したが、世界的にコード名が定着しているし、これまでの情報と整合性を取るため、今日でもNATOコードが用いられる場合が多い。

ソ連の潜水艦は、かつては一部を除いて固有名はつけられず、K、B、S、Mといった記号＋番号で呼ばれた（記号はサイズを表しKが最大）。しかし、90年代からは世界的慣習に従って固有名を付けるようになった。

## 世界の潜水艦の命名について

### 各国の潜水艦の命名基準

| 命名基準 | 該当する国 | 該当する艦（一部） | 備考 |
|---|---|---|---|
| 州名 | 米（原子力潜水艦） | オハイオ、ルイジアナ | 第二次大戦期までは戦艦への命名基準。 |
| 人名（大統領） | 米（原子力潜水艦） | ジョージ・ワシントン、エイブラハム・リンカーン | 後に原子力空母の命名基準（ニミッツ級）。 |
| 人名（軍人、政治家、文化人など） | 伊 | アミラリオ・カーニ、レオナルド・ダ・ビンチ | |
| | 米（原子力潜水艦） | イーサン・アレン、トーマス・A・エジソン | |
| 瑞祥動物（縁起の良い動物） | 日（2007年以降） | そうりゅう、うんりゅう | 第二次大戦期は空母への命名基準。 |
| 魚類 | 米 | ガトー、バラクーダ | |
| 海象（海の自然現象）と水中動物 | 日（第二次大戦後） | くろしお、おやしお | 第二次大戦期は駆逐艦や補助艦艇への命名基準。 |
| 番号 | 独 | U-39（WW1）<br>U-47（WW2）<br>U-36（戦後） | Uは潜水艦（Uボート）を表す頭文字。 |
| | 日（第二次大戦まで） | 伊8、呂41 | 伊、呂、波により潜水艦の大きさを表していた。 |

### ソ連／ロシアの潜水艦のＮＡＴＯコードと制式名称

| NATOコードネーム | ソ連（ロシア）制式名称 | 種別 | 備考 |
|---|---|---|---|
| アルファ型 | 705計画潜水艦「リーラ」 | 攻撃型原潜 | |
| ブラボー型 | 690計画潜水艦「ケファル」 | 特務潜水艦 | |
| パパ型 | 661計画潜水艦「アンチャール」 | 巡航ミサイル原子力潜水艦 | |
| ヤンキー型 | 667A計画潜水艦「ナヴァガ」<br>667ＡＹ計画潜水艦「ナヴァガM」 | 原子力弾道ミサイル潜水艦 | 多くの派生型がある。 |
| ズールー型 | 611計画潜水艦 | 攻撃型原潜 | |
| アクラ | 971計画潜水艦「シュチューカB」 | 攻撃型原子力潜水艦 | フォネティクスコードを使い切ったため、異なる名称となった。 |
| ボレイ | 955計画潜水艦「ボレイ」 | 原子力弾道ミサイル潜水艦 | ロシアの計画愛称がそのまま西側でも使われたはじめての例。 |

関連項目
●主要国の潜水艦発展史①ドイツ→No.011
●主要国の潜水艦発展史④日本→No.014
●主要国の潜水艦発展史③ソ連/ロシア→No.013

## 映像作品の架空潜水艦

潜水艦は、現実世界において一般人が触れることのできない極秘兵器だ。その神秘性もあってか、過去多くのSF作品の中で超兵器として登場してきた。今でも珍しくないが、潜水艦を主役にした作品は1960～1970年代がブームであり、勢いがあった。あえて古典を中心に紹介するが、海外作品は邦題で記している。

**●原子力潜水艦シービュー号**

『原潜シービュー号　海底科学作戦』（1967年）の主役で、ポラリス弾道ミサイルを搭載するなど、当時の弾道ミサイル原潜に近い装備を持っている。単なる戦争の道具ではなく、海洋調査、諜報活動、巨大生物や宇宙人とも戦い、あらゆる任務に挑む。葉巻型の船体、X字舵、それに艦首部分はエイのように広がった形状で、その下部には飛行可能な潜水艇フライング・サブがドッキングしている。また深海探査用の潜水球ダイビング・ベルや小型潜航艇も搭載している。

**●原子力潜水艦スティングレイ**

『海底大戦争』（1964年）の主役。青・黄・銀の三色塗装、半潜水艇のような形状で、後部に小型潜航艇アクア・スプライトを搭載し、水中ミサイルで武装している。他の海洋ものの潜水艦より小さく、2名でも操船できる。WASPに所属する原潜の3番艦で、敵は世界征服を目論む海底人の潜水艦だった。

**●轟天号**

原作は1900年に押川春浪が著した『海底軍艦』で、1963年に同名の映画が公開されて以後、何度かリメイクされ、他の特撮作品にも登場している。轟天号は架空潜水艦ではあるが、作品によっては陸海空どこでも行ける万能戦艦だったり宇宙戦艦の設定だったりする。特徴は艦首の巨大なドリルで、地中を掘り進むことはもちろん、先端は敵を凍らせる冷線砲になっている。その他多くの武器を持ち、敵対するムウ帝国と単艦で戦う。

**●スカイダイバー**

英国制作の特撮SF『謎の円盤UFO』（1970年）に登場した小型の潜水艦がスカイダイバーだ。防衛網を突破してきたインベーダーのUFOを大気圏内で撃破すべく、世界中の海に配備されている。その艦首部分は単座戦闘機スカイワンになっており、水中から40度の仰角で分離、スクランブルする。スカイワンは、武装として両翼下に多連装ロケットランチャーを装備している。

**●サンダーバード4号**

『サンダーバード』（1966年）で、トレーシー家の四男ゴードンが乗り込む、黄色の水中作業艇。作品自体は何度かリメイクされているし、日本ではたいへん知名度が高い。2号のコンテナで運ばれる支援メカで登場シーンも多くないのだが、4号という名前が与えられている。ターボ式水流ジェットエンジンで巡航し、ドーザープレート、電磁吸着パッド、小型ミサイル、マニピュレーター、レーザー切断機など多彩な装備を誇る。

# 第2章
# 潜水艦のメカニズム

No.021

# 船体はどんな構造なのか

潜航を行うのに水圧は大きな障害となる。そのため潜水艦は必ず耐圧殻という独特の構造を持っている。

## ●耐圧殻

**耐圧殻**とは潜水艦のさまざまな設備と乗員の活動空間を含む水密エリアのことである。耐圧殻は潜水した場合にかかる水圧に耐える構造で、殻の出来次第で可潜深度も決まってくる。

水圧に耐える耐圧殻は球形が理想的とされており、深海まで潜る潜水調査船の耐圧殻はほぼ球形だ。しかし、軍用の潜水艦は球形にすると航海や戦闘用の装備を入れる十分な空間が確保できないので、一般的には円筒形になっている。

耐圧殻内は隔壁でいくつかの防水区画に分けられており、浸水した場合、艦全体が浸水することを防ぎ、浮力を失わないように考えられている。

## ●単殻と複殻

潜水艦には、海水を出し入れすることで浮沈をコントロールするバラストタンクが付いている。このタンクを耐圧殻の中に設けると**単殻式**と呼ばれ、耐圧殻を包むようにもうひとつ外殻を設けると**複殻式**と呼ばれる。後者の場合、二重の殻の隙間をバラストタンクや燃料タンクに利用する。

単殻式は構造を単純化でき、艦を小型化しやすい。しかし、殻内の空間が狭くなるので、内蔵できる装置や乗員の活動空間が限られてくる。

複殻式は構造が複雑になるが、内部の空間は広くなる。余裕があるので燃料も物資も多く積めて、航続距離や作戦期間を延ばすことができる。さらには、外殻のデザインを自由にできる＝艦首や艦尾などの船体形状を整えることができるので、航行性能の向上も図れる。メリットが多いことから、中型以上の潜水艦では当然、複殻式が主流である。単複をミックスさせた**半複殻式、一部複殻式**も存在する。

## 耐圧殻の種類

### 単殻式

耐圧殻がそのまま外殻を兼ねた単純な構造で、バラストタンクや燃料タンクも耐圧殻内に設けられている。その分、艦内スペースが狭くなる。小型艦に向いている。

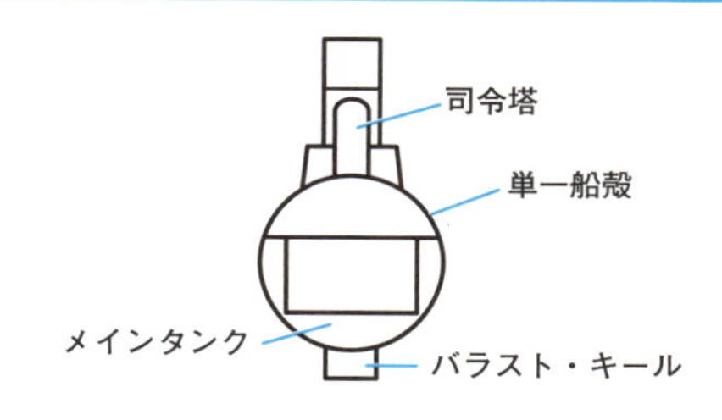


### 複殻式

耐圧殻となる内殻と船体となる外殻の二重構造。バラストタンクや燃料タンクは内殻と外殻の隙間に設けられる。構造は複雑になるが艦内スペースを広く使える。現在はこの方式が主流。

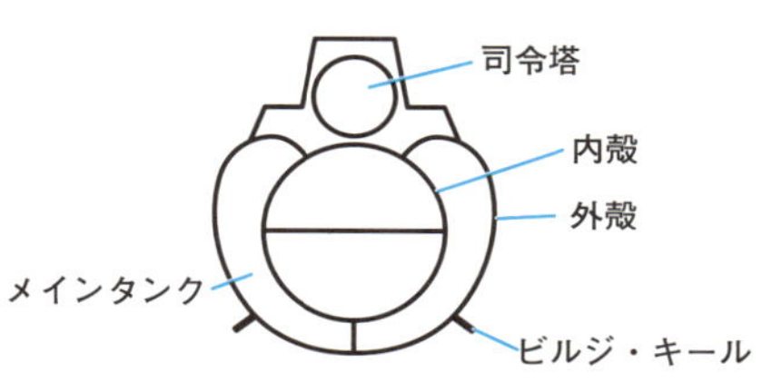


### 半複殻式

単殻式と複殻式の構造をミックスしたタイプ。単殻式の船体の両サイドにバラストタンクと燃料タンクを内蔵した外殻部を備えた複合構造で、艦内スペースを確保している。

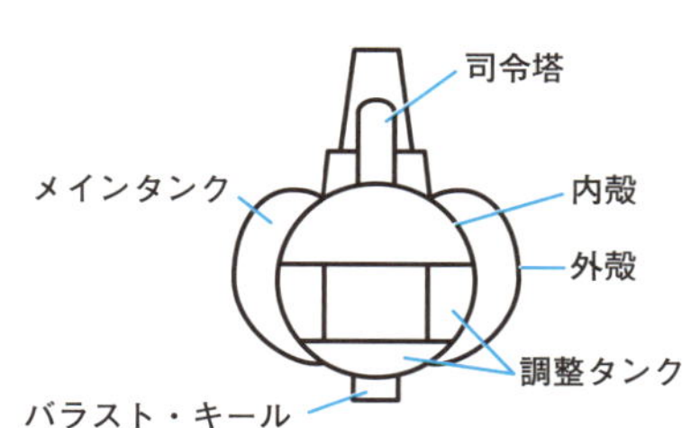


### 複数の耐圧殻を持つ潜水艦

スペースを広く取るために、大型艦には複数の耐圧殻が採用されることがある。伊400型（日）やタイフーン型（露）が好例で、前者は3機の攻撃機、後者は多数の核ミサイルを搭載している。

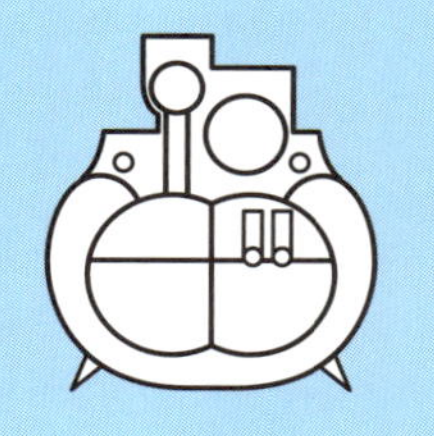


関連項目

●可潜艦から潜水艦へ→No.005
●時代とともに変化した船体形状→No.022
●潜水艦の潜航深度はトップシークレット→No.023
●潜行と浮上→No.032

No.022

# 時代とともに変化した船体形状

潜水艦はその技術の進歩に従って形状を変化させてきた。さまざまな問題が解消された現代では、葉巻型に落ち着いている。

## ●回転体船型→水上艦型→涙滴型

原始的な潜水艦「タートル号」は樽を縦に浮かべたような形状だった。

その後、世界中の海軍で潜水艦隊が編成された時代を迎えるのだが、軍用潜水艦の祖とされるホランド級潜水艦は**回転体船型**だった。フグのようなシルエットだが、まずは水中での抵抗軽減を第一に考えた結果だったのだろう。

潜水艦が兵器として重用されるようになった2度の世界大戦のころ、その形状は水上艦と似たものとなった。この時代まで可潜艦と分類されるのだが、実は潜航時間よりも浮上して水上航行している時間の方が長かった。この形状では海中では遅くなってしまうのだが、目標を発見後に先回りするという戦術上、水上航行速度を優先しなければならなかった。水上艦に準じ、故障や破損に備えてスクリューも2軸式が多かった。

第二次大戦末期から戦後にかけての潜水艦は、水中速度を追求するようになり、流線型となった。その発展型が**涙滴型**で、米海軍が実験潜水艦「アルバコア」(3代目)で初採用した。このころ、甲板にあった備砲も削除されることになり、2軸推進もやめて1軸推進となっている。

## ●冷戦期から現代まで～葉巻型

涙滴型は、潜水艦の水中抵抗を少なくして航行性能を向上させるには最適な形状だったが、船内が狭くなってしまうという欠点があった。そこで艦首と艦尾の形状はそのままに、中央部を円筒にして延長してみた。これが葉巻型である。涙滴型に準じた水中性能を維持しながら、**葉巻型**は兵装や人員をはじめとするさまざまな物を積載する容量を確保できた。現在ではこの葉巻型が潜水艦の標準的な形となった。

## 水上性能の時代から水中性能の時代へ

### 水上船型形状

**ガトー級潜水艦**
**(米,1941)**

第二次大戦中の米潜水艦を代表する潜水艦。

全長：95m　全幅8.2m
最大速力：水上20.75kt
　　　　　水中8.75kt
兵装：533mm魚雷発射管10門、
　　　76mm砲1門、20mm機関砲2門

### 涙滴型形状

**スキップジャック級原子力潜水艦**
**(米,1959)**

実験潜水艦アルバコアから得られた知見を反映させた、初の実用涙滴型潜水艦。同級により潜水艦が可潜艦から水中艦になったといわれる。

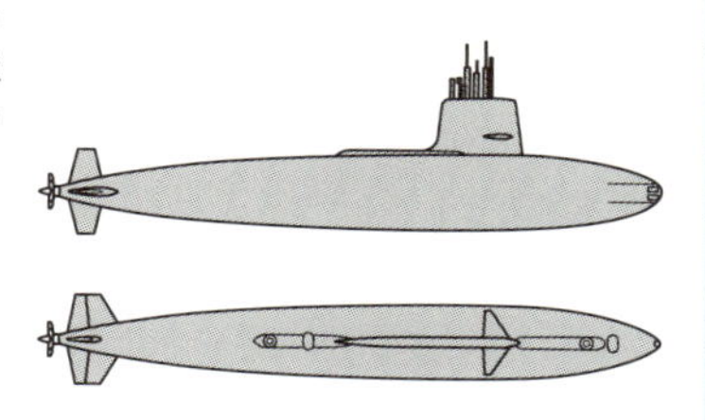

全長：76.7m　全幅：9.6m
最大速力：水上15.5kt
　　　　　水中29kt
兵装：533mm魚雷発射管6門

### 葉巻型形状

**ジョージ・ワシントン級原子力潜水艦**
**(米,1959)**

設計期間短縮のため、スキップジャック級の設計を流用し、また、1番艦ジョージ・ワシントンは建造中だったスキップジャック級3番艦の船体を切断し、弾道ミサイル区画を継ぎ足しして建造されている。

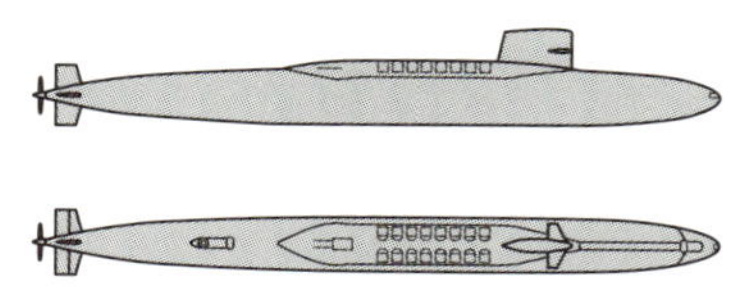

全長:116.3m　全幅10.1m
最大速力：水上16kt
　　　　　水中22kt
兵装：ポラリス弾道ミサイル16基、
　　　533mm魚雷発射管6門

関連項目

●黎明期の潜水艦→No.003
●可潜艦から潜水艦へ→No.005
●船体はどんな構造なのか→No.021
●潜行と浮上→No.032

No.023

# 潜水艦の潜航深度はトップシークレット

潜水艦の潜航深度は水圧との闘いだ。最高機密扱いだが、船体の構造や材料、工作技術の発達に従ってより深く潜れるように進化してきた。

## ●マージンをとった安全潜航深度と、ギリギリの最大潜航深度

潜水艦は、常に水圧と戦っている。一般に安全マージンを見込み長時間の滞在でも問題ない深度を「**安全潜航深度**」と呼び、安全マージンを削って潜水できる限界を「**最大潜航深度**」と区別している。これを超えると「圧壊領域」となり、水圧に負けて押しつぶされてしまう。

こういった潜航深度のスペックは、各国とも機密扱いで公表していないのであくまでも推定値だが、第二次大戦時は100m前後が安全潜航深度で、最大潜航深度はその倍の深度、200m程度だった。

その後、船体構造の進化や鋼材技術の進化により、より深く潜れるようになる。1970年代の原潜で、安全深度が300～400m程度。1980年代に旧ソ連で開発されたシエラ型は、チタン合金の採用で600m程度を実現。現在の各国最新型は、鋼材製ながら同等の性能を持つと推定されている。

## ●耐圧殻に使う鋼材の性能が、潜水艦の深度を決める

潜水艦の潜航深度に深く関わるのが、**耐圧殻**に使われる材料だ。使われるのは普通の鉄ではなく、マンガンやニッケル、モリブデンなどの配合比率を工夫し、高強度と適度な靱性(粘り強さ)を兼ね備えながら、溶接工作が可能な「**高張力鋼**」が用いられる。一時期、旧ソ連ではチタンが使われていた。しかし高価なうえに工作が難しく、その後、同等の性能を持つ高張力鋼が開発されたため、今は廃れている。また材料だけでなく、より真円に近い耐圧殻を造る工作技術や、耐圧殻を支えるフレームの構造なども、潜水艦の潜航深度を大きく左右する。現在、海上自衛隊で運用されている「そうりゅう」型は、NS110という高張力鋼の採用と高度な工作技術により、未公表ながら600m前後の安全潜航深度を持つといわれている。

## 代表的な潜水艦の安全潜航深度

**安全潜航深度**
潜水艦が日常的に運用される安全マージンを見込んだ深度。この深度までなら浅海から繰り返し急潜航しても問題なく長時間の滞在もOK。

**最大潜航深度**
安全マージンを削った潜航可能深度。短時間の滞在はできるが、繰り返しの急潜航や長時間の滞在は難しい。これを超えると圧壊領域。

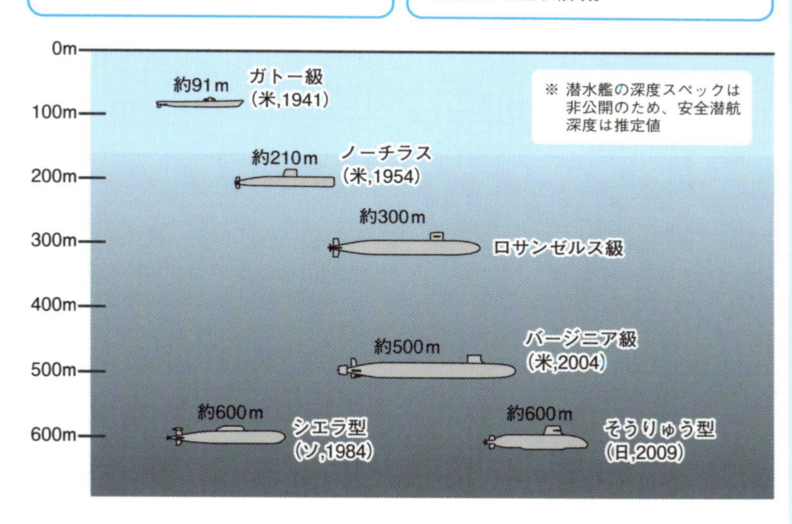


## 海上自衛隊の歴代潜水艦に使われた国産高張力鋼の進化

|  |  |  |
|---|---|---|
| NS30 | (耐力30kgf/mm²) | はやしお型、なつしお型<br>(推定安全潜航深度／約150m) |
| NS46 | (耐力46kgf/mm²) | おおしお、あさしお型<br>(推定安全潜航深度／約200m) |
| NS63 | (耐力63kgf/mm²) | うずしお型<br>(一部NS46　推定安全潜航深度／約250m) |
| NS80 | (耐力80kgf/mm²) | ゆうしお型、はるしお型<br>(推定安全潜航深度／約300 ～ 400m) |
| NS110 | (耐力110kgf/mm²) | おやしお型、そうりゅう型<br>(推定安全潜航深度／約500 ～ 600m) |


関連項目
●船体はどんな構造なのか→No.021
●潜水艦の舵→No.030
●十字舵とX字舵→No.031
●潜行と浮上→No.032

No.024

# 電気で動く通常動力型潜水艦

潜水中はエンジンを回せない潜水艦は、バッテリーに電気をためモーターを回して推進する。つまり蓄電池の容量が潜水時間を決めるのだ。

## ●電気でモーターを駆動しスクリューを回す

通常動力型の潜水艦の直接的な動力源は、電気だ。電気でモーターを稼働してスクリューを回している。水上を航行する艦船は、ディーゼルなどの内燃機関や蒸気タービンなどを稼働しスクリューを回転する動力としている。しかし潜水艦では、潜水中に空気を取り入れられずエンジンを稼働させることができない。そこで浮上時にエンジンで発電機を回し電気をバッテリーにため、潜航時はその電気でモーターを駆動する。この方式は、19世紀末に登場したホランド級から基本は変わっていない。

また、かつて水上航行の機会が多い可潜艦だった第二次大戦期までは、水上航行時はエンジンでスクリューを直接駆動し、潜航中のみモーター駆動に切り替えるのが主流だった。しかし現在は、水上でも潜航中もすべてモーター駆動が普通。搭載されたディーゼルエンジンは発電機を回すことに専念する、**ディーゼル・エレクトリック方式**となっている。

主推進電動機のモーターには、かつては発電機から直接電流を供給できるうえに回転制御が容易い直流(DC)モーターが使われていた。しかし最近は制御技術の向上により、交流(AC)モーターが使われだしている。交流モーターは直流モーターに比べ効率がよく、小型軽量化の面でも優れる。船体後部の重量を軽くすることは、バランスの面でメリットが大きいのだ。

水上航行中にエンジンで発電された電気は、搭載バッテリーにためられる。そのバッテリー容量が潜航行動時間の長短を決定する。バッテリーには、長らく鉛蓄電池が使われてきた。しかし建造が進められている日本のそうりゅう型の向上型は、**リチウムイオン電池**を搭載予定。バッテリーの性能が飛躍的に向上し、潜水行動時間も長くなる。そこで非大気依存推進(AIP)機関を廃止して、リチウムイオン電池搭載量を増やす予定だ。

## 現在の潜水艦は常に電気で動く

第二次大戦ごろまでの可潜艦

水上航行時

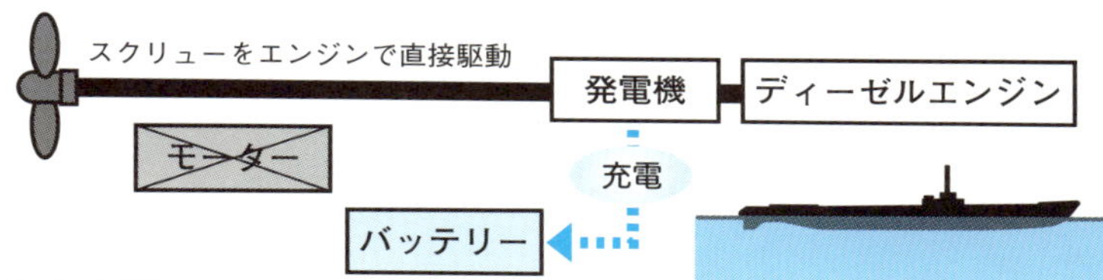


潜水航行時

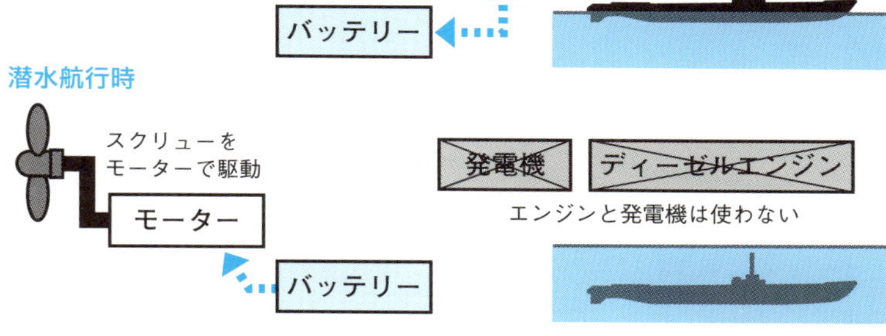


現在の最新型通常動力潜水艦

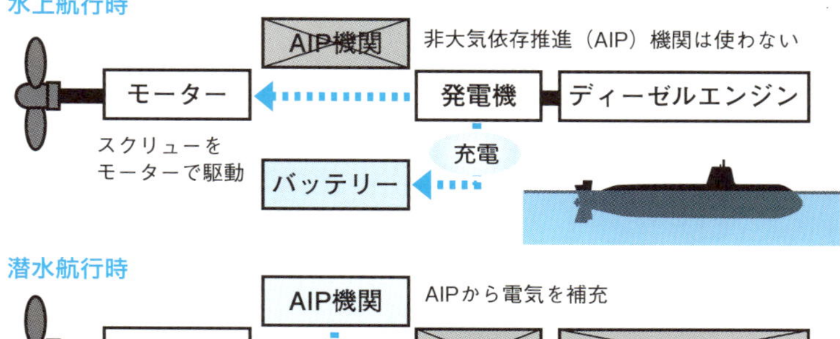


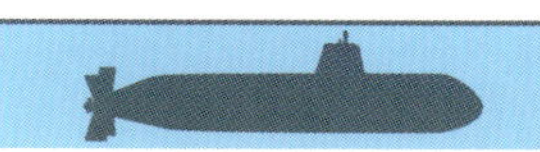

関連項目

●潜水艦の動力①ディーゼル→No.025
●潜水艦の動力②ヴァルター機関→No.026
●潜水艦の動力③原子力→No.027
●潜水艦の動力④スターリングエンジン→No.028

No.025

# 潜水艦の動力① ディーゼル

潜水艦の主動力にはディーゼルエンジンが広く用いられている。潜水艦で採用する発電用内燃機関として最適なのがディーゼルだった。

## ●水上航行にどんなエンジンを採用するか

潜水艦が登場したのは18世紀で、最初は人力でスクリューを回すことで推進力を得ていた。その後、多くの船舶がそうであったように蒸気機関を利用したり、圧縮空気など風変わりな方法で推進する潜水艦も登場したが、結局はガソリンエンジンに行き着いた。ところが、ガソリンは気化しやすく発火しやすい性質を持っている。密閉された環境の潜水艦内で動作させるには難があり、実際、事故も多かった。

そこで、各国が研究したのが**ディーゼルエンジン**である。ドイツで発明されたものだが、最初に潜水艦に搭載したのもドイツだった。1912年、「U-19」が最初のディーゼル潜水艦となり、以後、ディーゼル潜水艦は第一次大戦に投入され、良好な運用実績を挙げた。こうして、世界的にディーゼルエンジンが用いられるようになった。

水上ではディーゼルエンジンで推進しながらバッテリーに電気をため、水中では**電動モーター**でスクリューを回すという基本的な仕組みは、現代では水上でもディーゼルエンジンが発電専用・モーター推進となった他はほとんど変わっていない。

ディーゼルエンジンは**ガソリンエンジン**に比べて燃費がよく、機構も簡便で整備性が高い。大型潜水艦の場合、エンジンの気筒を大きくする必要があるがそれも容易にでき、ガソリンエンジンより少ない気筒で高い馬力を得ることができる。また、低回転域で動作に強いというのも、スクリューを採用している艦船には向いている。

なお、水上艦で一般に用いられた蒸気タービンは始動に時間がかかるため、急速に浮上や潜行を行うことから、迅速に機関を切り替えなければならない潜水艦には不向きで、ほとんどなかった。

## オーソドックスで信頼性の高いディーゼルエンジン

潜水艦の推進力は、人力、蒸気機関、圧縮空気などを経て、結局はガソリンエンジンに行き着いた。

ところが

ガソリンは気化しやすく発火しやすいため、事故も多かった。

現在は

メリットが多いディーゼルエンジンが主流に。

燃料が安全 / 構造がシンプル / 低回転で力が出る / エンジンの大型化が可能

### 4ストロークディーゼルエンジンの仕組み

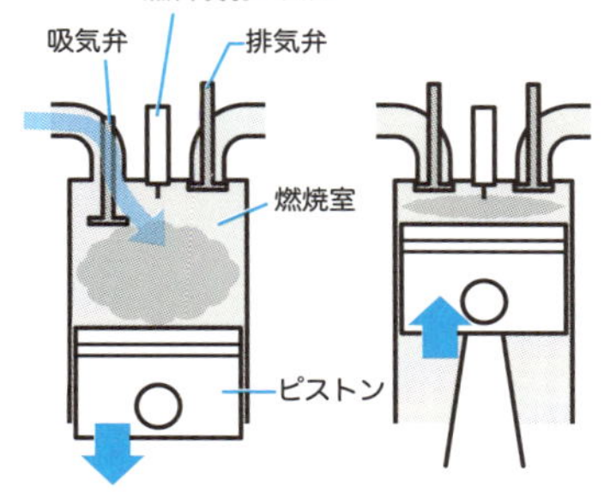

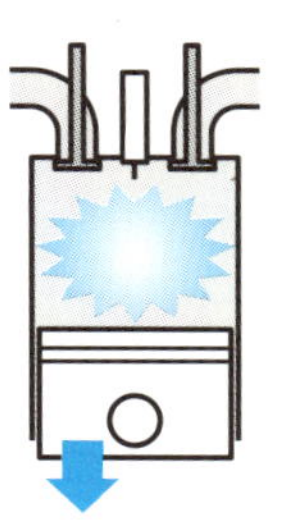
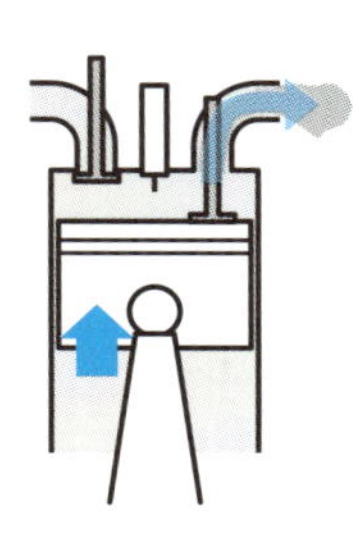

**① 吸入**
ピストンが下がる過程で吸気弁が開き、空気のみを気筒内に吸入。

**② 圧縮**
ピストンが押し上がり気筒内の空気を圧縮。空気の温度は600℃以上。

**③ 膨張**
圧縮された空気に燃料を噴射。自然着火して燃焼しピストンを押し下げる。

**④ 排気**
2回目にピストンが押し上がる過程で排気弁が開き、排気を押し出す。

関連項目

●電気で動く通常動力型潜水艦→No.024
●潜水艦の動力②ヴァルター機関→No.026
●潜水艦の動力③原子力→No.027
●潜水艦の動力④スターリングエンジン→No.028

No.026

# 潜水艦の動力② ヴァルター機関

ヴァルター機関は過渡期のエンジンと呼ぶことができるだろう。ディーゼルエンジンの次に来る動力として期待された時代もあった。

## ●酸素が不要な夢の内燃機関

ディーゼル潜水艦はバッテリーに蓄電するため、どうしても水上もしくは浅深度でのスノーケル航行をして、空気を取り入れながらエンジンを動かさなくてはならない。その間に敵に発見され、攻撃を受ける可能性が高まる。

**ヴァルター機関**は大気を必要としない内燃機関で、この弱点をカバーすることができた。ドイツのヘルムート・ヴァルター博士の手になる発明品である。現代でいう**AIP**(非大気依存推進)機関の一種である。

高濃度の過酸化水素水と触媒を化学反応させると、ガス(酸素と水蒸気)が発生する。ガスにさらに軽油と水を混合して燃焼させ、発生した水蒸気でタービンを回転させるという仕組みだ。

第二次大戦の後半になって実用化され、1944年竣工の潜水艦「U-XVIIB」型や終戦までに完成しなかった「U-XXVI」型に搭載された。

潜水艦の技術として、**常時水中航行**の実現は悲願だった。だが、ヴァルター機関の燃料となる過酸化水素水は劇薬で、扱いが難しい。一度出撃してしまうと、母港以外での補給は困難であった。また、燃料の価格も高かった。戦後に米英ソなどが研究を引き継いだが、より安定した運用が可能な原子力機関の登場で姿を消した。

ちなみにヴァルター機関は、戦中のドイツ空軍でもロケットエンジンとして採用された。過酸化水素水を使うのは潜水艦用エンジンと同じだが、燃料となるのはメタノール+ヒドラジンだ。それらを混合すると激しく化学反応を起こす。これをロケットモーターとして利用したのが、Me-163コメート戦闘機である。1942年から生産が始まり、一時は多大な戦果を挙げたが、燃料の不安定さはつきまとう問題だった。

## 扱いが難しく主流とならなかったエンジン

### ヴァルター・タービン機関の構造

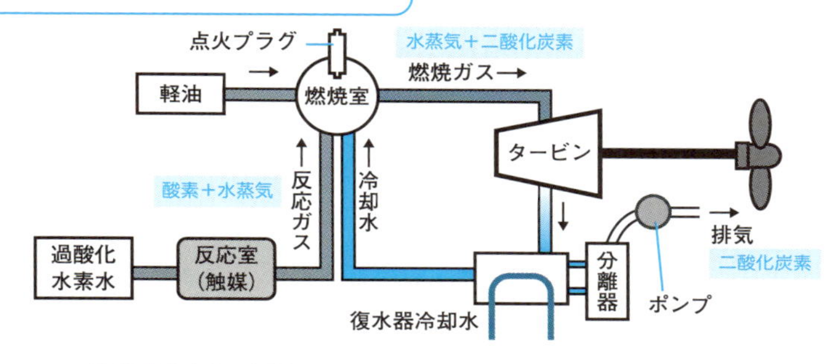


①過酸化水素を触媒で反応させ酸素を発生。
②①に軽油と少量の水を混合して燃焼させる。
③燃焼で発生した水蒸気と二酸化炭素の混合ガスでタービンを回す。
④二酸化炭素は艦外に排出し、水蒸気は水に戻して再利用する。

**しかし問題点も！**

過酸化水素水は劇薬で取り扱いが難しく、高価。使いきれば専用施設のある母港に戻らなければ補給も困難なため、補助エンジンの域を出なかった。

原子力機関の登場で廃れてしまった！

### ヴァルター・タービンを積んだ高速実験艦

「U-XVIIB」（独,1943）
水中での高速航行時にのみヴァルター機関を駆動。普段はディーゼル+モーターで航行。水中最大速度25ktを誇る。

全長：41.5m
水中排水量：337t
ヴァルター・タービン機関×1基、
ディーゼルエンジン×1基
電気モーター ×1基
兵装：533mm魚雷発射管×4

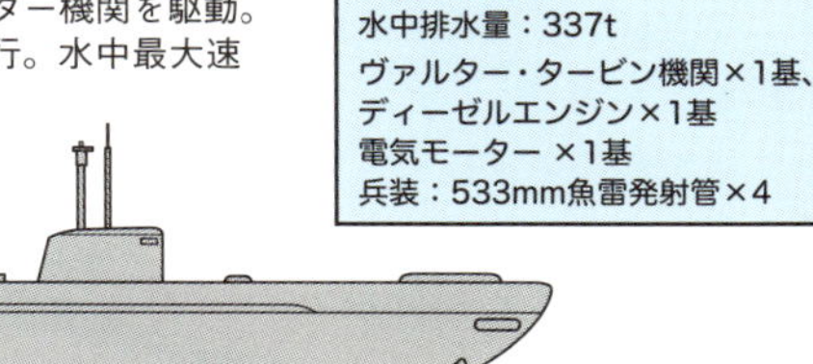

関連項目
●主要国の潜水艦発展史①ドイツ→No.011
●電気で動く通常動力型潜水艦→No.024
●潜水艦の動力①ディーゼル→No.025

No.027

# 潜水艦の動力③ 原子力

常時潜水したまま作戦行動する潜水艦こそが真の意味での潜水艦ということになるが、人類は原子力でその答えを出した。

## ●長所は多いが取り扱い注意

**原子炉**は作動に酸素が不要だし、核燃料は非常に小さくて数年数十年も燃料が枯渇することもない。原子力潜水艦はその気になれば年単位で潜航し続けることも可能なのだ。だから、戦略的に重要なミサイル潜水艦に採用されるケースが多い。

原子炉で発生する熱でタービンを回す仕組みで、さらにはバッテリーにも蓄電可能だ。通常動力の潜水艦は、潜航中はバッテリーとモーターが頼りで電力を節約しなければならないが、原潜ではそういう制約もない。電気が使い放題だし、原子炉を積むために必然的に艦体は大きくなるので内部に余裕があり、乗員は快適な生活を送ることができる。

だが、原子炉を動かし続けるということが原子力潜水艦の弱点にもなっている。原子炉は簡単に止められないし、停止したとしても**冷却水**を循環させ続けなくては危険なのだ。故障したら大惨事を引き起こす可能性がある。もうひとつ、原潜は通常動力型潜水艦より騒音が高い傾向にある。

それでも、アメリカ海軍が全潜水艦を原子力にしてしまったことから分かるように、長所の方が多い。ただし建造と運用のコストが高いので、どの国でも真似できるわけではない。

実は**燃料棒**の交換にもひと苦労だ。密閉されている原子炉を弄るのに膨大な時間と手間とリスクがかかる。それで、近年の原子力潜水艦は退役し解体されるまで原子炉や燃料棒を交換しない方針で設計されている。

現代の原子力潜水艦はすべて**軽水炉**の加圧水型を採用している。かつては溶融金属冷却原子炉(冷却水の代わりに溶融金属を用いる)というのもあった。より出力が大きいのだが、軽水炉より扱いが難しいため廃れてしまった。

## 弾道ミサイル潜水艦には原子炉を積む

### 潜水艦に原子炉を積むメリットは？

大気を必要としない / 長期間稼働できる / 出力が大きい

大出力で速度が速く、余る電力で乗員のための酸素も生成可能。
長期間の連続潜水行動が可能な、真の潜水艦に！

**攻撃型潜水艦**
水中では30kt以上。
水上艦並みの水中速力が可能。

**弾道ミサイル潜水艦**
長期間潜りっぱなしで身を隠し
核戦争勃発に備えることが可能。

### 原子力潜水艦の基本構造

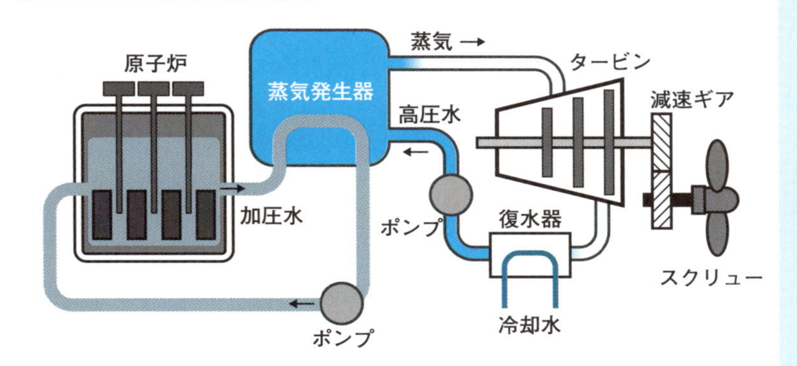


主流は、原子炉の熱で水蒸気を発生させタービンを回し、その回転を減速してスクリューを回す仕組み。中にはタービンは大出力の発電機のみを回し、その電力でモーター駆動する原子力潜水艦もいる。

**関連項目**

●攻撃型潜水艦→No.006
●弾道ミサイル潜水艦→No.007
●電気で動く通常動力型潜水艦→No.024
●現代潜水艦の任務①核パトロール→No.059

No.028

# 潜水艦の動力④ スターリングエンジン

現代の潜水艦で主流のディーゼルと原子力に、補助として非大気依存（AIP）機関の一種、スターリングエンジンが見直されて加わった。

## ●スターリングエンジンとは

**スターリングエンジン**は1816年に発明された外燃機関だが、当時の技術では出力に乏しく、長い間、細々と使われているに過ぎなかった。それが今日、技術革新によって一部の潜水艦で利用されるようになった。将来的にも期待されている機関である。

空気を加熱・冷却することでピストンを作動させる仕組みで、燃焼のための酸素を必要としない。こうした**非大気依存推進＝AIP**の搭載は潜水艦に取って非常に魅力的なポイントで、原子力潜水艦を保有しない方針の国などで積極的に研究されている。

加熱と冷却が行えればどんな形式でもよく、既存艦にも追加で取り付けることができるのも魅力だ。潜水艦の場合は冷却に海水、加熱には液体酸素を燃やす熱を利用している。原子力エンジンには及ばないが、液体酸素を積んでいる分だけ潜航を続けることができる。

ディーゼル艦の補助機関としてスターリングエンジンを発電機として採用しているケースが多いが、最初に実用化したのは1996年竣工のスウェーデンのゴトランド級潜水艦だ。また海上自衛隊でも、そうりゅう型潜水艦で採用された。

ただし、そうりゅう型の後期艦はスターリングエンジンを廃止し、バッテリーをリチウムイオン電池とすることで電力容量を拡大し、潜航時間を延ばす手段に変更する計画を推進中だ。電池の技術革新がめざましいため、そういうことになったのだが、将来的に技術が進化すれば、また変化があるだろう。AIP（非大気依存推進）はスターリングエンジン以外の形式も何種類かあって各国で研究されており、ドイツの214型潜水艦では燃料電池式AIPが実用化されている。

## AIP機関とスターリングエンジン



### AIP（Air-Independent Propulsion）とは？

空気を使わずに動く非大気依存推進のこと。これで発電機を回して、潜水中でもバッテリーに充電することができる。潜水艦の補助動力として使われる。

**主なAIP機関の種類**

**スターリングエンジン**
加熱による空気の膨張と冷却による収縮の連続でピストンを動かす。

**燃料電池**
液体酸素と液体水素を反応させて電気を発生する。

**閉サイクルディーゼル**
液体酸素と燃料でディーゼルエンジンを燃焼し、排気は液化してためる。

**閉サイクル蒸気タービン**
液体酸素とエタノールを燃焼し、その熱で水蒸気を作ってタービンを回す。

### スターリングエンジンの仕組み

ふたつのつながったシリンダーの片方を熱し片方は冷却。空気が膨張と収縮で両方のシリンダー間を移動することで、ピストンを上下させる。

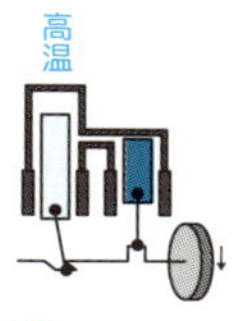


①高温側のシリンダーで熱せられた空気が膨張しピストンが下がる。

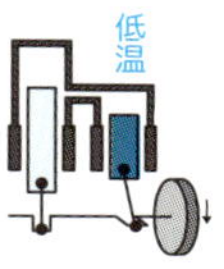


②膨張し低温側に移動した空気が冷却される。

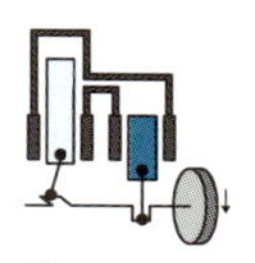

③ピストンに押され低温側から高温側のシリンダーに冷えた空気が移動。

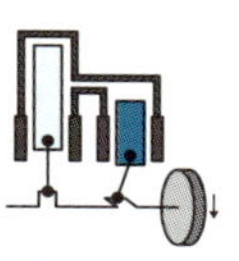

④ピストンにつながるフライホイールが回転する勢いで、ピストンが上昇。

関連項目
●主要国の潜水艦発展史④日本→No.014
●電気で動く通常動力型潜水艦→No.024
●世界で使われるベストセラー潜水艦→No.019

No.029

# スクリューは効率と静粛性のせめぎ合い

**潜水艦の推力はスクリューによってもたらされる。静粛性の高いハイスキュード・スクリューが主流だが、ポンプジェット式も増えてきた。**

## ●スクリューが発するキャビテーションノイズが泣き所

潜水艦の推進システムは、多くの艦船と同様に**スクリュー**を使用している。かつての可潜艦時代は、外洋型の大型艦では水上航行性能を重視していたため、比較的小径のスクリューを2基、艦の後部下側に装備する構造が一般的だった。その後、潜水中の航行性能を重視するようになってから、最後尾中央に大型のスクリュー1基を配置するようになる。現在の潜水艦が、水上航行より水中航行の方が速度を出せるのも、この構造が一因だ。

静粛性が最大の武器となる潜水艦にとって、潜航中にもっとも大きな騒音となるのが、スクリューの回転で生じる気泡が出す**キャビテーションノイズ**だ。潜水艦のスクリューの進化は、推進力の効率化とキャビテーションノイズの軽減という、相反する条件のせめぎ合いの歴史そのものだ。

可潜艦時代は、丸みを帯びた3翼のスクリューが基本。戦後に登場した潜水艦では、水中での推進効率の高い5翼のスクリューが主流になった。

さらに静粛性を求めた結果、**ハイスキュード・スクリュー**と呼ばれる、細長く捻じれたタイプが登場。初めて採用したのは1967年に就役した米のスタージョン級攻撃型原潜で、現在の主流となっている。ただし複雑な構造のため製作が難しく、工作精度が低いと独特のキャビテーションノイズを発生させてしまうのだ。ハイスキュード・スクリューの性能は潜水艦の基本性能に大きく関わるため、各国で機密扱いとなっている。

次世代のスクリューとして注目されているのが、スクリューをシュラウドという枠で囲ってさらに静粛性を求めた、ポンプジェット方式だ。米のシーウルフ級攻撃原潜で実用化され最新のバージニア級も継承。また仏の戦略原潜ル・トリオンファン級やロシアの戦略原潜ボレイ型もポンプジェット方式を採用。米の次期戦略原潜にも装備される予定だ。

## 潜水艦のスクリューの進化

### 可潜艦時代のスクリュー

水上航行能力を優先していたので、舵の後ろの下部に設置される。大型の外洋型では2軸のものが多かった。

丸みの強い小径の3翼タイプ。4翼もあった。

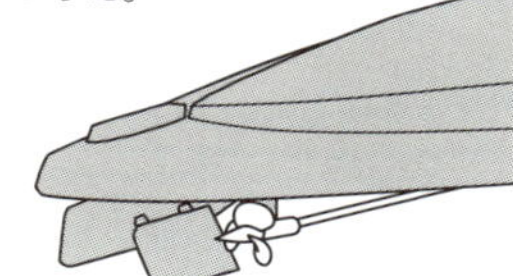

### 戦後第一世代のスクリュー

水中航行能力を優先し、舵より後ろ、船尾の先端に1軸で設置。可潜艦時代より大型で推進効率重視の設計。

やや長い大径の5翼タイプが主流だった。

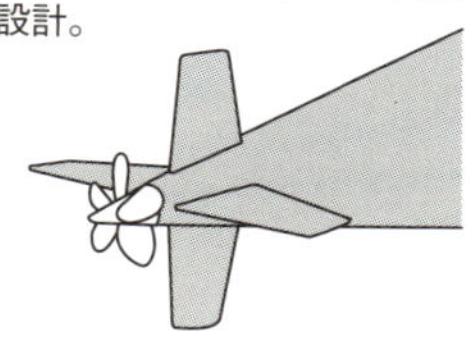

### 現在主流のハイスキュード・スクリュー

推進効率とキャビテーションノイズの低減の両立に成功。ただし製造が難しく工作精度が低いと騒音が大きい。

細長く捻じれた7翼タイプ、5～6翼もある。

### 最先端のポンプジェット式

スクリューの周囲にシュラウドと呼ぶ筒型の覆いを設け、水を吹き出すようにして推進。

キャビテーションノイズを抑える効果。構造の詳細は機密。

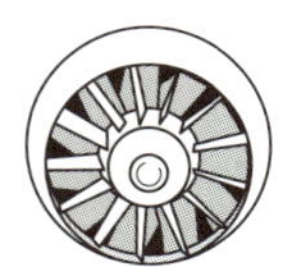

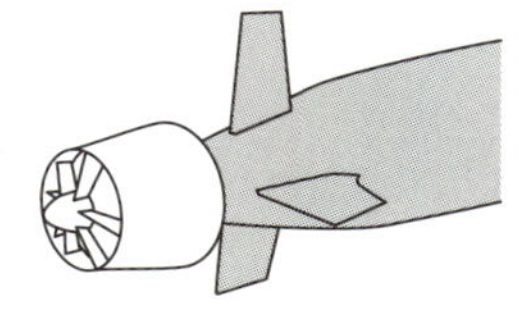

映画『レッド・オクトーバーを追え！』に登場するキャタピラーのような、スクリューを使わない超電導電磁推進も研究開発されたが、今のところ実用化には至っていない。

関連項目

●潜水艦ならではのステルス機能の追求→No.033
●ソナーとは→No.035
●ソナーで読み取れるさまざまな情報→No.036
●潜水艦の音紋をキャッチして識別→No.055

No.030

# 潜水艦の舵

**船舶は左右に曲がるための縦舵を持っているが、潜水艦にはそれに加えて上下の動きを司る横舵や潜舵が付いている。**

## ●基本的な３種の舵

潜水艦が水上艦と大きく異なるのは、水中において三次元機動を行うことである。その機動を実現するために縦方向に縦舵、横方向に横舵、潜舵の計3種類の舵で操艦される。どれも大事な装備だ。

平面左右の動きは船体に対して垂直に設けられる**縦舵**を用いるが、これは水上艦の舵と同じといっていい。右に針路を転じる時は面舵、左に針路を転じる時は取舵となるのも同じで、水上航行時は縦舵のみを用いる。

**横舵**と**潜舵**は潜水艦独特の舵であり、船体に対して左右対称で水平に設けられている。

まず潜舵について。潜行・浮上・深度維持といった上下方向への舵として使われている。潜舵は艦首か中央部のセイルに設けられる。第二次大戦期までは艦首にある場合が多かった。戦後、中央部に設けた方が効率がいいこと、それに艦首ソナーに干渉するのを避けるため、中央部のセイルに設置されることが多くなった。ただし、弾道ミサイル潜水艦はミサイルを撃つために極洋の氷を割って急速に浮上することが想定され、セイルに潜舵があると破損するおそれがある。それで従来通り艦首などに潜舵をレイアウトするケースもある。そうした場合、港への接岸時に邪魔になるため、折りたたみ機構が採用されることもある。

一方、横舵は船尾にあり、主として縦傾斜の制御に用いられる。また急速に潜行・浮上したい時には、潜舵と同時に横舵も用いることで、艦の姿勢を迅速に変更することができる。さらには潜舵で船体が上下方向に傾き過ぎた時に調節したり傾斜を打ち消すのにも横舵が使われる。

いうまでもないが、上下方向に関係する潜舵と横舵は、**バラストタンク**への注水や排水と連動している。

## 3種の舵の役割の違い

### 3種の舵の役割の違い

**縦舵**

艦尾に上下に設置。水平方向に左右に方向を変えるときに使う。水上航行では縦舵のみ使われる。

**潜舵**

セイルの左右、もしくは艦首左右に設置。潜行・浮上・深度維持といった上下方向へ向きを変えるための舵。

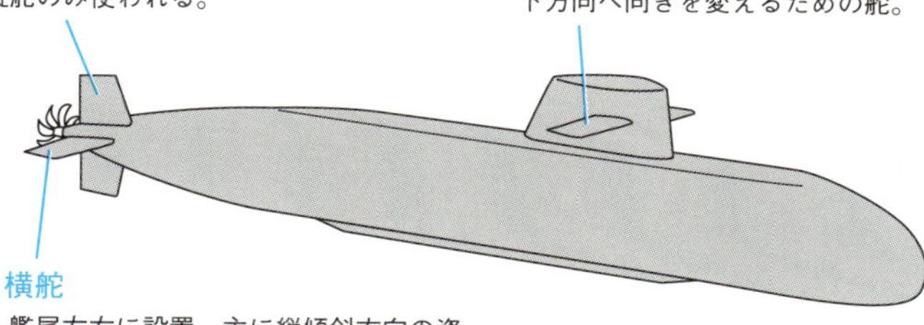

**横舵**

艦尾左右に設置。主に縦傾斜方向の姿勢制御に使われる。急速潜行、急速浮上時には、潜舵と同時に使われる。

### 潜舵の設置位置の変遷

第二次大戦までの水上艦型の時代は、設置しやすい艦首左右に設置された。
しかし、接岸時などに邪魔になりやすい。

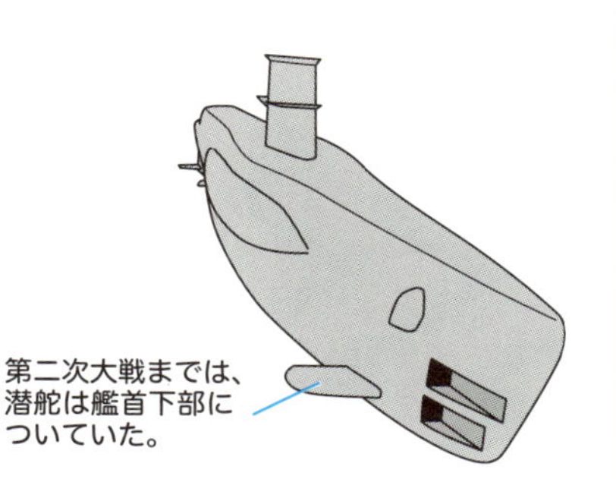

戦後の涙滴型の艦形になると、水中機動には艦の中央部にあった方が効率がいい。そこで接岸時に邪魔にならない、セイルの左右に移された。

北極海や南氷洋など極地で活動する潜水艦は、氷を突き破って浮上することもある。その時に破損しにくいように、艦体の中央下部に設置する潜水艦が出てきた。

**関連項目**

●十字舵とX字舵→No.031
●潜行と浮上→No.032
●潜水艦は待ち伏せ戦法が得意→No.069
●潜水艦ならではの水中機動→No.071

No.031

# 十字舵とX字舵

**潜水艦は縦舵、横舵、潜舵の３種の舵で左右と上下方向への舵取りを行っているが、昨今ではさらに進化した形状の舵を用いている。**

## ●水中性能の向上を求めて

戦後、涙滴型潜水艦が採用されるようになると、水中運動性能を向上させるため、艦尾の推進軸の上下左右、**十字型**に縦舵と横舵が配置されるようになった。これは現代でも広く用いられるレイアウトだ。

機動性を高めるために舵はある程度大きくしたいところなのだが、縦舵を大きくすると船底より下方にはみ出てしまい、運用上の大きな問題となる。潜水艦の場合、海底に着底してじっと待機することもあり、そのさいに舵を損傷するおそれがあるのだ。また、横舵も大きくすると港に接岸するさいに邪魔になる。

そこで、十字型に変わるものとして考え出されたのが**X字舵**だ。推進軸を中心に45度に傾けた4枚の舵をX字型に配置したものである。これだと、舵面も大きくできるし、4枚の舵それぞれが横舵と縦舵の両方の役目を果たすため、効率よく舵が利くという。

ただし、どの方向に舵を切るにしても、4枚の舵を精密に操って適正な合成力を発生させなければ、行きたい方向に進めない。手動での操作は難しく、コンピュータで制御しなければならないのだ。科学技術の発達によって、X字型は実用化された。またX字型にはもうひとつ弱点がある。水中で高速航行すると不安定になる傾向があるのだ。

ちなみに、アメリカ海軍では1960年代に実験潜水艦「アルバコア」で世界初のX字舵テストが行われた。以後、諸国でX字舵潜水艦が続々採用されていく中、アメリカの潜水艦ではX字型は用いられることはなかった。ところが、2031年就役予定のコロンビア級原子力潜水艦では採用される見込みだ。技術的に信頼できる域に達したということだろう。

## 十字舵とX字舵の違い

十字舵

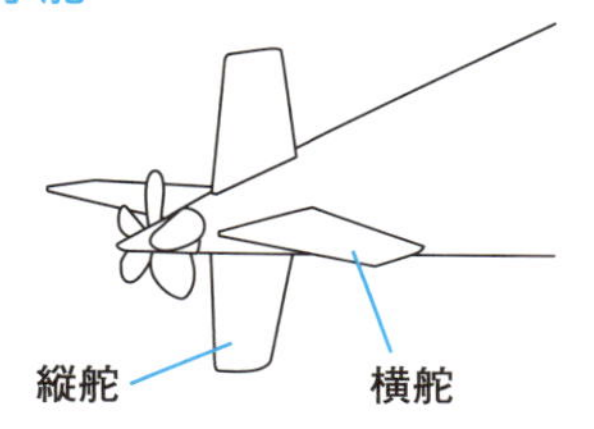

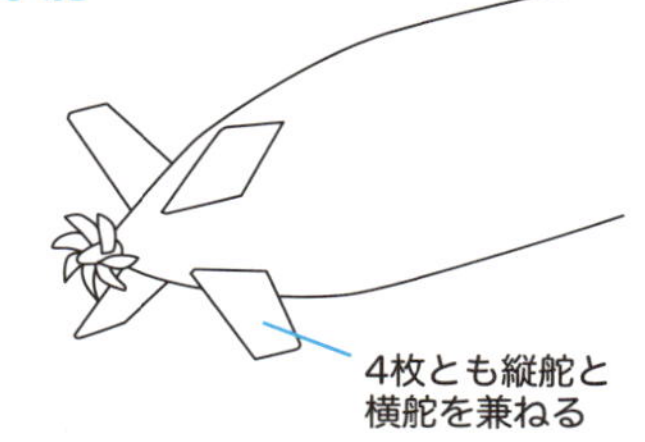


### X字舵の特徴と利点

**十字舵より、それぞれの舵を大きくできる！**

着底や接岸時に舵の先端が破損しないためには、舵の長さに制限がある。X舵の方が長くとれる。

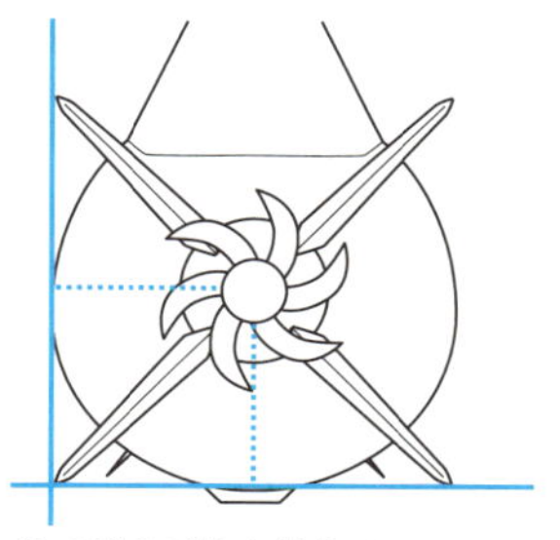

舵の盤面が大きく、常に4枚の舵を使うため、舵の利きが十字舵よりいい！
たとえば旋回半径が30%も小さくなることも！

4枚の舵の合成力を計算して連動して動かすため、制御や操作が難しい。
現在はコンピュータで舵の動きを制御している。

### X字舵を採用した各国の代表的な潜水艦

シェーオルメン級（1968）スウェーデン
ワルラス級（1992）オランダ
コリンズ級（1996）オーストラリア
212A型（2005）ドイツ
そうりゅう型（2009）日本

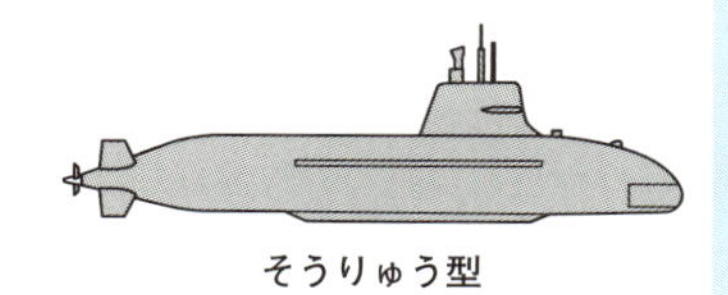
そうりゅう型

関連項目
●潜水艦の舵→No.030
●潜行と浮上→No.032
●潜水艦は待ち伏せ戦法が得意→No.069
●潜水艦ならではの水中機動→No.071

No.032

# 潜行と浮上

潜水艦は、艦内に設置されたバラストタンクに水を入れることで潜行を実現する。さらに舵取りによって、より速く希望の深度に向かう。

## ●バラストタンクへの注水で潜水を実現

艦内の数か所には**バラストタンク**が存在する。その弁(ベントという)を開き、海水を注水する。注水して艦の比重が海水より重くなれば、自然に潜水する。現代艦は急速潜行を45秒以下で完了するという。ただし、潜行を急ぎ過ぎると、沈み過ぎて海底に強い勢いで当たって艦が損傷することもあるので、注意が必要だ。

浮上するにはブローを行う。今度は**圧縮空気タンク**からバラストタンクに空気を送り込み、海水を排出するのだ。潜水時と同様、艦の比重が海水より軽くなれば浮上していく。この場合も、急激にやり過ぎると水面から艦が飛び上がり、落下時に水面に叩きつけられ、艦を損傷したり乗員が負傷する危険性がある。

水中航行中の潜水艦が深度を変える時、バラストタンクへの注排水を行うことは少ない。限られた圧縮空気を排水で大量に使用するのはもったいないし、音や泡が発生するため、敵に発見もされやすくなる。通常はバラストタンク内の水量を調整し、海水と同じ比重にすると共に艦の前後左右も水平にする。これを「**トリムを作る**」と表現する。こうして海水との相対重量を0とし、潜舵を操作して艦首を上げ下げして推進すれば、自由に深度を変えることができるし、その場に静止することもできる。

トリムを作るのは意外に難しい。海域や深度によって海水の温度や塩分濃度などは異なっており、比重は一定ではない。潜水艦も積載物資量により総重量や前後のバランスは変動する。微妙な調整をするため、潜水艦には補助タンクやネガティブタンク、艦首と艦尾のバランスを調整するためのトリムタンクなどを有している。もちろん腕のよい潜水艦乗りであれば、航行はよりスムーズになる。

## 潜行浮上の仕組み

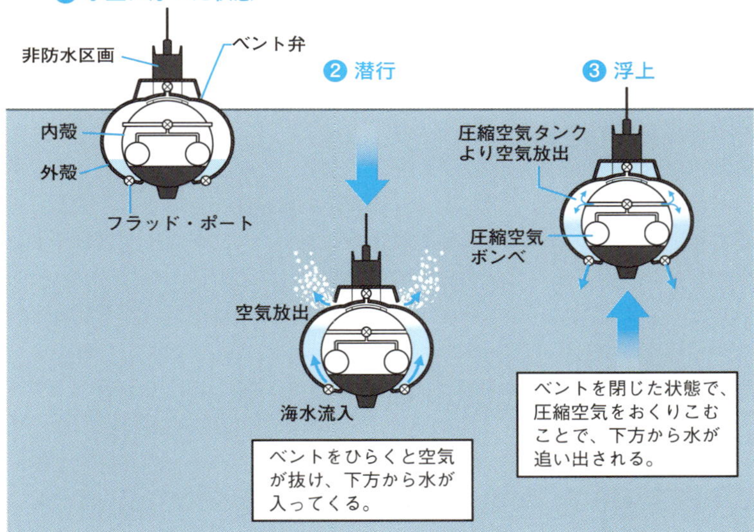


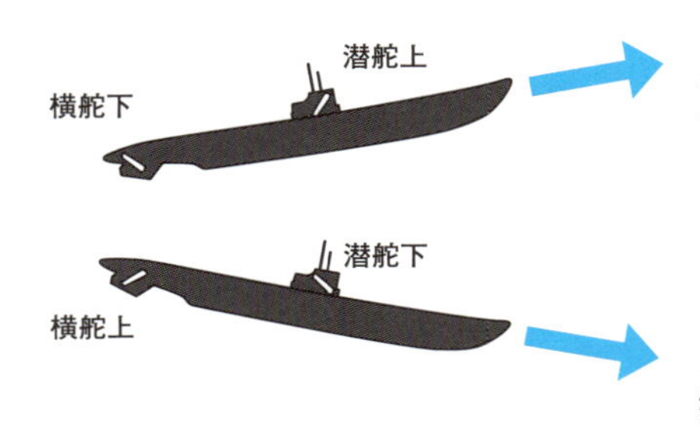


トリムを作れば海中で浮きも沈みもしない。トリムタンクの前後バランスを変え艦首を上げた姿勢にし、潜舵・横舵を使いながら推力をかければ、艦は浮上する。

トリムタンクの前後バランスを変え艦首下げた姿勢にし、潜舵・横舵を使いながら推力をかければ、艦は潜行する。

関連項目

●潜水艦の舵→No.030
●十字舵とX字舵→No.031
●潜水艦は待ち伏せ戦法が得意→No.069
●潜水艦ならではの水中機動→No.071

No.033

# 潜水艦ならではのステルス機能の追求

隠密性が大切な潜水艦には、できるだけ音を出さない工夫や、ソナーや磁気探知、レーダーから身を隠す工夫などが各所に施されている。

## ●静音性を高めるための工夫が各所に施される

音が目の代わりになる潜水艦では、騒音を極力減らし探知されにくくすることが求められる。大きな騒音源となるのが、スクリューが出す**キャビテーションノイズ**だ。それを低減するため､騒音の少ないハイスキュード・スクリューやポンプジェットを採用するようになったが、ある程度の速度を出せば探知されてしまう。ただし5kt以下の低速航行では、キャビテーションノイズもかなり低減され、探知されにくくなる。

エンジンの稼働音も騒音源だ。原子力潜水艦の大きな泣き所が、原子炉が出す騒音。通常動力潜水艦では水中航行時はディーゼルエンジンを停止するが、原子炉は完全に止めることはできない。冷却水ポンプなどが音を出す。また米露英中などの原潜は、原子炉が作る水蒸気でタービンを回し、その回転で直接スクリュー軸を稼働させる。その時に変速ギアが少なからず騒音を出してしまう。作動音が少なく変速ギアも不要な、モーターでスクリューを回す通常動力潜水艦に比べると、ステルス性では大きく劣ってしまう。ただしフランスの原潜は、原子炉で発電機を回しスクリューを完全モーター駆動にした**原子力ターボ・エレクトリック方式**で、騒音の面では優位。アメリカの次期弾道ミサイル原潜も、この方式を採用予定だ。

近年の潜水艦には、船体にもステルス性のための仕掛けがある。船体表面は音を反射しにくい吸音タイルや塗料などで覆われ、相手のソナーから探知されにくくしている。また、**磁気探知(MAD)対策**も施されている。チタン合金など非磁性効果の高い鋼材を使うことや、船体全域を消磁コイルで取り巻き航行時の磁気の乱れを低減する装置も導入されている。さらに水上に突き出して使うスノーケルの頂部にはレーダー波吸収剤が塗られるなど、潜水艦ならではのステルス対策が各所に施されているのだ。

## 潜水艦に施されるさまざまなステルス機能向上の工夫

### スクリューから出るキャビテーションノイズ対策

① キャビテーションノイズが少ないハイスキュード・スクリューやポンプジェット推進を採用。

② 速度を落として航行。5kt以下なら、1km程度まで近づかなければ探知されにくい。

### 原子力潜水艦と通常動力潜水艦の違い

| 原子力潜水艦 | | 通常動力潜水艦 | |
|---|---|---|---|
|  | 原子炉は停止できない。出力を絞っても冷却ポンプなどの音が出る。 |  | 水中ではエンジン停止。音の少ないモーターのみで推進。 |
|  | タービンの回転を推進軸に伝える減速ギアが騒音源となる。 |  | モーターとスクリュー軸を直結するため、減速ギアを介さない。 |

**通常動力潜水艦は、原子力潜水艦よりステルス性に勝る！**

### 相手に探知されないための、ステルス性向上の工夫

**音を反射させにくい船体**
船体外側をゴムでコーティングを施したり吸音タイルで覆う。

**スノーケルのレーダー対策**
スノーケルヘッドは消波形状で、レーダー吸収塗料を塗る。

**磁気反応を軽減する**
磁性の少ない材料の採用や、消磁装置で磁界発生を防ぐ。

関連項目
●電気で動く通常動力型潜水艦→No.024
●スクリューは効率と静粛性のせめぎ合い→No.029
●ソナーとは→No.035
●潜水艦の天敵となる航空機→No.051

No.034

# 操艦装置の変化

潜水艦は三次元的な動きをするため、操艦装置は水上艦とはかなり異なる。戦時中までは大勢の人間が必要だったが今はかなり削減された。

## ●操舵チームとバラストタンク操作チーム

潜水艦には縦舵、横舵、潜水舵の3種の舵があるが、戦時中まではそのひとつひとつに1名ずつ操舵員が必要だった。その上、浮沈を司るバラストタンクの注排水作業も数名の操作員で行っていた。タンクの操作は壁面にある大小多数のバルブの開け閉めで行う。彼ら操艦チーム全員が連携して初めて、潜水艦は思うように動くことができた。

また水中では視界が悪く、特に深海であれば真っ暗だ。そんな中、各種の計器を見ながら操作をしなければならない。それは今も昔も同じだが、海底は真っ平らではなく、地上と同じく山や谷など凹凸が激しい海域もある。海図を頼りに、岩礁にぶつからないよう注意深く航行する必要がある。同じ三次元機動を行う航空機より難易度が高いといえるだろう。

戦後、3種の舵の操作はひとりでできるようになった。ハンドル型の操舵輪(ジョイスティック)を前後左右に動かして潜水艦を操るのだ。米海軍の場合、主操舵員と副操舵員の2名が並列席に座って操艦を行う。装置の仕組みは主副同じで、慣習として主操舵を**プレーンズマン**、副操舵を**ヘルムズマン**と呼んでいる。海上自衛隊の艦も並列複座だが、主操舵席を**第一スタンド**と呼んで縦舵と潜舵を、副操舵席は**第二スタンド**で横舵を操作していた。これが、そうりゅう型潜水艦からは米軍と同じ仕様になった。

操縦席の後ろにはバラストタンク操作盤があり、**オペレーター**1名で操作できるようになった。合計3名で操艦を実現しているのである。

ヨーロッパの潜水艦は副操縦士を置かず、ひとりで動かすようになっている。欧州では乗員50名程度の小型艦が多く、狭い艦内スペースをムダにできないためだ。操縦士と、バラストタンクを操作するオペレーターの計2名で操艦を行うのが普通だ。

## 昔と今の操艦装置

### 戦時中の潜水艦の操艦室

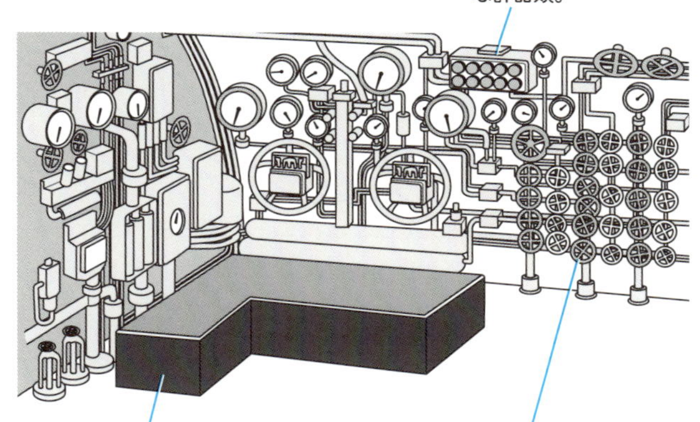


### 戦後の潜水艦の操艦室

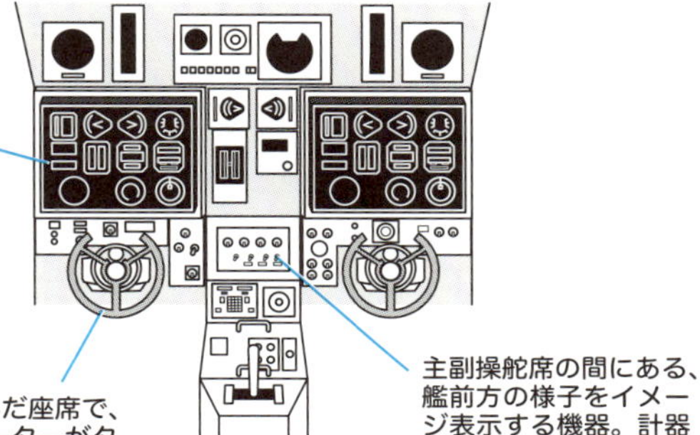


#### 関連項目

●潜水艦の舵→No.030
●十字舵とX字舵→No.031
●潜行と浮上→No.032
●潜水艦の中枢・発令所→No.039

No.035

# ソナーとは

日本語では水中聴音機というが、ソナーは水中の音を聞くための装置である。潜水艦が利用できる数少ない索敵装備だ。

## ●深く静かに潜航せよ

水中では視界がきかないし、電波が水によって激しく減衰するのでレーダーも使えない。それで、音を拾うことで索敵する。音波を探知するための装置がソナーであり、潜水艦の最重要装備のひとつだ。

**ソナー**にはパッシブソナーとアクティブソナーの2種類がある。

**パッシブソナー**とは受動的に、相手が出す音を聞くソナーである。通常はこちらのソナーを用いる。自艦は探知される危険がないが、原則として方位しか確定できない。「近くで静かな音」と「遠くで大きな音」は同じ反応になってしまう。

**アクティブソナー**は能動的に、こちらから音を出して相手に当たって跳ね返ってくる音を聞くソナーである。音を出すことを「ピンガー」「ピンをうつ」などという。音の反響を観測し、相手の正確な位置を把握できるという利点がある。しかし、相手に自艦の位置がばれてしまう危険性がある。ピンは必要最小限に使用し、素早く次の行動に移ることが必要となる。

ソナーが主な索敵手段である以上、艦の静粛性は重要課題だ。エンジンを始め、さまざまな機材は極力、静かに動作するよう設計され、艦の表面に吸音材や反射材(ピンの反射方向を変える)を用いる場合もある。さらには作戦行動中、艦内の乗員も音を立てないようにする。

ちなみに潜水艦の航行音には艦ごとに個性があり、音波パターンを音紋と呼ぶ。外国艦の音紋は記録され、情報解析に利用されている。

ソナーによる探知を回避するには、海底に沈座したり、他の艦船などに近づいて自艦の音を消すなどの手段がある。海中には変温層という特殊な海域や海流などもあり、そういった場所では音波がまっすぐに飛ばない。そういったものを利用して、探知を逃れることもある。

## パッシブソナーとアクティブソナー

### パッシブソナー

機械音やスクリュー音など。

### アクティブソナー

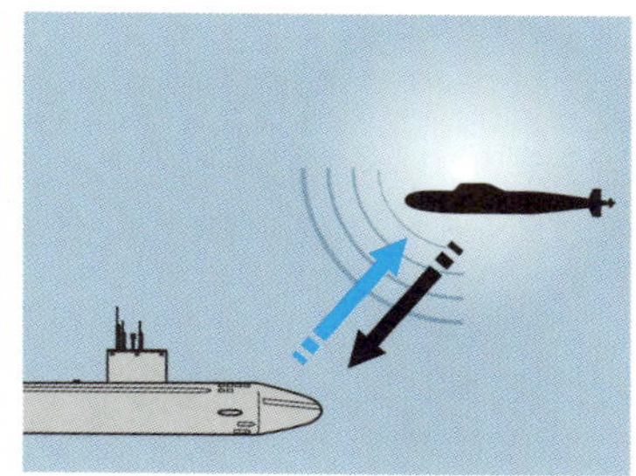

探知側が音を発し、その跳ね返ってくる音で相手を探知する。

ソナー配置の例

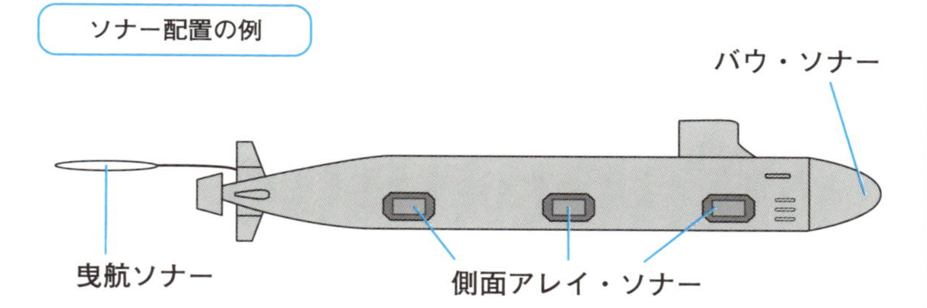


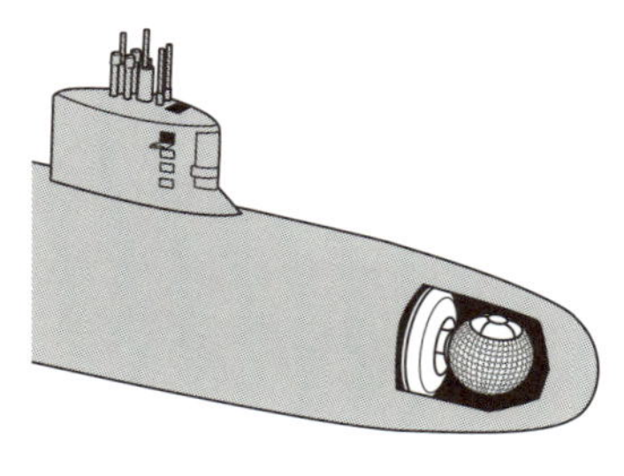

バージニア級原子力潜水艦（米）のバウソナー

米では強力なバウ（艦首）ソナーを設けているが、他国では、艦首魚雷を残すため、アクティブとパッシブに分けた小型のソナーを分散配置しているものもある。
なお、曳航ソナーは使用する時だけに、艦内から繰り出されるもので、自艦の騒音から離れてソナーを使うことができる利点がある。

関連項目

●スクリューは効率と静粛性のせめぎ合い→No.029 ●ソナーで読み取れるさまざまな情報→No.036
●潜水艦ならではのステルス機能の追求→No.033

No.036

# ソナーで読み取れるさまざまな情報

水中では周囲の状況を知るためにソナーで捉えた音を頼りにする。音紋を判別することで、音源がどの艦船なのかを判別することも可能だ。

## ●音源の移動する方向や角度の変化から、おおまかな距離を推測する

音波は大気中では1秒間に約340m伝わるが、海中では1秒間に1,513mと速く伝わる。到達距離も大気中より長く、**パッシブソナー**で捉える音はかなり広範囲をカバーする。海中には自然現象が発する音や海洋生物が発する音などが多々存在するが、艦船のエンジン音や**キャビテーションノイズ**(スクリューが発する音)など、人工的な音源を聞き分け存在を認知する。

パッシブソナーで分かることは、基本的には音源の方向と音源の種類で、距離を把握することはできない。しかし相手が動いていれば、方位変化率(音源の移動速度や移動方向、相対角度の変化)やドップラー効果(近づいたり遠ざかる音の周波数が変わること)から計算し、おおよその距離を割り出すことができる。ただし、相手との正確な距離を知りたい場合(攻撃時など)は、最後に**アクティブソナー**を使って測距する必要がある。

## ●ソナー手の経験と音紋データで音源の種類を判別する

ソナーを担当するソナー手は、ヘッドフォンで捉えた音を聞き分けて、音源が何でどんな状況かを判断する。いわば潜水艦の目の役割を果たす重要な役割。さまざまな音を聞き分ける訓練を積んだスペシャリストだ。

また音は多くの周波数の音波が複合され波形をつくり、それを**音紋**という。たとえば、キャビテーションノイズの音紋は、一艦ごとに異なる。たとえ同型艦でも、スクリューの素材や加工で生じるわずかな違いが、はっきりと音紋の違いとして現れるのだ。潜水艦のコンピュータには艦船の音紋データが記録されていて、パッシブソナーで聞き取った音を照合すると、音源の正体がどの艦船なのかを区別することができる。それ以外に自然音から人工音まで、さまざまな音源の音紋データを潜水艦は持っている。

## パッシブソナーでわかること

### 海中の音は大気中よりも速く遠くまで伝わる！

海中／秒速1,513m（マッハ4.45）

海中では減衰率も小さくより遠くまで届く！

### パッシブソナーで相手とのおおまかな距離を知る方法

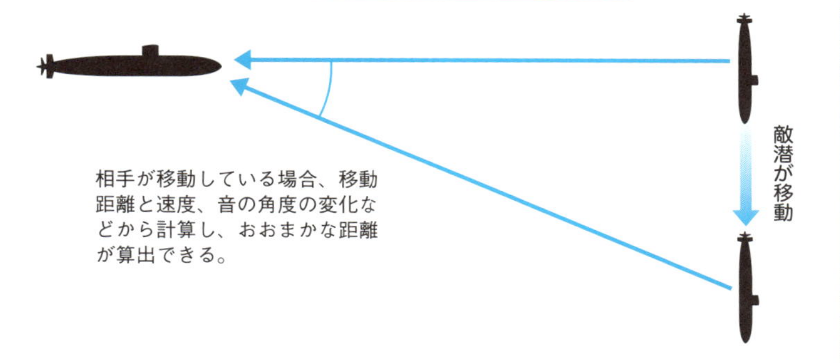


### 艦船のキャビテーションノイズの音紋は、すべて違う！

艦船のスクリューが発する音をキャビテーションノイズという。

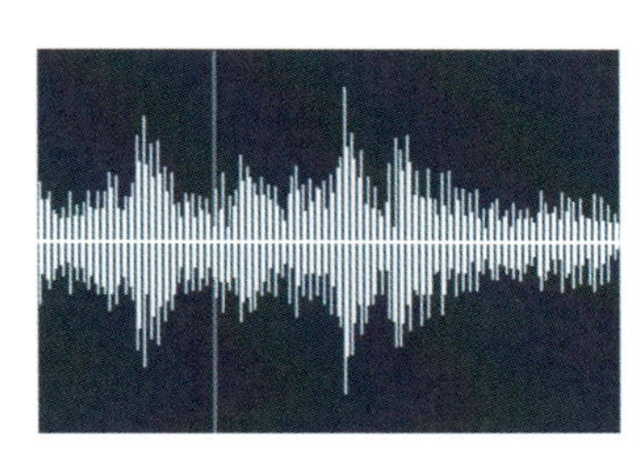

キャビテーションノイズの音紋は、スクリューの加工時のちょっとした違いなどにより、同型艦でも異なる。人間の指紋のようなもので、あらかじめ採集した音紋データと照合することで個艦識別ができる。

関連項目

●スクリューは効率と静粛性のせめぎ合い→No.029 ●ソナーとは→No.035
●潜水艦ならではのステルス機能の追求→No.033

No.037

# セイル(司令塔)の構造と潜望鏡

潜水艦の上部にそびえ立つのがセイル（司令塔）。その上部には潜望鏡やスノーケルなど重要機器が突き出し潜航時は司令塔に収容される。

## ●現代の潜水艦のセイルは、潜望鏡やセンサーの収容スペースだ

潜水艦の上部にある**司令塔**は、別名**セイル**とも呼ばれている。帆船の帆に似ていることからつけられた名称だ。また司令塔とはいっても、上部に水上航行時に乗員が監視する航海艦橋が付いているだけで、現在の潜水艦では、潜航時には内部に乗員が乗っているわけではない。

艦の上甲板より5m程度もせり出しているセイルの上部には、潜望鏡や水上レーダー、ESM(電子戦支援)マストという水上を監視するセンサーと、通信用アンテナや旗を掲げるマスト、それと空気を取り入れるスノーケル装置などが設置されている。これらは伸縮構造で、潜水中には水の抵抗になるのでセイル内に収容され、必要に応じて上部に突き出し使用される。本体は水没したまま潜望鏡やESMマストのみを水上に出すことも多い。

## ●耐圧殻を貫通し発令所に届いている光学式潜望鏡

**潜望鏡**の英名はペリスコープ(periscope)という。潜水艦の艦内から外を覗くための、長い伸縮する筒に納められた光学式スコープだ。この潜望鏡のみを水上に突き出せば、潜水艦本体は水中に没したまま水上を覗き見ることができる。「潜望鏡深度につけ」といえば、潜望鏡のみを水上に出せる深度に艦を位置することで、水上監視や魚雷攻撃時の照準に使われる。

従来の潜望鏡は光学式の反射鏡とレンズを組み合わせた構造だ。望遠や視界の広い広角に切り替えられ、近年は夜間用の赤外線暗視装置も組み込まれる。この光学式潜望鏡の筒は潜水艦の耐圧殻を貫通し、その下に位置する発令所まで届いている。最近では、TVカメラなどの高度な電子デバイスを使った潜望鏡も登場した。その場合は物理的に耐圧殻を貫通させる必要がない。そこで非貫通式潜望鏡と呼ばれている。

## セイル（司令塔）に備わるセンサーや機器

### そうりゅう型のセイル

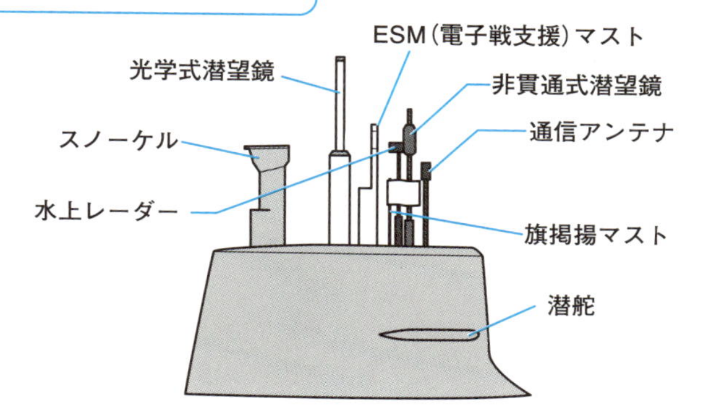


### 潜水時のセイル

セイル上部のスノーケルやセンサー類、スノーケルは伸縮式で、潜航時は水の抵抗にならないようにすべて司令塔内に収容される。

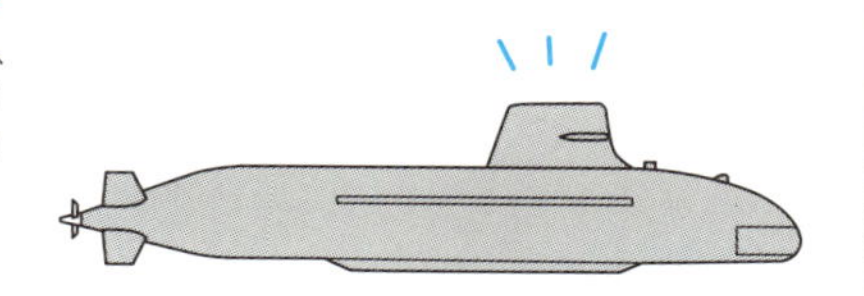

## 水上をうかがう潜望鏡

### 光学式潜望鏡の構造

光学式の潜望鏡は、反射鏡とレンズを組み合わせて正像を結ぶ構造。英語ではペリスコープ（periscope）というが、周囲（peri）を観察する望遠鏡という意味で陸上の塹壕戦などでも使われた。潜水艦用として日本に入ってきたので、潜望鏡と和訳された。

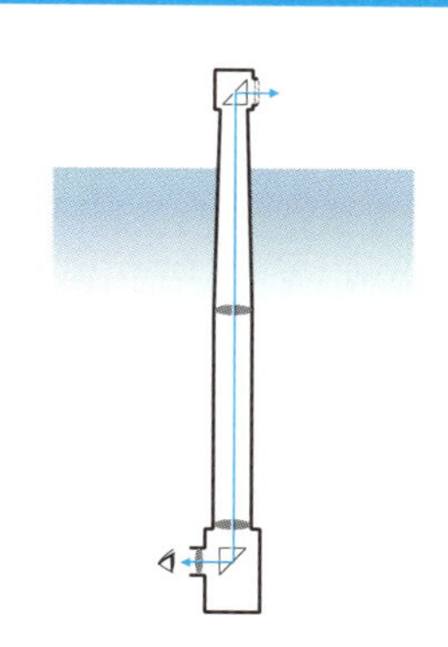

関連項目

●潜水艦の呼吸器官・スノーケル→No.038
●潜水艦の中枢・発令所→No.039
●潜水艦の航行と航法→No.070
●サブマリナーの勤務→No.082

No.038

# 潜水艦の呼吸器官・スノーケル

水面下に艦体を隠したままエンジンを回し発電を行うため、セイルの上に設置された給気筒がスノーケル。長時間の潜水航行を可能にした。

## ●第二次大戦時に水の侵入を防ぐ開閉バルブをつけることで実用化

潜水艦の多くは電気推進だが、通常動力型潜水艦では電気を発電するための**ディーゼルエンジン**を積んでいる。それを稼働するためと乗員が呼吸する空気の給気筒として、セイルの最上部に設置されたのが**スノーケル**だ。艦体を潜航させスノーケルだけ水面から突き出せば、姿を晒すことなくエンジンを回し続け、バッテリーの充電ができる。

スノーケルの原型は、黎明期の潜水艦にもあった。しかし給気口から海水が侵入し沈没する事故がおこるなど、実用性には乏しかった。そのため、水上航行でエンジンを回し発電、潜航時はバッテリーのみで航行した。

その後、駆逐艦の発達や空母と艦載機の登場で、潜水艦はできるだけ潜ったままでの行動を強いられるようになった。そこで開発されたのが、水を被るとバルブが閉じて水の侵入を防ぐ頭部弁を備えたスノーケル。第二次大戦初期にオランダ海軍が研究し、ドイツのUボートが取り入れ実用化された。これにより、Uボートの潜水行動時間は格段に長くなり、可潜艦から潜水艦へと大きく進化。このアイデアは世界中に広まった。

画期的なスノーケルだが、それでも敵に発見されるリスクはある。昼間だとスノーケルの航跡は意外に目立つ上に、レーダーの発達でスノーケルが捕捉されることもあるからだ。また、スノーケルの弁の小刻みな開閉は、艦内気圧を急に上下させ、乗組員の身体に影響を与えるデメリットもある。

現代の通常動力型潜水艦にもスノーケルは装備されている。給気口のバルブ開閉とエンジンのオンオフが連動し、水の抵抗が少なく航跡を小さくする形状になるなど大きく進化はしているが、基本構造は変わらない。

また排気口は給気口より低い位置や司令塔上部に取り付けられる。排気の二酸化炭素は水に溶けやすく、水中に排出した方が目立たないからだ。

## スノーケルの仕組みと構造

### 現代の潜水艦のスノーケル

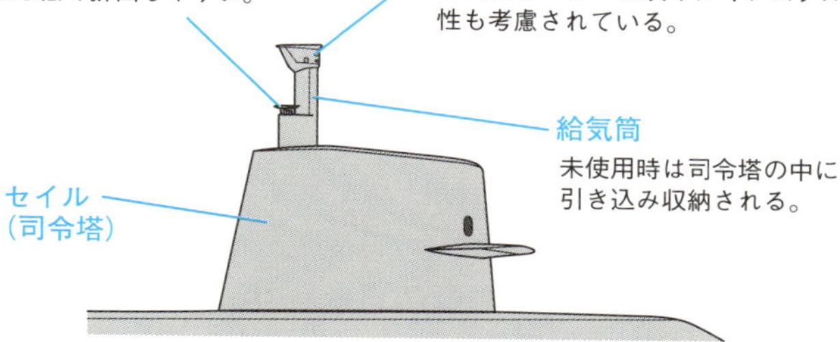


### スノーケルの開閉はエンジンのオンオフと連動！

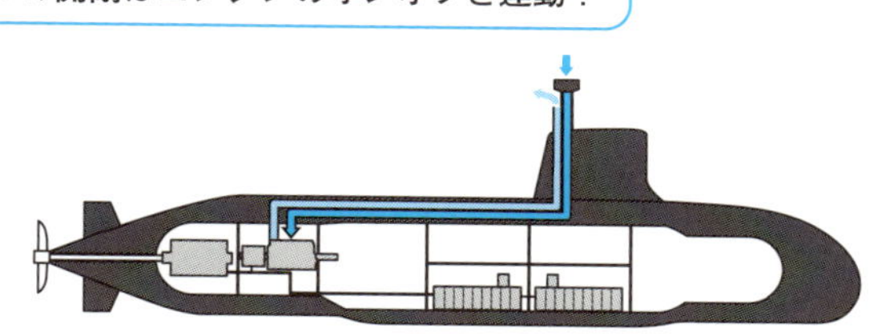

スノーケルの頭部弁は水を被ると瞬時に閉まるが、その状態でエンジンを稼働し続けると艦内の気圧が低下する。それを防ぐために現代のスノーケルには、頭部弁が閉まるとエンジンが停止し、開くと再び始動する仕組みが備えられている。

### スノーケルの語源

初めてドイツのUボートに装備されたとき、頭部弁の形から「Schnorchel（ブタの鼻）」と呼ばれた。これを英語表記すると「Snorkel」となり、その名前が定着した。

関連項目
●可潜艦から潜水艦へ→No.005
●主要国の潜水艦発展史①ドイツ→No.011
●潜水艦の動力①ディーゼル→No.025
●潜水艦ならではのステルス機能の追求→No.033

No.039

# 潜水艦の中枢・発令所

セイル（司令塔）の下部に位置する潜水艦の指揮中枢が発令所。映画などでお馴染みの艦長が潜望鏡を覗き指揮を執るシーンはこの場所だ。

## ●航海指揮や戦闘指揮から操艦までを行う潜水艦の中枢部

潜水艦の中で、航行指揮から情報収集、操艦、攻撃指揮に至るすべてを司る中枢部となるのが、**発令所**だ。水上航行が多かった初期の潜水艦の中には、セイル(司令塔)の中に一部の指揮中枢が設けられていたものもあったが、水中航行が主体となった第二次大戦以降は、水の抵抗を少なくするためにセイルは極力スリム化され、発令所は船殻の中に設置されるようになった。艦長など指揮官が使う潜望鏡がセイルの中に格納され下方が船殻を貫通し発令所に届いているため、発令所はセイルの真下に位置する。

一般的な水上の軍艦では、航行指揮を担当するブリッジと戦闘指揮を行うCDC(戦闘指揮所)に分かれているが、スペースに制約の多い潜水艦では、発令所が双方の役目を兼ねている。発令所の中央には潜望鏡の柱が鎮座し、艦長もしくは交代する副長がその後ろに位置し指揮を執る。また航海の進路を決めるチャート(海図)台が置かれる。それを囲むように、航海長、操縦手、ベント弁を操作し注排水を担当する潜航手、ソナー手、通信手、レーダーなどの操作要員、魚雷や弾道ミサイルなど武器の操作員などが、機能的に配置される。以前はそれぞれに複数の担当員が配置され、狭い発令所に多くの人員が配置され、混雑していた。大戦時は操船には多人数の操舵手や潜航手が必要だったのが、最新の艦では2〜3名で操船が可能になるなど、現在はかなりの省力化が進んでいる。

一方、水上航行時には、セイル上前部に設けられた**航海艦橋**で哨戒長が水上監視を行う(出入港時には艦長がここに陣取ることも)。しかしあくまでも監視して連絡を送るだけで、操艦は発令所内で行われる。

また夜間航行時や戦闘行動時は、潜望鏡で目視監視をするときに目の明暗順応などの理由から、発令所内は照度を落とし赤色灯の照明となる。

## 発令所はブリッジ兼CDC（戦闘指揮所）

### 発令所はセイルの真下にある

発令所の中心にあるのは艦長が水上を監視する光学式潜望鏡。その本体は艦の船殻を貫通しセイルの中に格納されている。そのため、発令所はセイルの真下に位置する。

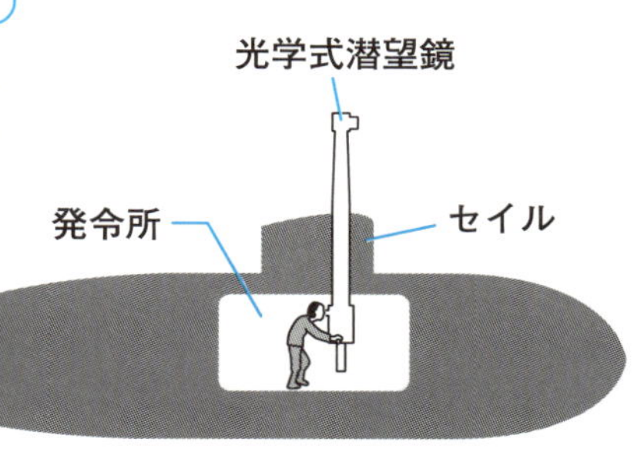


### 発令所に詰める乗組員たち

**副長**
艦長の補佐役、艦長と交代して航行の指揮を執ることもある。

**哨戒長**
周辺の監視役。水上航行時にはセイルの航海艦橋に詰めることも。

**艦長**

潜水艦の艦長の権限は普通の水上戦闘艦よりも強く責任も重い。

**航海長**
潜水艦の航海進路などを担当する。艦長・副長に次ぐNo3。

**操舵手**
以前は縦舵担当と横舵担当、潜舵担当の3名。最近は1名でも操艦可能。

**通信・レーダー手**
通信を担当したり、レーダーなどのセンサーを扱う専門クルー。

**潜航手**
ベント弁やバラストを操作し、潜水艦の浮力（トリム）を調整する。

**戦闘士官**
魚雷やミサイルなど攻撃兵器の発射操作を担当。士官が任命される。

**ソナー手**
ソナーに聞き耳を立てる潜水艦の目となるスペシャリスト。


関連項目

●操艦装置の変化→No.034
●セイル（司令塔）の構造と潜望鏡→No.037
●サブマリナーの養成→No.085

No.040

# 通信の難しさは潜水艦の泣き所

自らの存在を秘匿し単独行動をとることが多い潜水艦に作戦命令を伝える通信手段は欠かせない。現在は潜ったまま受信することも可能だ。

## ●受信はするが送信はなるべく控えて、自艦の位置を秘匿する

潜水艦に無線装置を初めて搭載したのはイギリスで、1910年ごろ。第一次大戦には、遠距離通信が可能な短波(HF)無線を潜水艦も備えるようなった。第二次大戦の前期には、ドイツのUボートが見つけた敵輸送船団を無線で味方潜水艦に知らせ集団で襲う群狼作戦で成果を挙げた。ところが連合軍はUボートが発した短波無線を逆探知する装置(HF-DF)を投入し、逆にUボートを補足し攻撃する戦法を取るようになる。無線送信が潜水艦のステルス性を削いでしまったのだ。それ以来、潜水艦は自艦の位置を秘匿するために、受信はしても極力送信は行わないようになる。

また第二次大戦時、機密の多い軍事通信は、暗号を組んで短波で送信するようになる。日本海軍も重要事項は乱数表を使った暗号を使用していたが、米軍は沈んだ日本の潜水艦の中から暗号表を押収。それを元に暗号解読に成功し、以後の戦局に大きなアドバンテージを得るようになった。

連合軍では第二次大戦後期には、比較的発信位置を捉えられにくい超短波(VHF)や極超短波(UHF)を使った通信も実用化される。主に音声通信に使われ、短波通信と併用して潜水艦にも搭載されるようになった。

20世紀中盤以降、潜水艦への送信用に使われるようになったのが、**超長波(VLF)通信**だ。VLFは水面下の深度10m程度までなら電波が届き、水面下でアンテナを伸ばして潜水艦がキャッチできる。さらに極超長波(ELF)通信も実用化。こちらは水深100m以上まで届く。一方で指向性の強いセンチ波(SHF)やミリ波(EHF)を使った衛星通信が実用化され、水面にアンテナだけを出せば衛星経由で送受信することも可能になった。

この他、水中の潜水艦同士や水上艦艇と話すことができる、音波を使った水中通話機もある。こちらは遭難時などの非常時用に備えられている。

## 潜水艦で使われる通信の周波数帯

|  |  |
|---|---|
| ミリ波 (EHF) 30～300GHz<br>センチ波 (SHF) 3～30GHz | 衛星通信に使われる非常に短い波長の電波。指向性が強く電離層を突き抜けるため、通信衛星のおおまかな位置を狙って送信する。現在は船舶のみならず民間でも広く使われるようになった。 |
| 極超短波 (UHF) 300MHz～3GHz | TV放送や携帯電話で使われる周波数帯。警察無線やタクシー無線にも振り分けられている。 |
| 超短波 (VHF) 30～300MHz | TV放送の他、一般的な船舶無線や航空無線にも広く使われる。UHFより遠くまで届きやすい。 |
| 短波 (HF) 3～30MHz | 電離層に反射され遠くまで届くため、初期の潜水艦では短波帯を通信に使っていた。現在でもその特性を利用した短波放送などで使われる。 |
| 超長波 (VLF) 3～30kHz | 陸地や海面に沿って飛ぶ特性を持つ。水面下10mほどまで届き潜ったまま受信できるため潜水艦通信に使われる。ただし送信できるデータ量は少ない。 |
| 極超長波 (ELF) 3～300Hz | 水深100m以上の深さまで届くため、海底に鎮座した弾道ミサイル潜水艦などにも届く。ただし送信設備が大規模になり送信できるデータ量はわずかだ。 |

## 潜水艦同士で話すことができる水中通話装置

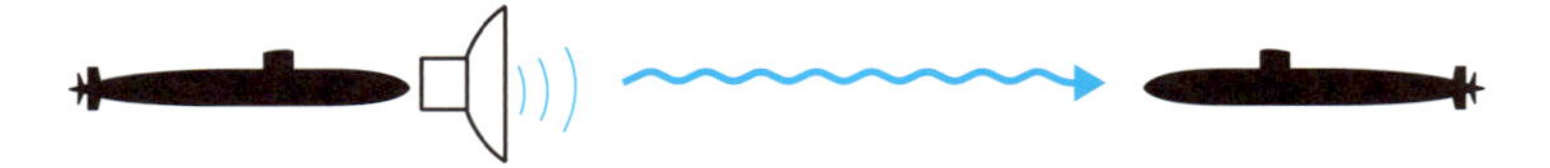

潜水艦には音波を使った水中通話装置も備わる。秘匿性が失われるので通常は使われることはないが、潜水艦の遭難時など緊急通信に用いられる。

関連項目
●海面下の潜水艦にも届く電波→No.041
●Uボートが駆使した狼群戦術→No.058
●現代潜水艦の任務①核パトロール→No.059

No.041

# 海面下の潜水艦にも届く電波

VLF通信は、海面下の浅海まで通信を届けることができる。さらに深い水深に潜む艦には、航空機を使ったシステムやELF通信を使用する。

## ●海中に潜む弾道ミサイル潜水艦に重要な指令を送信する

現代の潜水艦は、自艦の位置を秘匿するため作戦行動中はできるだけ水面に姿を現さない。特に弾道ミサイル原潜などは、数カ月潜りっぱなしなのが普通だ。そういった潜水艦に通信を送るために使われるのが、**超長波(VLF)通信**と、**極超長波(ELF)**通信だ。

**VLF**は3～30kHzの周波数帯で、潜水艦通信の他に標準周波数報時電波などにも利用される。陸上や水面に沿って電波が伝わる性質で、海中にも深度10～30mまで届く。潜水艦は、水面直下に浮遊する曳航ブイにつけたアンテナや、**フローティング・アンテナ**と呼ばれる長い浮遊性のケーブル状アンテナを海面下に漂わせて、VLF波を受信する。ただし送れる情報量は少なく、簡単な暗号文程度。世界各国に公的なVLF局がある他、潜水艦専用の送信所もあり、海上自衛隊では宮崎県えびの送信所を運用している。

また戦時にはVLFの地上局は攻撃を受ける可能性がある。そこで米海軍では1960年代から、弾道ミサイル原潜に指令を伝えるために、**TACAMO**(Take Charge And Move Out)と呼ばれる送信システムを運用している。専用の航空機を経由して、上空から海中に潜む原潜にVLF波を送信する。比較的近距離から角度をつけて送信するため、水深150m程度まで届く。当初はC-130輸送機を改造した機体が使われていたが、1989年からは「E-6マーキュリー」と呼ばれる4発エンジンの大型専用機を運用している。

一方、**ELF通信**は3～30Hzという極超長波の周波数を使う通信方法で、水深100m以上の海中にも届く。非常に広大な送信局施設が必要で、多数の弾道ミサイル原潜を常に配備する米露2か国が運用中だ。また送信できる情報量はVLFよりさらに少なく時間もかかるので、「浮上し通信を受けろ」などの指令を意味する、簡単な符号の送信に使われている。

## 海中に潜む潜水艦に送信する

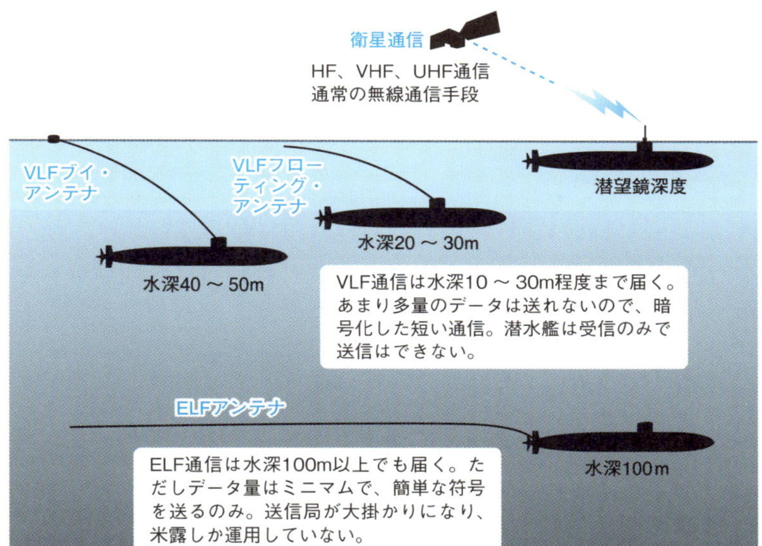


## 米海軍のTACAMO（Take Charge And Move Out）

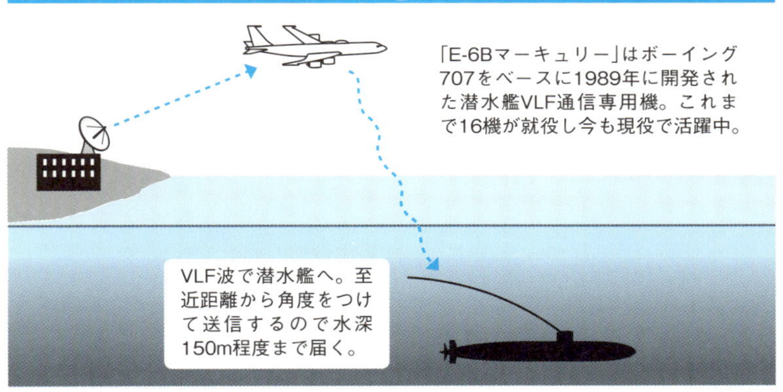


関連項目


●弾道ミサイル潜水艦→No.007
●通信の難しさは潜水艦の泣き所→No.040
●現代潜水艦の任務①核パトロール→No.059

No.042

# 魚雷の歴史

初期の潜水艦から主兵装として用いられた魚雷は改良され続け、今でも潜水艦の主力兵器として使われている。

## ●水中で使える高威力の兵器

魚雷は当初、魚型水雷と呼ばれていた。さらに古くから存在していた機雷を自走式にしたものが**魚雷**ということになる。黎明期の潜水艦は、機雷に長い棒をつけて敵艦に押しつけるという危険極まりない攻撃をしていたが、魚雷が実用化されると、水中から攻撃できるほぼ唯一の兵器として潜水艦の主兵装となっていった。

近代的な魚雷として実用化されたのは、1866年に登場したホワイトヘッド魚雷である。世界初の自走式で圧縮空気でピストンを動かして推進し、速度6ktで射程は600mほどだった。

その後、魚雷は内燃機関が主流となって高速・長射程化するとともに、ジャイロが搭載されて航走が安定するようになった。

内燃機関は高圧空気タンクを積み、空気と石油の混合気を燃焼するもので、速度は高いのだが排気で航跡が出てしまう。これを早期に発見されれば、魚雷を回避されてしまう。

そんな折り、日本で実用化されたのが**酸素魚雷**である。排気がほぼ二酸化炭素だけとなり水に溶けてしまうため航跡も残さないこの新兵器は、戦中において世界で日本海軍だけが運用した。なお、水上艦用の九三式魚雷が有名だが、潜水艦には大きすぎるため小型化した九五式魚雷が搭載されていた。ただし、狭い潜水艦内では整備に大変な手間がかかったという。また、排気をなくせば魚雷の航跡も出ないということで、第二次大戦中に**電池式魚雷**も開発されたが、当時の技術では出力不足だった。技術の進歩により戦後には米の潜水艦用魚雷Mk37などで一定の地位を得ている。

なお、潜水艦の魚雷の直径としては第一次大戦前から533mmが一般的となり、現代でも続いている。

## 魚雷の構造

### 九五式酸素魚雷の構造

全長：715cm　直径：533mm　重量：1,665kg
射程：45kt で 12,000m、49kt で 9,000m
弾頭重量：400kg

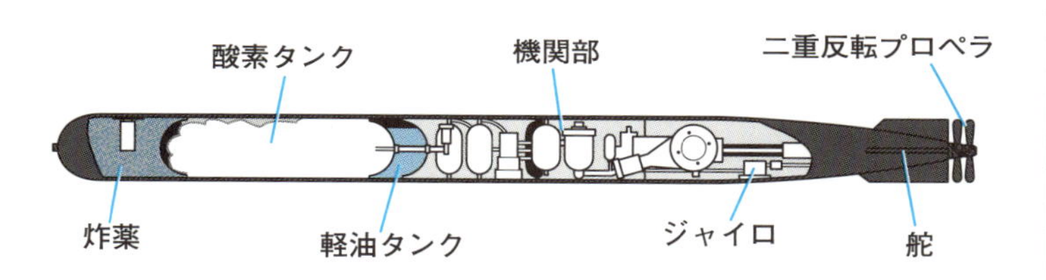


戦中の日本海軍で実用化された、航跡が少ない魚雷。九五式は潜水艦用の兵器で、同じ構造の93式は水上艦向け。潜水艦は数種の魚雷を積んでいたが、どの魚雷を何本積んでいくかは艦長が決めていた。もちろん酸素魚雷は多くの潜水艦で愛用された。

### スーパーキャビテーション魚雷

1977年、ソ連では新型兵器「シクヴァル」が実戦配備された。ロケット推進する弾体であり、魚雷でなく水中ミサイルと呼んだ方がいいかも知れないが、一般にはスーパーキャビテーション魚雷と呼称される。

弾体の先端から気泡が吹き出し、その薄い膜が魚雷の全体を覆って水中抵抗を減らす仕組みとなっている。これにより、水中で200kt以上の高速が出せる。

「シクヴァル」は自艦に向けられた魚雷を迎撃する防御手段として用いたり、核弾頭の搭載も検討されていた。今でもロシア海軍で使われているとみられ、アメリカ、ドイツ、中国、イランといった国々でも同等の兵器を開発しているという。

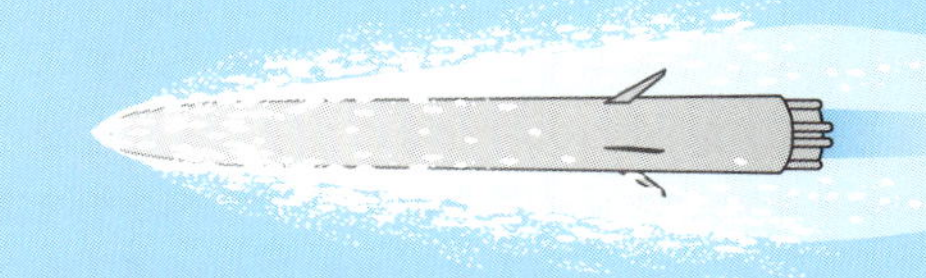

関連項目

●攻撃型潜水艦→No.006
誘導兵器となった魚雷→No.043
●大戦期の魚雷攻撃の実態→No.067
●攻撃潜水艦の魚雷攻撃手順→No.068

No.043

# 誘導兵器となった魚雷

第二次大戦以降、魚雷はミサイルと同じく誘導兵器に進化し、また魚雷発射管から従来の魚雷以外の兵器を発射できるようになった。

## ●有線誘導とプログラム誘導

かつての魚雷は、発射前に設定した進路や深度に向けて直進するだけの兵器だった。目標に対して少しずつずらして一度に数本を撃つ戦法が有効だが、これではすぐに手持ちの魚雷を使い切ってしまう。

大戦後期のドイツでは、有人操縦という方法以外で魚雷の誘導を実現した。「G7es」という魚雷がそれで、音響追跡機能を有し、敵水上艦の音を捉えて追いかけていくものである。

戦後から現代までの間に、魚雷の誘導方法はさらに進歩した。魚雷に目標のデータをプログラムして追尾させる方法、発射した潜水艦から**有線魚雷**を誘導する方法などがあるが、その両方を駆使し、たとえ外しても魚雷を目標へ再突入させることも可能となっている。有線誘導が用いられる理由はふたつある。発射母艦の方がより高性能な索敵機能を有しているし、妨害への対応もしやすいからだ。目標の探知・追尾方法も音響、磁気、それに**ウェーキホーミング**(航跡追尾)など、状況や条件に合わせて複合的なセンサーが用いられるようになった。

## ●短魚雷

現代では対艦ミサイルなども潜水艦から発射可能になったが、世界中で伝統的に直径533mmの魚雷の使用が続けられている。形状やサイズは昔と同じだが、性能は段違いだ。魚雷は水中や水上の目標を攻撃するのに適しているが、重くて大き過ぎる。そこでより小型の「**短魚雷**」が開発され、優秀な兵器として重宝されるようになった。小型軽量な代わりに射程は短いが、運動性能が高く、水上艦や**対潜哨戒機**で運用されている。なお短魚雷の登場により、従来の魚雷は「**長魚雷**」と呼ばれるようになった。

## 誘導魚雷の運用

現代潜水艦同士の戦闘概念図

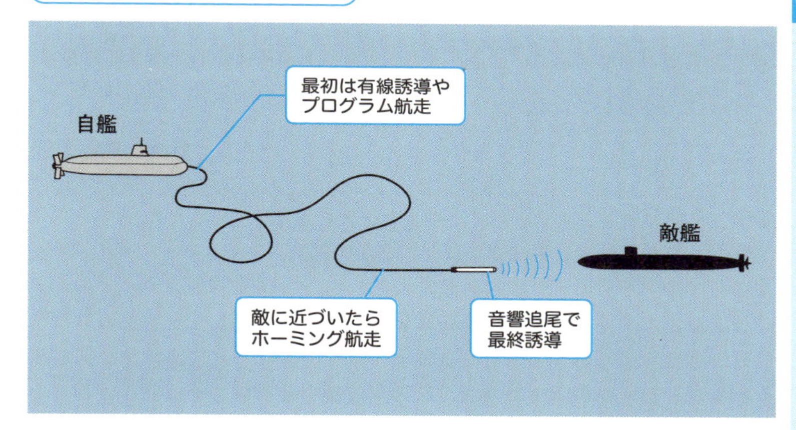


短魚雷　12式魚雷

海上自衛隊の新型短魚雷。12式は沿岸域・浅海での使用に向いており、音響センサー、磁気センサー、沈底潜水艦探知用ソナーなどを装備する。

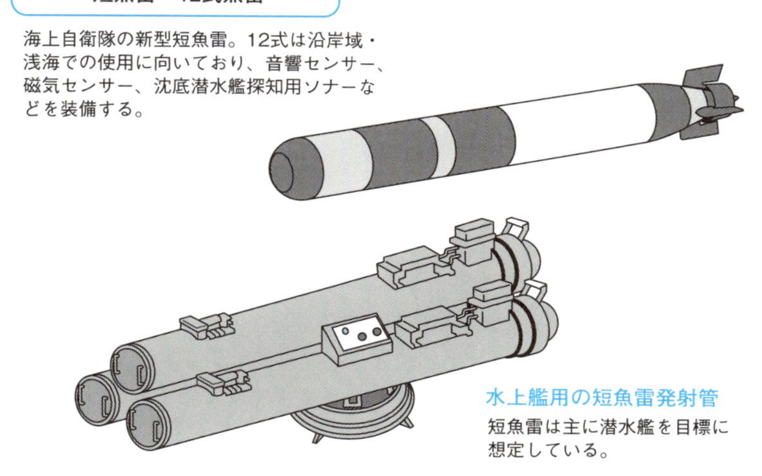

水上艦用の短魚雷発射管

短魚雷は主に潜水艦を目標に想定している。

関連項目


●攻撃型潜水艦→No.006
●魚雷の歴史→No.042
●大戦期の魚雷攻撃の実態→No.067
●攻撃潜水艦の魚雷攻撃手順→No.068

No.044

# 潜水艦が搭載する弾道ミサイル

水中発射核弾道ミサイル（SLBM）は潜水艦に搭載するための兵器であり、今日まで大国の核戦略の中核を担っている。

## ●核戦略の切札

**弾道ミサイル**は成層圏まで上がって目標上空で再突入する。超長距離、しかも水中から発射でき、最終速度は速いため、迎撃は難しい。

ひとつのミサイルに複数の核弾頭が入っており、それぞれ別々の目標を狙うことも可能である。ただし、弾頭が多くなればミサイルのサイズも大きくなる。潜水艦の限られたスペースに収納することも考慮しなければならない。冷戦時代のソ連の**弾道ミサイル潜水艦**はミサイルのサイズに合わせて巨大化したが、それでも甲板の一部が大きく盛り上がっていた。その当時は艦内スペースを拡張しないと、核ミサイルが収納できなかったということである。

いずれにせよ弾道ミサイル潜水艦は大きくなりがちで、その分、運動性や静粛性が犠牲になっている。魚雷発射管もいちおう設けられているが、敵艦を襲撃するというより自衛のための最低限の武装である。何といっても、有事に敵の攻撃から生き残り、弾道ミサイルを確実に発射することが最重要任務なのだ。

弾道ミサイルも技術革新してきたが、その戦力は1基あたりの核弾頭の数で測ることができる。弾頭は多ければ多いほどよいが、その威力は問題ではない。目標に到達さえすれば確実に破壊できるし、誤差で着弾地点がずれても威力が高いので問題はないのだ。

米海軍が運用中のオハイオ級原子力潜水艦は、24基の**トライデントD5**ミサイルを搭載できる。トライデントは1基あたり最大14個の弾頭を積むことができる。つまり1隻で最大336発の核弾頭を搭載し、発射することができるのだ。ただし、核削減条約などによって積載できる弾頭数が決められている。1隻あたり弾頭120個が上限だ。

## 弾道ミサイルについて

### 潜水艦からの弾道ミサイル（SLBM）発射

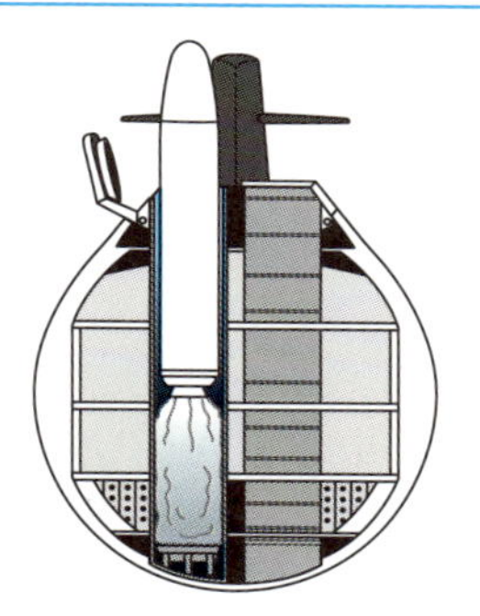

①発射管扉をあける。

②保護のための先端カバーを爆砕し、高圧空気で弾頭ミサイルを発射。

③水面まで到達した弾道ミサイルはロケットに点火し、飛翔する。

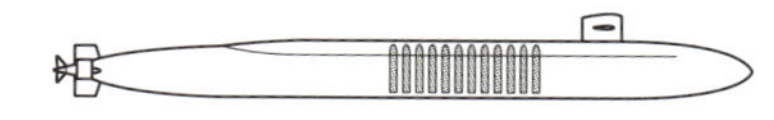

### MIRV（個別誘導複数目標弾頭）発射

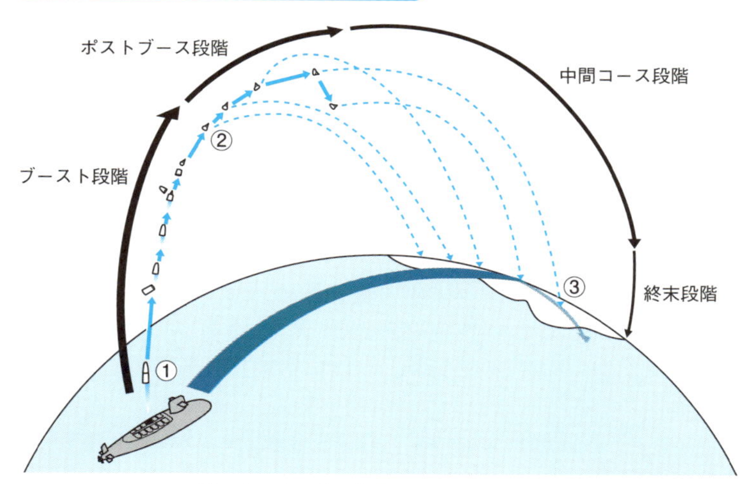


①ロケットによる上昇。

②ロケット切り離し後、複数の弾頭を順次発射。

③発射された弾頭がそれぞれ別の目標へと着弾。

**関連項目**

●弾道ミサイル潜水艦→No.007
●世界最大の潜水艦→No.009
●現代潜水艦の任務①核パトロール→No.059
●北朝鮮の核戦略 ゴラエ型→No.066

No.045

# 潜水艦が搭載する戦術ミサイル

現代の攻撃型潜水艦には、大きく分けて巡航ミサイルと対艦ミサイルの２種の戦術ミサイルが搭載できる。

## ●ミサイルはVLSか魚雷発射管から発射

**対艦ミサイル**は水上艦を攻撃するためのミサイルである。魚雷よりも長射程であり、敵艦隊の哨戒網あるいは迎撃範囲の外から攻撃可能だ。かつては浮上してからでないと発射できなかったが、現在では潜航したまま発射可能になった。発射されたミサイルは目標まで近づくと、自身の誘導装置で敵艦へと突入する。

**巡航ミサイル**はさらに長射程を持ち、低空で飛行するので発見されにくい。艦船や地上施設を目標とする。ジェット推進式であり、主翼を展開して亜音速(ミサイルとしては低速)で飛行する。トマホーク巡航ミサイルなどはGPSによる誘導で飛行、最終的に移動目標にはミサイル自身の誘導装置で突入する。無人機やドローンの先駆けともいえる存在だ。

種々の戦術ミサイルは潜水艦の甲板に設けられた**VLS**＝垂直発射システムの格納筒から発射されるが、それがない場合は魚雷発射管を利用して撃つこともできる。ヨーロッパの潜水艦は総じて魚雷発射管を使っているようだが、どちらにしても潜航中に問題なく使用できる。

VLS装備潜水艦は大型になってしまうが、短時間に多数のミサイルを発射できる。

これに対し、魚雷発射管式の場合、魚雷型のカプセルで保護したミサイルを発射管に装填して射出する。そのまま海面に向かい、水上に出たところでカプセルからミサイルが飛び出し、空中へ飛翔していく。魚雷発射管を利用できるので便利だが、多数のミサイルを扱うことはできない。

なお、戦術ミサイルの種類としては昨今、上空の敵航空機を狙う対空ミサイルシステムが加わった。潜水艦が積極的に対潜哨戒機と戦う意義はないが、自衛の手段が増えたということでは大きな進歩である。

## ハープーンとトマホークの飛翔

### 対艦ミサイルの飛翔(ハープーン)

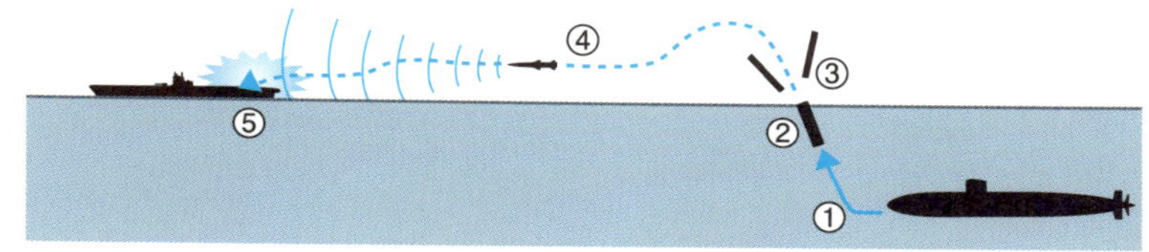

①キャニスターに包まれた状態で潜水艦から発射。
②水面まで上昇。
③水面でキャニスターが外れ、ロケットに点火。
④プログラムに従い飛行。
⑤目標付近でミサイル自身の誘導により敵艦へ突入。

### 巡航ミサイルの飛翔(トマホーク)

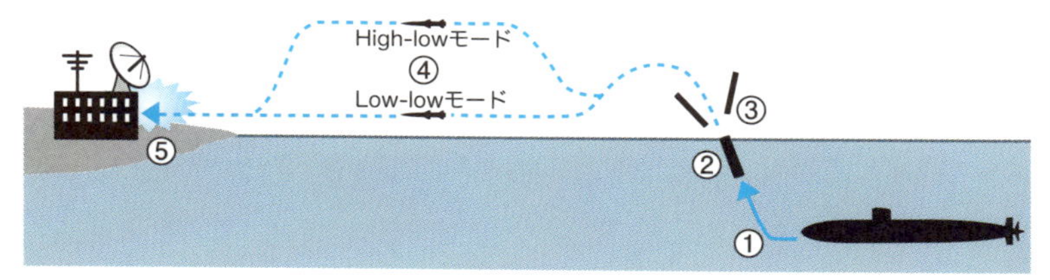


①キャニスターに包まれた状態で潜水艦から発射。
②水面まで上昇。
③水面でキャニスターが外れロケットに点火。
④プログラムに従い飛行。地形照合も行う。
⑤目標に着弾。

### VLS(垂直発射システム)

船体に対して垂直にミサイルを格納する格納庫の上部に蓋が取り付けられており、ミサイルは格納庫から垂直にそのまま発射される。

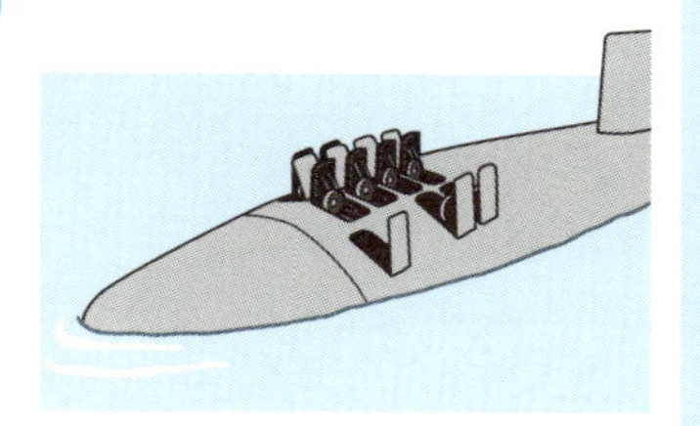

関連項目
●攻撃型潜水艦→No.006
●現代潜水艦の任務③陸上攻撃と特殊部隊支援→No.061
●改オハイオ級原潜の新たな運用法→No.062

No.046

# かつては主力兵器だった艦載砲

可潜艦時代の大型潜水艦には、甲板上にデッキガンと呼ばれる艦載砲を装備していた。高価な魚雷を使わずに敵の商船などを砲撃していた。

## ●商船を待ち伏せし、浮上して艦載砲で攻撃していた

第一次大戦当時、潜水艦は**通商破壊戦**に投入され、敵国の輸送船攻撃が主要任務のひとつだった。輸送船の航路で待ち伏せ攻撃するのだが、魚雷は高価な武器で搭載数も限りがあったため、**艦載砲**で砲撃することが多かった。目標の進路で水面下に潜んで待ち伏せ、近づいたら浮上し砲撃する方法でも、非武装で装甲のない輸送船なら十分に撃沈することができた。また水上では輸送船よりも速く、堂々と浮上して追いかけることもあった。

通商破壊戦で大きな戦果を挙げたドイツのUボートでは、8.8～10.5㎝の単装平射砲を積んでいた。対する連合国側のイギリスやフランスでも7.6～15.2㎝の砲を装備している。第一次大戦後には、イギリスのM級モニター潜水艦が巡洋戦艦並みの30㎝単装砲を積み、フランスも20㎝連装砲を搭載した「シュルクーフ」を就役させている。一方、欧州の潜水艦の影響を受けた日本海軍では、伊号潜水艦に10～14㎝の艦載砲を装備していた。同時期のアメリカの潜水艦も7.6～15.2㎝砲を積んでいる。

しかし第二次大戦に入ると、輸送船は船団を組み駆逐艦が護衛に寄り添うようになる。さらに護衛空母搭載の艦載機が、浮上した潜水艦の天敵として登場。そのため、浮上して姿を晒すことになる艦載砲攻撃は、ほとんど行われることはなくなった。商船攻撃でも魚雷を使うようになったのだ。しかも砲は水中航行時には水の抵抗になってしまう。そのため、水中航行性能を重視するようになった戦後以降は、装備されなくなったのだ。

また第二次大戦時には、日本海軍が艦載砲によるアメリカ本土の対地砲撃も行っている。1942年2月に「伊17」が西海岸のエルウッド製油所を砲撃。6月には「伊26」がバンクーバー島の無線局を、「伊25」がオレゴン州の陸軍基地を砲撃したが、いずれも軽微な損害を与えるに留まった。

## 潜水艦の主砲

### 可潜艦時代の艦載砲

甲板の上に設置されるのでデッキガンと呼ばれた。操作はすべて手動の単装砲で、浮上して砲身と尾栓の蓋を外し手動で弾込めして発射する。前後に2門積んだ艦もあった。

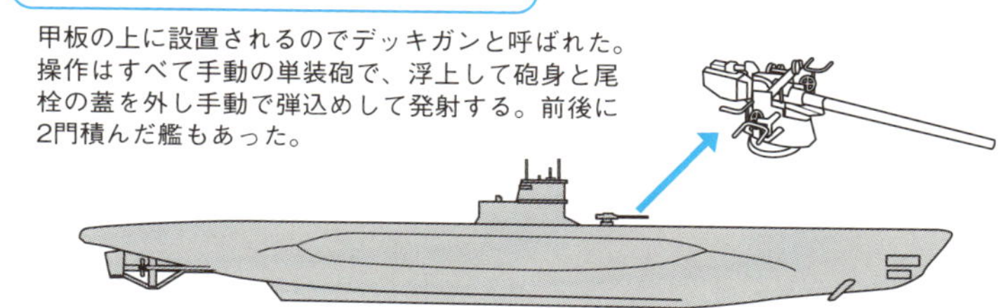

### 潜水艦搭載の最大の砲

1918年に完成したイギリスのM級モニター潜水艦。セイル前方に巡洋戦艦並みの30.5cm単装砲を積んでいた。砲はわずかしか動かないので艦首を目標に向け照準した。

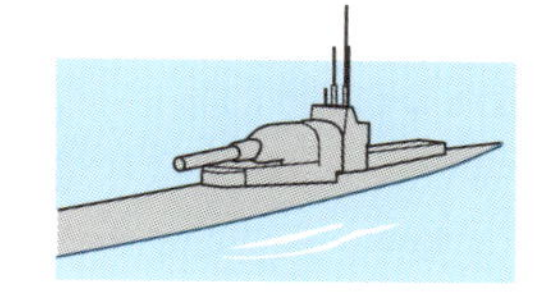

## 商船の近くで浮上して砲撃

水平線ギリギリの遠距離で商船を見つけたら……

水中に潜って相手に気がつかれないように予想進路に先回り。

接近して潜望鏡を使って再度確認を行ってから……

攻撃しやすい位置で浮上し主砲を使って砲撃する。

関連項目
●大戦期の潜水艦運用→No.057
●潜水艦は待ち伏せ戦法が得意→No.069
●巨大な連装砲を備えた「シュルクーフ」→No.087

No.047

# 潜水艦に積まれた対空兵器

潜水艦をハントする航空機への対抗手段として、対空機関砲を積んだ時代もあった。昨今では潜水艦発射の対空ミサイルが開発されている。

## ●第二次大戦時には襲ってくる航空機対策で対空機銃を装備

第一次大戦期には無敵を誇り暴れ回った潜水艦も、第二次大戦に入ると狩られる側に回ることが多くなった。なかでも長距離爆撃機や護衛空母に搭載された戦闘機は、浮上航行中の潜水艦にとって厄介な存在となり、その対策として潜水艦にも**対空兵器**を積むようになった。

もともと、水上の小型艦などの攻撃用に7.7～12.7㎜クラスの機銃が備えられていたが、これを対空用に増強。たとえばアメリカ海軍のガトー級では、設計当初の12.7㎜機銃から配備時に20㎜機関砲2門に変更。さらに大戦後期の改装では40㎜機関砲に載せ替えた艦もあった。

ドイツで大量に生産されたUボートU-VIIC型では、一部の艦で8.8cm主砲を降ろし、代わりに20㎜4連装対空機関砲と37㎜対空機関砲を積んで対空能力を向上させた防空潜水艦に改造した。日本海軍の伊号・海大5型/6型のように、主砲に10cm高射砲を搭載したケースもある。しかし防空効果はさほど高くなく、戦後の潜水艦には対空機銃は装備されなくなった。

## ●対潜ヘリコプター対策に小型対空ミサイルシステムを開発

現在、潜水艦キラーの一番手といえるのが、艦載される対潜ヘリコプターだ。これに対応すべく、潜水艦に搭載する**対空ミサイル**が開発された。

旧ソ連が開発したタイフーン型弾道ミサイル原潜では、小型の近接対空ミサイルを収めたコンテナを魚雷発射管から放出し、水面に出ると発射されるシステムを採用した。またキロ型潜水艦には、セイルに対空ミサイルランチャーを装備したオプションが設定されている。ドイツで開発されている「IDAS」対空ミサイルは、魚雷発射管から射出されロケットモーターを点火して水中を上昇。そのまま対空ミサイルとして空中に放たれる。

## 潜水艦の対空兵器

### ドイツの防空潜水艦U-flak

U-VII型をベースに4連装20mm機関砲2基と単装37mm機関砲1基を積んで、防空潜水艦に改造。セイル上には対空レーダーも装備している。ちなみにFlakとはドイツ語で高射砲のことだ。

### タイフーン型に搭載された対空ミサイル

低空で活動する対潜ヘリコプターを排除するために、旧ソ連最大の弾道ミサイル原潜タイフーン型に搭載された対空ミサイルシステム。

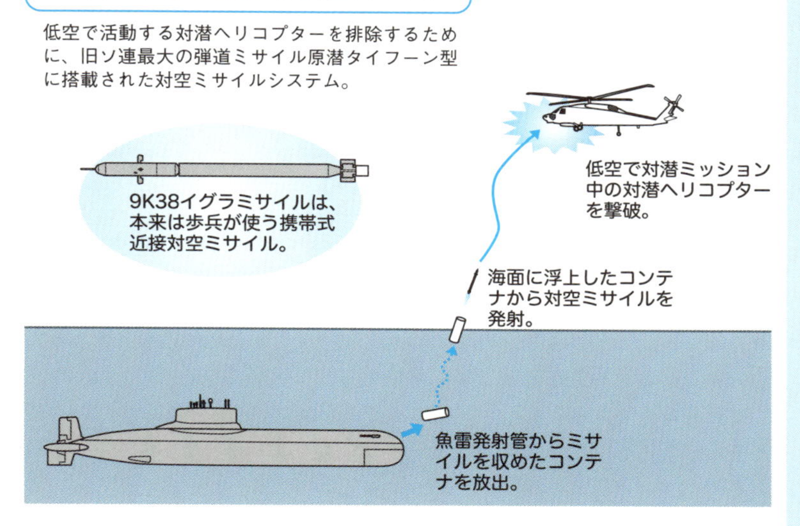


関連項目

●主要国の潜水艦発展史①ドイツ→No.011
●潜水艦が搭載する戦術ミサイル→No.045
●潜水艦の天敵となる航空機→No.051
●護衛空母と対潜空母→No.052

No.048

# 対魚雷防御装備

近年の誘導魚雷は進路を避けても追ってくるのでやっかいな存在だ。そこで敵魚雷のセンサーを欺瞞して狙いを外させる防御装備がある。

## ●デコイ（囮魚雷）は音で敵魚雷のセンサーを騙す

潜水艦が持つ水中で最大の武器は魚雷だ。現代の誘導魚雷は必中必殺の武器だが、それを躱すための装備も開発されている。

**デコイ**あるいは囮魚雷と呼ばれる装備がある(デコイとは、本来は猟で囮に使われる鳥の模型)。小型の短魚雷の形状をしているが、弾頭部に爆発するための炸薬は入っていない。その代わり敵の魚雷のセンサーを欺瞞する、音響装置が備えられている。デコイは狙われている艦艇のキャビテーションノイズとそっくりの音や、アクティブソナーの反射音などを発しながら、発射した艦の進路とは別の方向に進む。敵魚雷はこれに引き付けられて本来の目標を大きく逸れてしまうという仕組みだ。

デコイは潜水艦だけでなく、駆逐艦や護衛艦のような対潜ミッションを行う水上戦闘艦艇にも備えられている。水上艦には魚雷型のデコイ発射機だけでなく、艦尾から降ろして引っ張る曳航式のデコイも装備されている。

## ●気泡を吐き出し船体を覆い隠すマスカー

一方、船体そのものを魚雷から覆い隠す装備もある。プレーリー・マスカー遮音装置と呼ばれるもので、船体前部やスクリュー付近から細かい気泡を吐き出し、船体を覆ってしまう装置だ。水中での細かい気泡の塊の中では、音はかく乱される。そこで誘導魚雷が放つアクティブソナーの音波から船体そのものを隠してしまい、その結果、魚雷は目標をロストして狙いを外すという仕組みだ。デコイと組み合わせて使われることもある。

元々、**プレーリー装置**は船体から気泡を吐き出し覆うもので、**マスカー装置**はスクリュー近辺から気泡を出しキャビテーションノイズを軽減するものだったが、現在は総称してマスカーとだけ呼ばれている。

## デコイ（囮魚雷）は音で敵魚雷のセンサーを騙す

### デコイで敵の魚雷をかわす

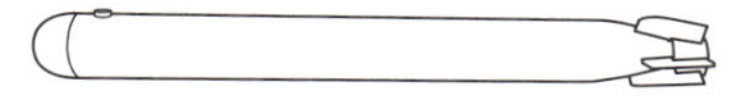

海自で使われる自走式デコイI型

全長：1,600mm　直径：152mm

①敵がこちらに向けて魚雷を発射。

②近づく敵魚雷に向けてデコイを発射。

③デコイが音を出しつつ方向を変えると、敵魚雷も引き付けられる。
その間に本体は回避。

## 気泡を吐き出し船体を覆い隠すマスカー

### マスカーは細かい気泡を吐き出し船体を覆う遮音装置！

①敵の魚雷を引き付けてからマスカー開始！

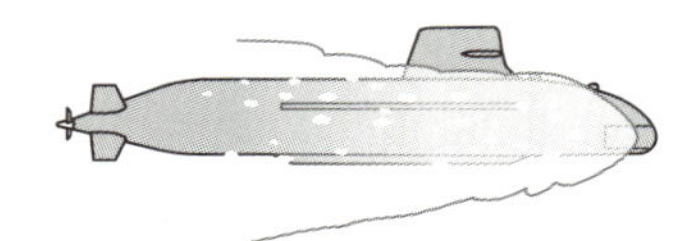

②マスカーの気泡で船体を覆ったまま転舵し魚雷をかわす。

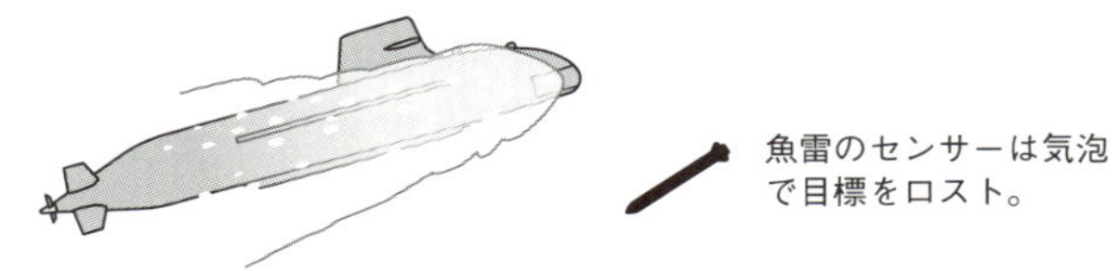

魚雷のセンサーは気泡
で目標をロスト。

関連項目

●スクリューは効率と静粛性のせめぎ合い→No.029　●潜水艦の破損と沈没→No.074
●誘導兵器となった魚雷→No.043

No.049

# 潜水艦の建造方法

**かつては船台に載せて竜骨から造り始める船台建造方式だったが、現在はパーツを溶接で組み合わせて造る、ブロック建造方式が主流だ**

## ●船台建造方式から、現在はブロック建造方式へ

第二次大戦までの可潜艦の時代、潜水艦の建造は「**船台建造方式**」で行われていた。船台の上で船の背骨となる竜骨(キール)を造り、竜骨と直角方向に肋骨(フレーム)を配置して船体の骨格を造りあげる。水上艦と違うのは、肋骨が耐圧船殻となる円形フレームとなることだ。このフレームに沿って船体の壁となる鋼板を張り付けていく。途中で内部のさまざまな装備を設置し、最後に完全に鋼板で覆って密閉し、船体が完成する。

この当時は、鋼材をつなげたり鋼板を張り付けたりするには、リベットを打って固定する**リベット接合**が使われていた。第二次大戦時にはすでに電気溶接技術が登場しており、米独では潜水艦に採用したが、多くの国では技術的不安からリベット工法が主流だった。

船台方式は、1隻造るのに長期間船台を確保しなければならず、大量生産には不向きだ。そこで第二次大戦後期にドイツがU-XXI型で導入したのが**ブロック建造方式**。船体をいくつかのブロックに分けて別工場で製作し、最後に船台上でつなぎ合わせて1隻を完成させる方法で、船台を占有する時間を大幅に短縮することが可能だ。ブロック建造方式では、各ブロックを繋ぎ合わせるためには**電気溶接**が必須。ドイツの先進的な技術力が潜水艦のブロック工法建造を可能にした。

戦後は各国ともブロック建造方式に移行している。日本でも1960年就役の初代「おやしお」から、電気溶接工法が導入されている。

またブロック建造方式は、大規模改修のさいに船体を輪切りにしやすいという利点もある。原子炉の交換が必要な原潜には不可欠だ。かつて海自の「あさしお」がAIP機関を試験搭載した大改修では、胴体の途中にAIPブロックを追加し9mも全長を伸ばせたのも、ブロック建造方式ならではだ。

## 潜水艦の建造方法の進化

### 船台建造方式

船台上にまず竜骨（キール）を造り、それに直交してリング状のフレームを並べ、最後に外側に鋼板を貼っていく。

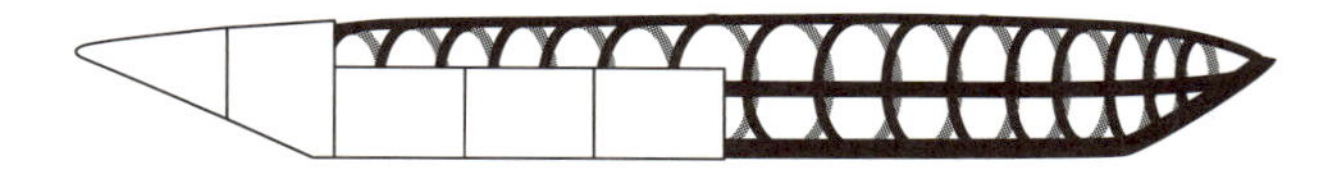

### ブロック建造方式

ブロックごとに別工場で造り、最後に船台のうえに並べて溶接でつなぎ合わせて1隻を完成させる。

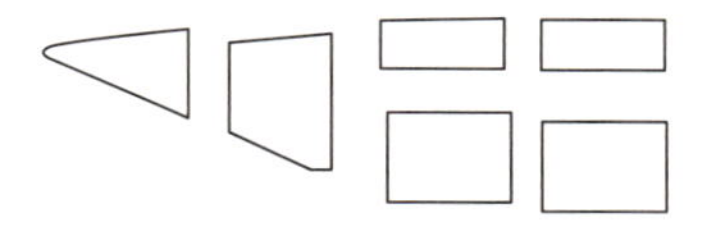

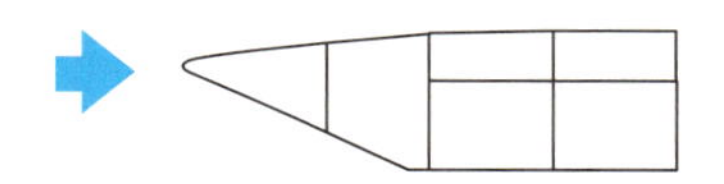

### リベット接合工法と電気溶接工法

リベット接合より電気溶接の方が、強度が高く工作の自由度も大きい。技術が確立した現在は、電気溶接工法で造られている。

リベットの頭を叩いて潰し固定する。

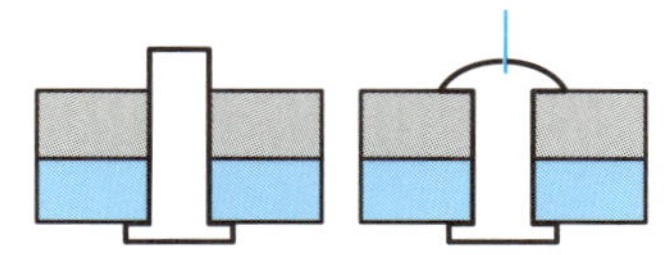

### 大規模改修にも対応するブロック工法

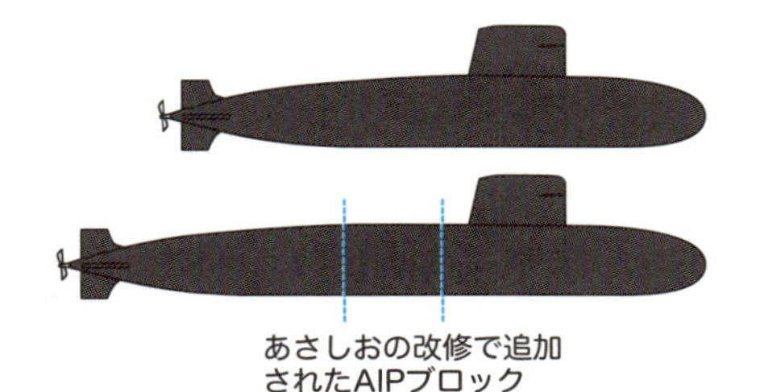


海上自衛隊の「あさしお」は、2001年に次世代潜水艦へのテストとしてAIP機関を組み込む大改修を行った。船体を輪切りにしてAIPを搭載したブロックを追加。その結果全長が78mから87mへと9m長くなった。ブロック建造方式だからこそ、こういった大規模改修も可能になる。

関連項目

●可潜艦から潜水艦へ→No.005
●潜水艦を建造できる国→No.018
●船体はどんな構造なのか→No.021

No.050

# 潜水艦のライバルだった駆逐艦

対潜兵器を搭載した小型水上艦は潜水艦が苦手とする相手だ。潜水艦の宿敵としてもっともポピュラーでもっとも長い間運用されている。

## ●エスカレートする水上艦と潜水艦の戦い

**潜水艦キラー**としてまず挙げられるのは**駆逐艦**だ。より小型のフリゲートや駆潜艇と呼ばれるものも存在した。駆逐艦は、より大きな軍艦や輸送艦など護衛対象に攻撃してくる敵を「駆逐」するために生まれた。当初は水雷艇を相手とし、やがては敵の駆逐艦、そして潜水艦の台頭によって、潜水艦も駆逐対象に加わったのである。

大戦期までの駆逐艦は潜航中の潜水艦より優速だったので、潜水艦を発見次第、現場に急行して攻撃を行っていた。一方、潜水艦はより小回りが利き、また当初の探知技術では深度が分からなかったので、海底に着座してやり過ごしたり、隙を見て出し抜いたり逆撃も可能だった。

現代において潜水艦の性能は飛躍的に上昇し、潜航中でも駆逐艦は容易に追いつけなくなった。それで駆逐艦側は**対潜ヘリ**を搭載したり、空母艦載機と共同して対潜戦を行うようになっている。

潜水艦が対艦ミサイルで長距離攻撃を行うようになった後は、はっきりいって駆逐艦だけでは対抗できなくなった。なお、駆逐艦の方も多種多様な武装を積んで潜水艦以外の相手もするようになった。

ちなみに米ソ冷戦時代、海軍力に劣るソ連は米艦隊の空母を何とか撃沈する策を模索していた。対艦ミサイルへの対処方法はあるにはあるのだが、ならば対処できる数以上のミサイルを揃え、艦隊一丸となって長距離一斉攻撃を行うというものである。これは**飽和ミサイル攻撃ドクトリン**と呼ばれていた。その攻撃の一翼を担うため、対艦ミサイルを満載した原子力潜水艦も就役させていた。

さらには米国も飽和攻撃にさらに対抗し、襲い来るミサイルをすべて撃ち落とすための**イージスシステム**を開発した。

## 潜水艦を追う駆逐艦

### 大戦時の駆逐艦の対潜兵器

日本海軍　「島風」

| 対潜兵装：爆雷投射機、水圧投下台、手動投下台、投下軌道、爆雷18個 |
|---|

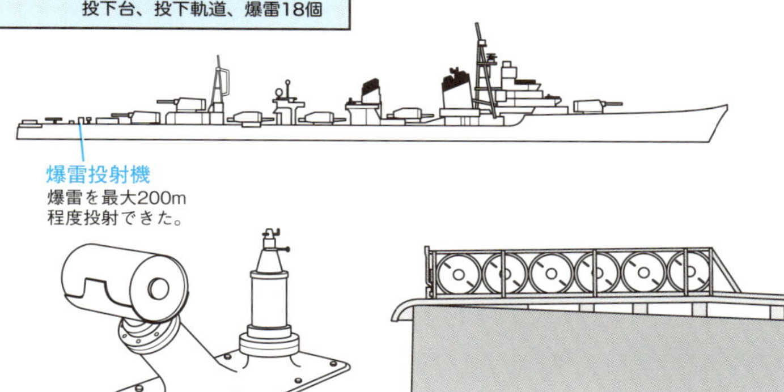


### 現代の駆逐艦の対潜兵器

米海軍　アーレイバーク級

| 対潜兵装：324mm3連装短魚雷発射管、VLS、対潜ミサイルrum-139 |
|---|

VLS 発射型アスロック
(rum-139)

短魚雷

対潜ヘリコプター

現代は原子力潜水艦の水中速度が速くなったので、駆逐艦で直接追いかけるのは難しい。弾頭に短魚雷を装備した対潜ミサイルや、搭載した対潜ヘリコプターで潜水艦を攻撃する。潜水艦が撃った対艦ミサイルを防御するのも駆逐艦の役目だ。

関連項目

●潜水艦の天敵となる航空機→No.051
●爆雷とは→No.053
●潜水艦を攻撃する投射兵器→No.054
●大戦期の潜水艦運用→No.057

No.051

# 潜水艦の天敵となる航空機

第二次大戦期以降、潜水艦の最大の敵は航空機となった。対潜哨戒機という、潜水艦だけを追う兵器も広く知られている。

## ●爆撃機や飛行艇から対潜哨戒機へ

航空機はそもそも強力な兵器だが、第二次大戦期から対潜作戦に積極的に投入された。上空からは潜水中の艦がよく見え、ほとんど反撃も受けない。航続距離が長い爆撃機は大洋を哨戒して爆撃を行うし、戦闘機が水上に潜水艦を発見すれば機銃掃射で耐圧殻に穴を空けることもできた。着水が可能な飛行艇も、爆弾を積んでよく対潜任務に駆り出された。

潜水艦は航空機に対して無力だったが、当時のドイツでは「U-FLAK」という対空火力を強化した潜水艦も運用された。これには航空機側もうかつに近づけなくなるが、水上艦や僚機など応援を呼んで対応することで解決した。また対空潜水艦の方は、敵機と対峙した後の引き際を見極めるのが難しかったという(反撃をやめて逃げようとすれば撃沈されてしまう)。

戦時中、夜間は航空機が運用しづらかったため、日独伊の潜水艦が活動する余地は残されていた。が、米英の護衛空母が大洋に進出してきたことによって最終的に追い詰められていくことになる。

戦後、**ヘリコプター**が本格的に実用化されると、これも対潜任務に投入されるようになった。ホバリングでその場に留まることができるし、海面すれすれまで低空飛行することもできるからだ。

一方、固定翼機も**対潜哨戒機**という専門機として進化していく。こちらもヘリと同じく、長い間一定海域に留まり、海域掃討のために低速低空で飛行できるような機体が求められた。

駆逐艦のような小型艦にも搭載可能で艦隊とともに行動でき、きめ細かい対応ができる対潜ヘリ。地上基地や空母から発進し、より遠方により早く進出できる対潜哨戒機。両者が互いを補完し合う潜水艦キラーの存在は、潜水艦にとって厄介な相手であり続けている。

## 大空の強敵たち

### 大戦期の飛行艇

サンダーランド（英）

全長：26m
最高速度：336km/h
航続距離：4,640km
兵装：250ポンド爆弾×8

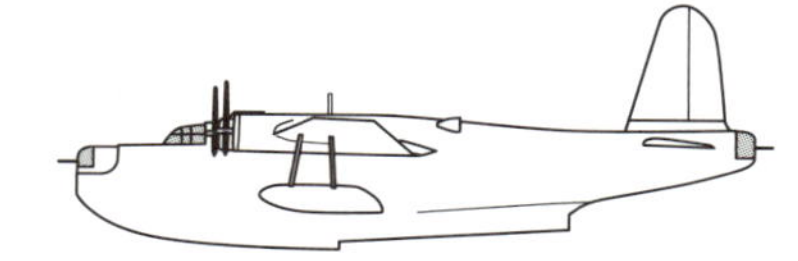

Uボートにもっとも恐れられ、救難艇としても用いられた。

### 現代の対潜哨戒機

P-1（日）

全長：38m
最高速度：996km/h
航続距離：8,000km
兵装：ソノブイ、短魚雷、
対潜爆弾、対艦ミサイル

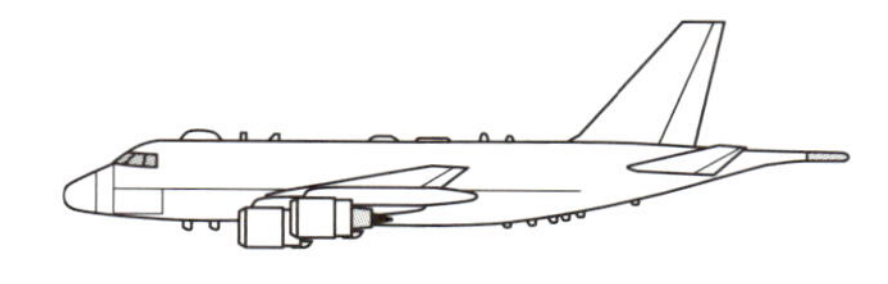

初の純国産機であり最新鋭の哨戒機。ソノブイを投下して水中を索敵、短魚雷や対潜爆弾で攻撃を行う。

### 現代の対潜ヘリコプター

ka-27ヘリックス（露）

全長：11.3m
最高速度：270 km/h
航続距離：980km
兵装：各種魚雷×1
またはソノブイ×36

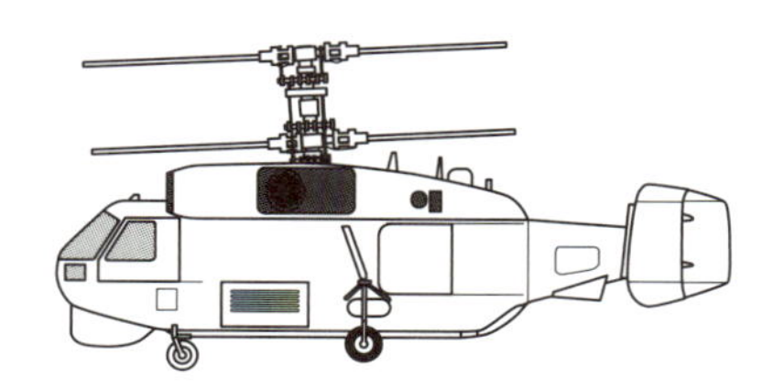

二重反転ローターを採用した対潜ヘリ。兵員輸送や救難活動にも用いられる。

関連項目

●可潜艦から潜水艦へ→No.005
●潜水艦のライバルだった駆逐艦→No.050
●護衛空母と対潜空母→No.052
●潜水艦を発見するには→No.072

No.052

# 護衛空母と対潜空母

**潜水艦の天敵となる艦載哨戒機を積んだ護衛空母は、輸送船団護衛の必要性から生まれた。現在は対潜ヘリを積んだ艦がその任を担う。**

## ●潜水艦から輸送船団を守る護衛空母

第二次大戦前期、大西洋ではUボートによる通商破壊戦が戦果を挙げていた。その対策としてイギリスは、輸送船団を守るために航空機を使うことを考える。貨物船にカタパルトを装備して戦闘機を積んだ**CAM船**や、貨物船に簡易飛行甲板をつけた**MAC船**を造り、船団護衛に投入した。

1941年になると、アメリカが規格型貨物船を改造した**護衛空母**「ロング・アイランド」を就役させる。7,800tで飛行甲板長も110mとミニマム、速度も16ktと鈍足だった。しかし油圧カタパルトを備え21機の艦載機を搭載、船団護衛に効果を発揮した。その後アメリカは改良したボーグ級護衛空母を大量投入。大戦中に建造した護衛空母は90隻以上にのぼった。

1943年には、大西洋におけるUボートによる商船被害が激減しただけでなく、護衛空母の艦載機が駆逐艦と共同してUボートを狩りたてるハンター・キラー作戦を実施。大きな戦果を挙げ、潜水艦に対する艦載機攻撃の効果を世界に知らしめることとなった。

戦後になると、専用の**艦載対潜哨戒機**も登場し、旧式化した大戦時のエセックス級空母を対潜空母として運用するようになった。やがてヘリコプターが実用化されると、艦載対潜哨戒機の主力は、固定翼機から垂直離発着が可能なヘリコプターに移る。そこで駆逐艦や巡洋艦の後部にヘリコプター発着用の飛行甲板を付けたヘリコプター搭載艦が開発され、かつての護衛空母の役割を果たすようになったのだ。

一時は廃れた対潜空母だが、近年、対潜ミッションを得意とする海上自衛隊が復活させた。多数の対潜ヘリを同時に運用するために、全通甲板を持つ空母に似た対潜ヘリ搭載護衛艦ひゅうが型といずも型を相次いで就役させたのだ。現代の対潜空母は、潜水艦の最強の天敵として君臨している。

## Uボートからの船団護衛の必要性から生まれた護衛空母

### イギリスの苦肉の策から生まれたCAM船

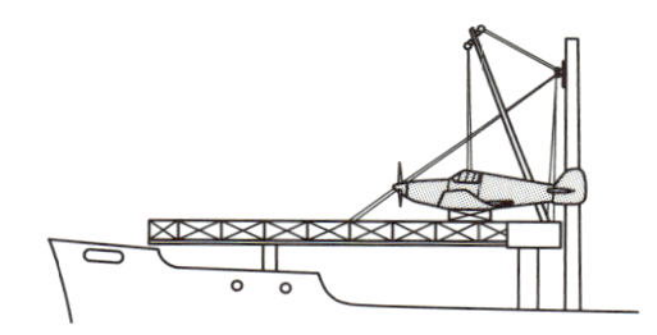

イギリスが生み出したCAM船（Catapult Armed Merchant Ship）は、貨物船に火薬式カタパルトを積み陸上機を発艦させた。ただし着艦は不可能で、陸上基地に向かうか不時着水するしかなかった。

### アメリカが大量投入した護衛空母

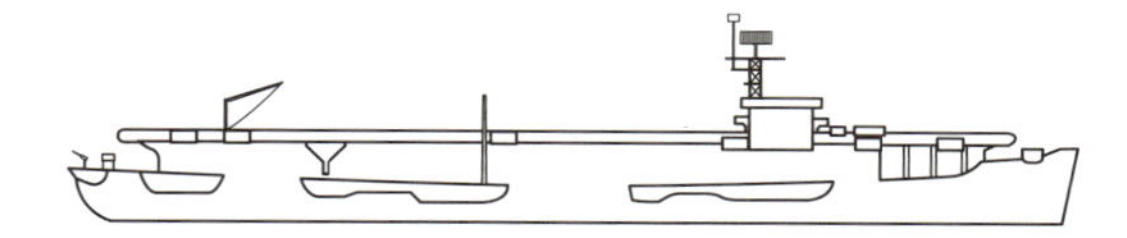

アメリカが船団護衛に投入したボーグ級護衛空母。建造途中のC3規格型貨物船を改造したため、大量生産が可能で英国にも貸与された。基準排水量7,800tの小型ながら搭載機数21機。16ktと鈍足だったが、船団護衛には支障がなかった。

## 現代の対潜空母

### 海上自衛隊のヘリコプター搭載護衛艦

2009年に就役した空母のような全通型飛行甲板を持つひゅうが型。基準排水量13,500tで対潜ヘリコプターなどを最大10機搭載。さらに大きな基準排水量19,500tのいずも型も就役しており、こちらは搭載機最大14機。

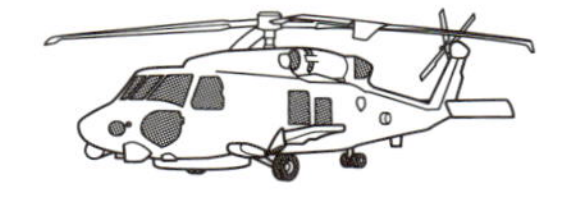

関連項目

●可潜艦から潜水艦へ→No.005
●潜水艦の天敵となる航空機→No.051
●潜水艦を発見するには→No.072

No.053

# 爆雷とは

水中の潜水艦を水上から追い立てる手段として、もっとも古典的な兵器が爆雷である。他の兵器と組み合わせて利用されることもあった。

## ●単純で改良の余地がある兵器

大戦中、潜航中に発見され、攻撃を受けて撃沈された潜水艦は数多い。

駆逐艦がよく用いていた対潜兵器が**爆雷**である。爆雷投射機や投下軌条から水中へ炸薬の詰まった弾体を沈降させ、あらかじめ設定した深度(時間、水圧)で爆発させることでダメージを与えるものだ。

ある程度の数をばらまかなくてはならないが、直撃でなくても至近弾の水圧でダメージを与える。古典的な兵器ではあるが、使いようでは一定の効果が見込める兵器だった。潜水艦は撃沈されなくても浮上を余儀なくされ、拿捕されるか水上で攻撃されて沈められる結末となる。

爆雷はその特性上、水上艦の艦尾や後側面への投下・投射しかできなかった。艦首側から投下すると、自艦が爆発に巻き込まれる可能性があるからだ。従って攻撃するには、潜水艦の未来予測位置が艦の後ろになるように移動してからということになる。攻撃位置を決めている間に敵潜に逃げられてしまうことも、当然ある。

また、一度使い始めるとその爆発音でソナーが利用できなくなってしまう。効果的な戦術も研究されたが、命中率は決して高いものではなかった。手練れの潜水艦長が指揮すれば、闇雲に投下される爆雷の音に紛れて離脱してしまったという。

爆雷は当初ドラム缶型だった弾体を、流線形にして安定翼を追加することで沈降速度を向上させたり、艦体への接触や音響、磁気反応でのみ爆発するといった改良が行われた。さらに、**対潜迫撃砲**という兵器も発明されることになる。ちなみに爆雷も対潜迫撃砲もイギリスで考案された兵器である。

## 水中爆発でダメージを与える爆雷

### 爆雷投下の様子

### 効果的な爆雷攻撃の例

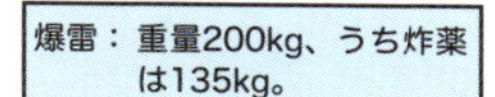


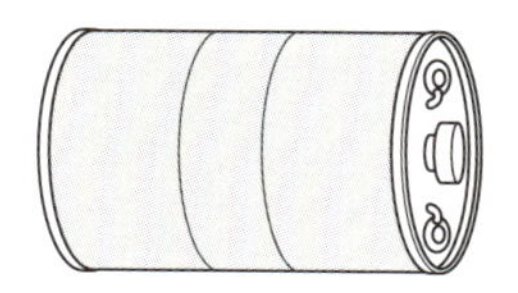

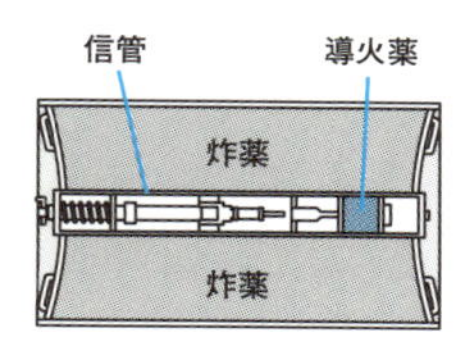


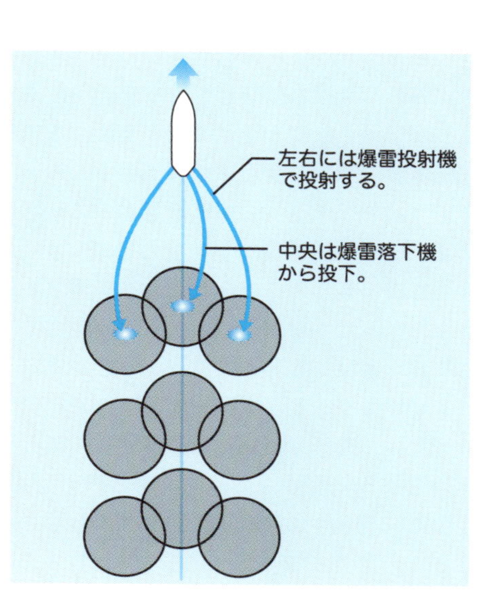


#### 関連項目


●潜水艦のライバルだった駆逐艦→No.050
●潜水艦を攻撃する投射兵器→No.054
●潜水艦を発見するには→No.072

No.054

# 潜水艦を攻撃する投射兵器

第二次大戦中、水中の潜水艦に立ち向かうには爆雷を使うしかなかったが、後半には改良された兵器も登場した。

## ●爆雷を飛ばすヘッジホッグと魚雷を飛ばすアスロック

第二次大戦中にイギリスが開発した**ヘッジホッグ**(ハリネズミの意味)は**対潜迫撃砲**の祖といえる兵器だ。対潜迫撃砲という名称より、(他の国の同様の兵器が)ヘッジホッグと通称で呼ばれることも割と多い。

巨大な迫撃砲を4×6で束ねたもので、爆雷を弾頭とした弾体を一気に海中へ投射する。爆雷をそのまま投射するより射程は長くなったし、そのおかげで水上艦の前方へも投射が可能となった。

それまでは爆雷が敵潜に命中し、なおかつ自艦がダメージを受けない位置に移動しなければならなかったのが、発見したらすぐ発射できるようになった。ソナーなど探知手段も発達したので、命中率は飛躍的に上昇した。

爆雷と同様に対潜迫撃砲はすべての弾を一気に発射して、攻撃地点周囲を広く面攻撃する。弾体は細長く、速く沈降するような形状になっていた。また信管は一定深度で爆発するのではなく、潜水艦への接触で起爆する。爆発は潜水艦への命中を意味し、着弾するまでソナーを使うこともできるようになった。攻撃の効率が上がり、状況によっては攻撃しながら潜水艦を追跡し続けることも可能となったのである。

大戦後になると、この種の兵器は長射程化を目指して迫撃砲からロケット推進へと進化していった。弾頭も、無誘導の爆雷から誘導式の短魚雷を用いるようになった。代表的な兵器が、1961年に米で開発され、現在でも広く利用されている**アスロック**である。弾体には数種の短魚雷が利用できるようになっているという。アスロックは8連装のボックス型専用ランチャーで運用されるが、テリアミサイル用のMk10発射機やターターミサイル用のMk26発射機からも発射可能である。さらにはイージス艦などの**VLS**(垂直発射装置)でも運用できる信頼性の高い兵器となった。

## ヘッジホッグとアスロック

### ヘッジボッグ

第二次大戦中、独Uボートの脅威に悩む英が開発した対潜兵器。迫撃砲の弾頭を爆雷にしたもの。艦前方に向けて、一斉に投射される。

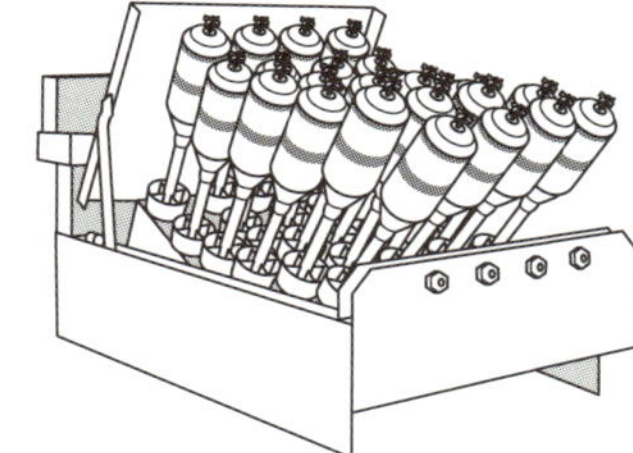

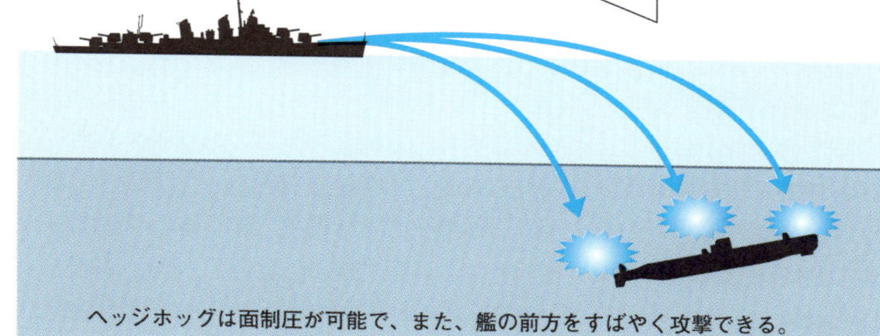


### アスロック

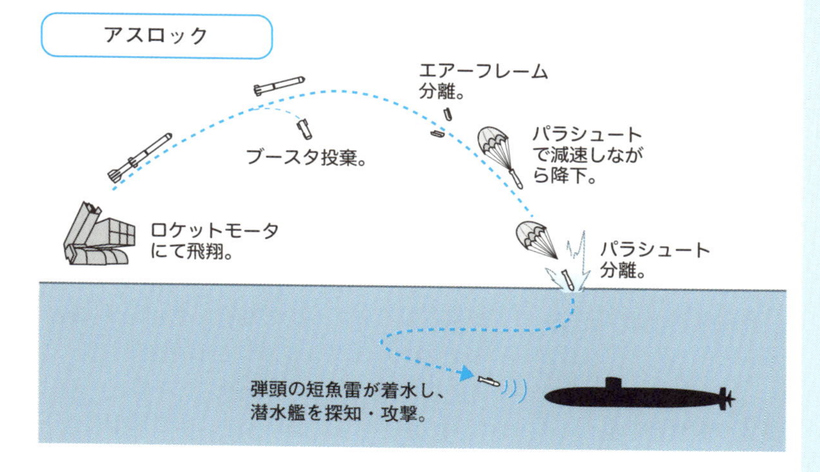


**関連項目**

●潜水艦のライバルだった駆逐艦→No.050
●爆雷とは→No.053
●潜水艦を発見するには→No.072

No.055

# 潜水艦の音紋をキャッチして識別

海中の潜水艦動向を監視するには音響データの収集が必須だ。重要海域を監視する音響監視システムや専用の音響測定艦が運用されている。

## ●潜水艦の動向を監視する海洋音響監視システムSOSUS

潜水艦を始めとして水中でのさまざまな活動情報を、音をキャッチすることでつかむことができる。特に潜水艦が発するキャビテーションノイズや機関音は個々の艦ごとに異なるため、音紋と呼ばれる。記録された音紋は、各潜水艦の個体識別に用いられる、重要な情報だ。

米ソによる水中でのせめぎ合いが激化した冷戦期、米海軍はソ連の潜水艦の動向を把握するために、世界各地の海底に**SOSUS**(Sound Surveillance System)と呼ばれる広大な音響監視システム網を設置した。水中固定ソナーなどのセンサーを広範囲に設置し、ケーブルで結んだシステムで、キャッチした音響データを分析することで海中を監視したのだ。

その設置エリアや規模、聴音性能などは未だに機密扱いとなっているが、最盛期には16か所のSOSUSが設置されていたという。冷戦終了後には、SOSUSは大幅に縮小されたが主要なものは今も海中監視を続けている。日本近海では海上自衛隊と共同で設置運用されているが、詳細は機密だ。またソ連／ロシアにも冷戦期には同様のシステムが存在したという。

## ●音紋などの海中のデータを収集する音響測定艦

音紋などの音響データの収集は、高度なソナーを備える潜水艦や水上艦でも可能で、多くの海軍国が独自の音紋データライブラリを備えている。さらに音響データを収集する専用艦も存在する。米海軍では冷戦期終盤に19隻の**音響測定艦**を導入。冷戦後、予算縮小に伴い大半は海洋観測艦などに転用されたが、2001年には双胴の新型音響測定艦「インペッカブル」を就役させた。対潜に力を入れる海上自衛隊も、1991～1992年に双胴音響測定艦「ひびき」「はりま」を就役させ運用中。また近年、中国も導入した。

# 潜水艦の音紋を採集するSOSUSと音響測定艦

## 潜水艦の音紋をキャッチするSOSUS網

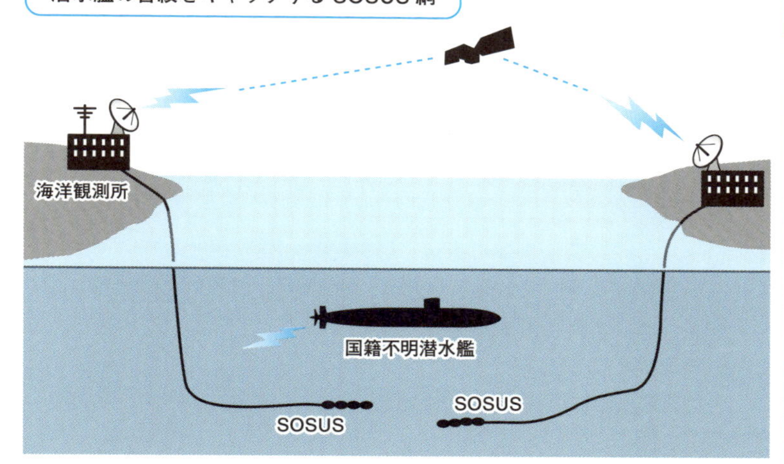


SOSUS（Sound Surveillance System）は米海軍が重要海域に設置した音響監視システム網。海底ケーブルの所々に固定ソナーを設置。冷戦終結間際には世界で16か所の重要海域に設置された。そのいくつかは日本近海にもある。冷戦直後は規模が縮小されたが、現在は海自が独自に敷設したSOSUSもあり、日本近海はHOTな海域だといわれている。

## 音響測定艦「ひびき」「はりま」

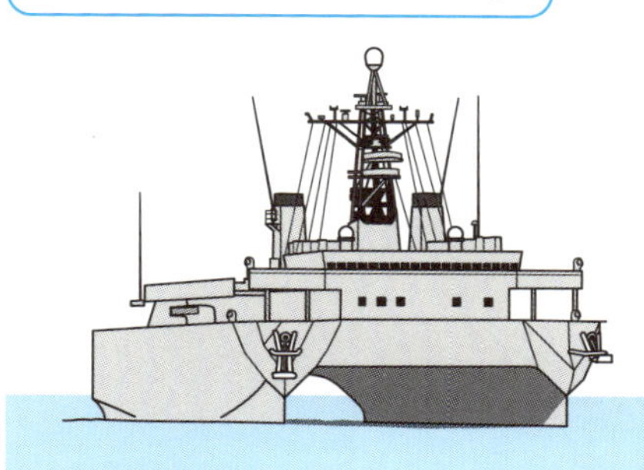

海上自衛隊が運用する音響測定艦。基準排水量2,850t全長67mの双胴船。「ひびき」は1991年、「はりま」は1992年に就役。後部から曳航ソナーを海中に降ろし、潜水艦の音紋を採集する。小回りが利き、エンジンは静かなディーゼル・エレクトリック方式。現在3隻目の新型音響測定艦を建造中だ。


関連項目

●ソナーとは→No.035
●スクリューは効率と静粛性のせめぎ合い→No.029
●潜水艦ならではのステルス機能の追求→No.033

## 潜水艦を描いたコミック

1960年代以降、日本では潜水艦を題材としたコミック作品がいくつも発表されている。ここでは主だった作品を掘り起こして紹介してみよう。

**●『サブマリン707』／作者・小沢さとる**

1963年から1965年にかけて『週刊少年サンデー』（小学館）で連載された。海上自衛隊所属の潜水艦707号が、謎の潜水艦が関与する怪事件に挑むストーリーで、「U結社編」「謎のムウ潜団編」「ジェット海流編」「アポロ・ノーム編」など。1992年には、リメイク版となる『サブマリン707F』も描かれた。

**●『潜水艦スーパー99』／作者・松本零士**

1964年から1965年に『冒険王』（秋田書店）で連載。主人公の沖ススム少年の父と兄が密かに建造した高性能潜水艦「99」に海上自衛隊の潜水艦乗りたちが乗り込み、謎の結社「ヘルメット党」と潜水艦戦を繰り広げる。2003年にはテレビアニメ化もされている。

**●『青の6号』／作者・小沢さとる**

1967年に『週刊少年サンデー』（小学館）で連載。世界の海の安全を守る国際組織「青」と国際海洋テロ組織との対決が中心。主役の「青の6号」は日本から派遣された旧式原子力潜水艦で「ドンガメ」のありがたくない愛称をいただく。1998年には、前田真宏監督によりOVAでリメイクされるが、登場するキャラクターやメカデザインなどは一新され、まったく異なる作品となっている。

**●『あかつき戦闘隊』／原作・相良俊輔、作画・園田光慶**

1968年～1969年『週刊少年サンデー』（小学館）で連載。舞台は太平洋戦争で主人公は戦闘機乗りだが、後半に日本海軍の「伊400」と搭載機「晴嵐」が登場し活躍。米海軍駆逐艦と壮絶な戦闘を繰り広げ、最後は戦艦大和を庇って沈む。

**●『沈黙の艦隊』／作者・かわぐちかいじ**

1988年～1996年まで『モーニング』（講談社）で連載。日米共同開発の原子力潜水艦を占有した主人公の海江田は、独立国家「やまと」を名乗り、米ソの原潜や艦隊と対峙する。最後は国連を巻き込み、地球規模の安全保障政策設立を目指す。1996年にはアニメ化しTV放映、その続編はOVA化された。

**●『紺碧の艦隊』／原作・荒巻義雄　漫画・居村眞二**

1990年から1996年まで徳間書店からノベルズで発刊された架空戦記の金字塔。それをのちにコミック化。山本五十六が別次元に転生し、最新鋭の潜水艦隊を率いて新たな第二次大戦を戦う。同時進行で艦隊戦や陸戦も描かれる『旭日の艦隊』も刊行。1993年～2003年にかけてはOVA化もされた。

**●『空母いぶき』／作者・かわぐちかいじ**

2014年から『ビッグコミック』（小学館）で2018年現在連載中。現代の日本近海を舞台とした架空戦記。尖閣諸島や南西諸島での日本と中国の攻防を描く。主役は空母「いぶき」だが、日中の潜水艦が織りなす水中の攻防も多く描かれる。

# 第3章
# 潜水艦の運用と戦術

No.056

# どんな任務を遂行するのか

潜水艦の伝統的任務は敵制海権の妨害だった。現代では対地攻撃や核抑止力の維持といった任務まで任されるようになっている。

## ●主任務は制海権の妨害

**制海権**の確保とは、当該海域を敵国には使わせず、自国が自由に使えるようにすることだ。過去二度の世界大戦ではドイツのUボートが連合側の船舶を無差別攻撃し、安全に航行できないようにした。ただし、潜水艦は水中にいるから比較的安全なのであって、敵軍艦を全滅させることはできない。海上交通路を守ったり船舶を護衛することはできず、確保以前の妨害までしかできない。

それでも、現代でもこの方法は有効である。海中を潜水艦がうろついている(かも知れない)というだけで、敵船舶は航行できなくなるからだ。戦時よりも平時においては、単純に敵国より優秀な兵器をアピールするのもよい。軍事力を誇示すれば、外交で有利な立場に立つことが可能となる。いわゆる砲艦外交だが、かつては戦艦などの水上艦が担っていたものを、今日では潜水艦も大きな影響を及ぼしている。

冷戦時代、各国は核戦力を保有してにらみ合っていた。これを**MAD**(相互確証破壊)というが、そんな中、所在がわかりにくい潜水艦に**核ミサイル**を積載し、常に海中に待機させておくという手段が有効だった。たとえ本国がやられても確実に報復核攻撃が可能だからだ。冷戦が終わった現代でも米露英仏中など大国は弾道ミサイル潜水艦を運用している。

また、比較的遠距離から目標を狙うことができる**巡航ミサイル**を潜水艦に搭載することも、昨今ではよく行われている。そういう新鋭兵器を持てる国は限られてはくるが、ただミサイルを撃ち込むだけなら爆撃機や発射台でなく潜水艦でも可能になったということだ。同じく潜水艦に特殊部隊を乗せて沿岸へ迫るような任務もあり、空母や揚陸艦のように敵地に支援攻撃をしながら兵隊を送り込むということが潜水艦で可能になった。

## 潜水艦に課せられるさまざまな任務

### 制海権の妨害

制海権あり

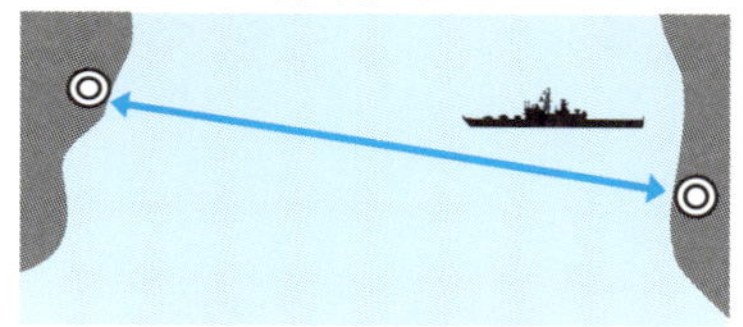

自由に行き来ができる。

制海権の妨害

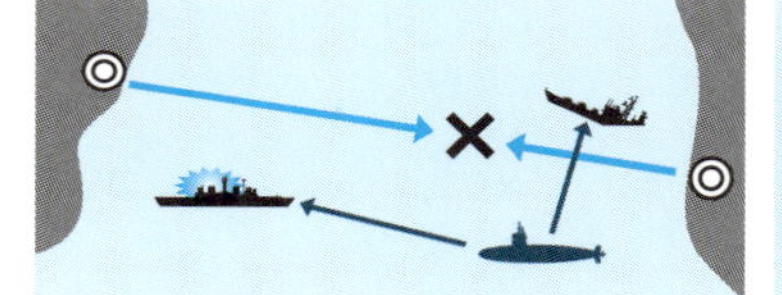

潜水艦の攻撃により行き来がままならなくなる。

### 戦略核抑止

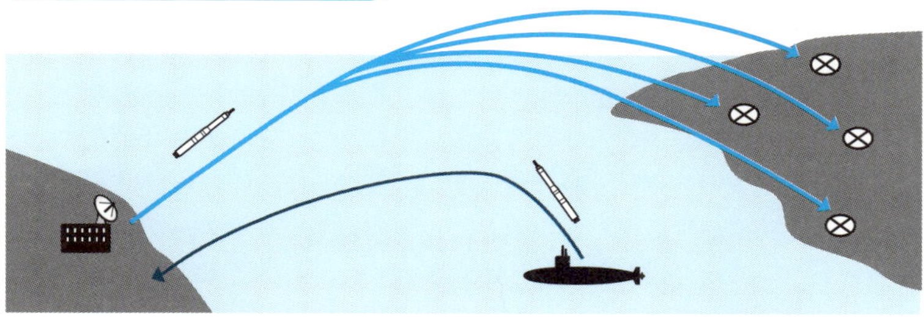

地上にある基地は、相手国にも位置が把握されており、最初の攻撃目標となってしまう。しかし、潜水艦は所在をリアルタイムに感知して攻撃することは難しく、戦略核ミサイルを生存させやすい。

### 戦力の地上投射

巡航ミサイルによる地上攻撃

特殊部隊の潜入母艦

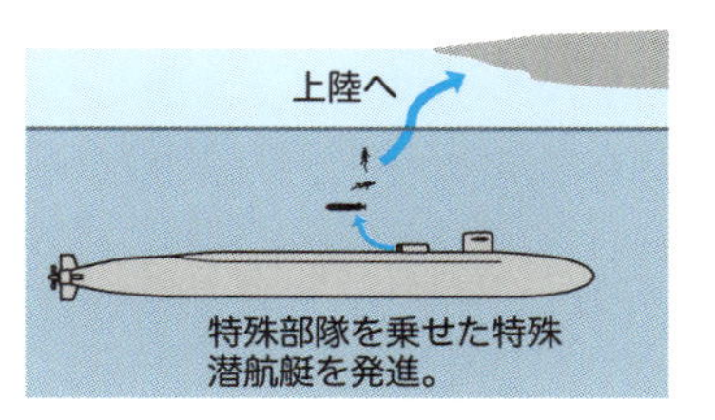


関連項目

●潜水艦とは何か→No.001
●攻撃型潜水艦→No.006
●弾道ミサイル潜水艦→No.007
●大戦期の潜水艦運用→No.057

No.057

# 大戦期の潜水艦運用

潜水艦は奇襲向きの兵器として生まれたが、大戦期には、待ち伏せはもとより積極的に攻撃する戦術が編み出されるようになった。

## ●通商破壊にひと役買った潜水艦

現代の潜水艦に課せられる任務は多様だが、第二次大戦までは(結果論として)通商破壊に用いるのが最適だった。敵水上艦の警戒をかいくぐり、より後方の輸送船を沈めることで補給線を絶ち、大局に影響を与えるということだ。これはボディブローのように効いてくる。

ドイツ海軍は第一次と第二次、両大戦で**通商破壊**を行い、潜水艦を効果的に運用した。連合国側、特に英国と米国も同様に通商破壊に潜水艦を用い、第二次大戦で日本は米潜水艦に多くの輸送船を沈められた。

第二次大戦における枢軸側の敗北は、物量の差やレーダーやソナーなどの技術レベルの差で決したところが大きい。しかし、潜水艦運用に関して日本とイタリアは適切でない、もしくは古くさい運用がなされていた。特にイタリアについては、開戦時にドイツの2倍の数の115隻もの潜水艦を擁していたのに、期待されていたほどの戦果は挙げていない。

この両国は通商破壊ではなく、基本的に敵艦の漸減を任務としていた。日本の潜水艦は太平洋の島嶼部で、イタリア潜水艦は地中海に潜み、近づく敵艦を屠るということをやっていた。黎明期の潜水艦は奇襲にしか使えなかったし、運用法として間違ってはいないが、通商破壊に使えばもっと大きな戦果を挙げられただろう。それに、このやり方では敵が大艦隊で行動していたら返り討ちに遭ってしまう。ただ、日本もイタリアも水上艦隊と行動をともにする**巡洋型潜水艦**(大型で高速)を有しており、大洋ではドイツのUボートより有利に立ち回ることができた。実際、1940年から大西洋に出向したイタリア潜水艦32隻は109隻の敵船を沈めている。

しかし敗色が濃くなってくると、前線の友軍を救うため、不本意ながら枢軸側の潜水艦は物資輸送任務に就かざるを得なかった。

## 第二次大戦時の潜水艦の活動と影響

### 大西洋とヨーロッパ戦線の状況

**大西洋・北海**
イギリスとドイツが相互に通商破壊。
ドイツ群狼戦術→戦力集中→対策が講じられるまで有効。

**地中海**
イタリア潜水艦劣勢。
・装備が旧式。
・軍人の士気が低い。
・司令部の作戦ミス。

**北アフリカ**
補給が届かずドイツ劣勢。

### 太平洋戦線の状況

**日本潜水艦**
待ち伏せによる敵艦漸減→護衛船団や大艦隊での対抗。

**米艦隊と潜水艦**
レーダーやソナー技術優勢
通信や暗号の漏洩→日本潜水艦の撃破。
米潜水艦の通商破壊→日本輸送船の撃破。

関連項目
●可潜艦から潜水艦へ→No.005
●主要国の潜水艦発展史①ドイツ→No.011
●主要国の潜水艦発展史⑤その他の欧州→No.015
●どんな任務を遂行するのか→No.056

No.058

# Uボートが駆使した群狼戦術

群狼戦術（ウルフパック）とは、第二次大戦期にドイツが開発したもので、潜水艦が集団で敵船団に襲いかかる方法である。

## ●破られた必勝戦術

ドイツは二度の世界大戦で**Uボート**を用いて**通商破壊**を行ったが、最初は単艦で輸送船を追っていた。潜ったままでは追跡ができないので、浮上と潜行を繰り返し、運任せで獲物を撃沈していた。そのうち連合国側の対潜戦闘力が上がってきたため、新しく集団戦術が編み出された。

**狼群戦術**では、概ね8隻以上でチームを組んで哨戒線を形成、敵船団の発見に努める。輸送船団を見つけたら司令部を通じて僚艦を集める。各艦は情報をもとに水上航行で先回りし、数が揃ったところで一斉に襲撃する。護衛艦を警戒し、潜航しての魚雷攻撃を行うが、夜間なら水上に出て雷撃や砲撃も行った。当時の航空機の航続距離では、大西洋上に対潜哨戒ができない海域(ブラック・ギャップ)が残ることもあって、この戦術は猛威を奮う。1942年、ソ連向け輸送船団PQ17は群狼戦術により、36隻中25隻を沈められる大損害を受けた。

しかし、護衛空母の投入でブラック・ギャップがなくなったことはUボートを苦境に追いやり、連合国側が無線傍受と暗号解読を成功させたことが、群狼戦術に不可欠な通信をUボートの命取りとした。1943年5月、Uボートのチームは SC130船団を襲撃したが戦果はなく、逆に5隻の潜水艦が撃沈された。他の作戦も低調で、この月は「暗黒の5月」と呼ばれた。そして1944年には狼群戦術が取りやめとなり、新型艦を投入して対抗する方針になった。

なお米海軍は独に倣ってか、太平洋で日本に対して狼群戦術を行った。独と異なるのは、最大で12隻が1チームであった点と、司令部を経由せずチームの中の1艦が指揮を執ったことである。対する日本側は有効な対策が打てず、海上輸送路の壊滅を招く大きな要因となった。

## 群狼戦術とは

### ❶ 潜水艦により哨戒線を形成

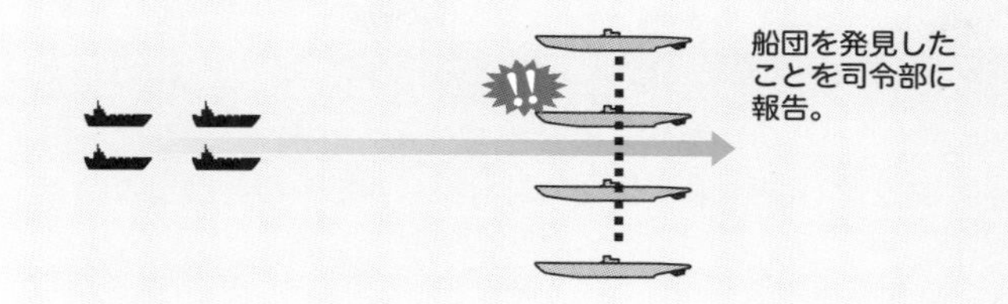


### ❷ 船団を追尾し、潜水艦を集合させる

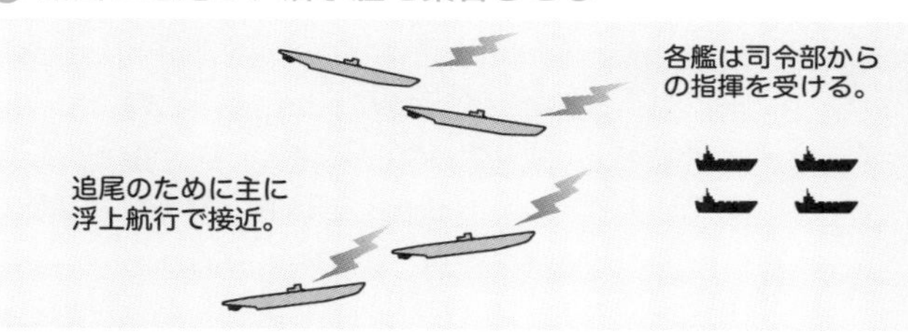


### ❸ 複数潜水艦による包囲攻撃

中には船団の内部まで侵入し、内部から攻撃する潜水艦もあった。

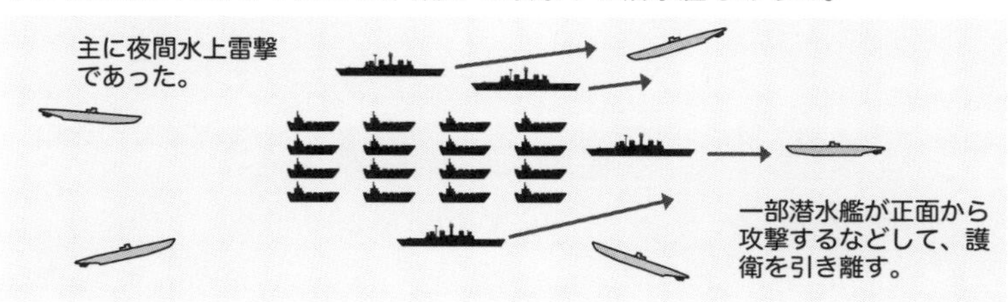


### 大戦中の戦果と損失

| 年 | 1939 | 1940 | 1941 | 1942 | 1943 | 1944 | 1945 |
|---|---|---|---|---|---|---|---|
| 船団損失（トン） | 42万 | 218万 | 217万 | 626万 | 210万 | 77万 | 28万 |
| Uボート損失隻数 | 9 | 23 | 35 | 87 | 237 | 242 | 151 |

#### 関連項目

●主要国の潜水艦発展史①ドイツ→No.011
●通信の難しさは潜水艦の泣き所→No.040
●どんな任務を遂行するのか→No.056
●大戦期の潜水艦運用→No.057

No.059

# 現代潜水艦の任務① 核パトロール

核弾頭装備の弾道ミサイルを積んだ弾道ミサイル潜水艦は、万が一の核戦争勃発に備え、常時数隻が海中に潜む核パトロールを行っている。

## ●常時、核ミサイルを抱いて海底に潜む核パトロール

弾道ミサイル潜水艦の最大の任務は、万が一核戦争が起きたときに「最後の切札」となることだ。そのため核弾頭を搭載した弾道ミサイル(SLBM)を積み平時から海中に潜んでいる。これを「**核パトロール**」と呼んでいる。

現在、アメリカ海軍は14隻のオハイオ級弾道ミサイル原潜を運用。ローテーションで常時4〜5隻が核パトロールを実施している。1回の核パトロールは約3か月間。乗組員があまり長期の任務には耐えられないのだ。その間は一度も浮上することなく、どこに潜んでいるかは艦隊司令部にすら知らされない。乗組員でも艦長と一部の高級士官しか知らないトップシークレット。核パトロールは、もっとも孤独で重要な任務といえる。

アメリカ以外では、ロシア、中国、イギリス、フランスが弾道ミサイル潜水艦を保有し、核パトロールを行っている。また、インドが国産の弾道ミサイル潜水艦を試験中。北朝鮮も通常動力型ながら1隻保有している。

## ●命令を受領したら、厳重な発射手順を経て発射

核パトロール中の弾道ミサイル潜水艦には、水中まで届く**VLF通信**で短い暗号指令が送られる。それを受領したら、艦内に厳重保管されている暗号解読コードを使い解読。命令が不幸にも攻撃命令で、その真偽が確かめられたらSLBMの発射シークエンスに移る。潜んでいる水深から、SLBM発射が可能な水深20mまで浮上し、SLBMに攻撃目標の座標を入力。艦長とミサイル士官の2名が、発射システムを起動するキーを別々に金庫からだし保持。別のミサイル士官が発射トリガーをセットする。キーを持つ2人が同時に鍵穴に差し込んで回しシステムを起動、別の1名が発射トリガーを引くとSLBMは発射され、水中から飛び出し大気圏へ上昇していく。

## 弾道ミサイル潜水艦が行う核パトロール

### 弾道ミサイル潜水艦を保有する核保有国

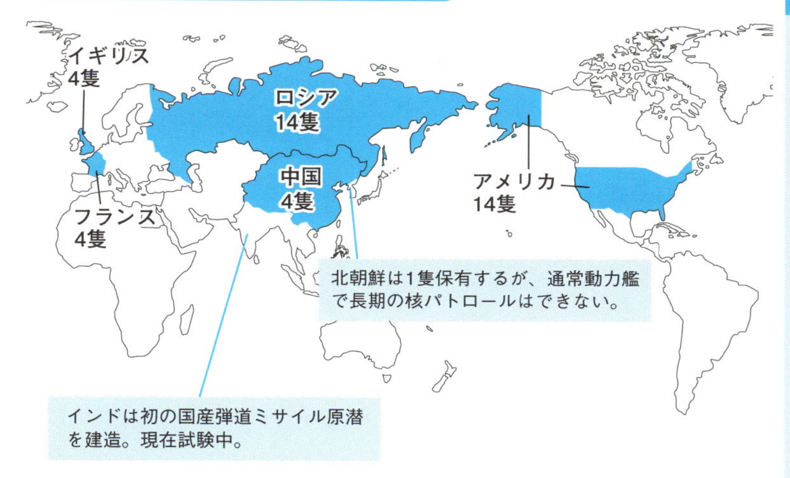


### 弾道ミサイルが発射されるまで

① 水中まで届くVLF通信で、暗号化された発射指令を受け取る。

② 艦内に保管されている暗号解読コードで命令を読み取り複数人で確認。

③ SLBMを水中発射できる水深20mに浮上する。

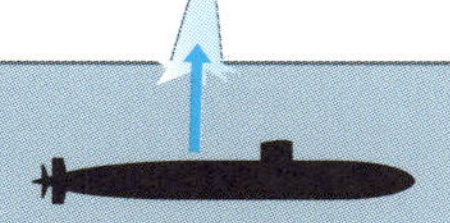

④ 発射システムの起動キーを艦長含む2名で同時に回す。その後発射トリガーをミサイル士官が引く。

⑤ 水中から発射されたSLBMは海面を割って空中へ。

#### 関連項目

●弾道ミサイル潜水艦→No.007
●潜水艦の動力③原子力→No.027
●海面下の潜水艦にも届く電波→No.041
●潜水艦が搭載する弾道ミサイル→No.044

No.060

# 現代潜水艦の任務② 監視と領海警備

現代潜水艦には弾道ミサイル潜水艦と攻撃型潜水艦の２種があり、まず弾道ミサイル艦を中心とした任務が発生するようになった。

## ●要注意艦の追跡・領海と艦隊の哨戒

弾道ミサイル潜水艦が実用化されてから、潜水艦の任務全体が大きく変わった。弾道ミサイル艦は本国からの発射命令を待ちながら大洋を回遊する。核ミサイル発射はあってはならないことなのだが、とにかくそれが唯一の任務だ。そして敵の弾道ミサイル艦を常時追跡するのが、攻撃型潜水艦の至上任務となった。有事にさいし、弾道ミサイルが発射される前に先手を打って敵潜を撃沈するのが攻撃型潜水艦の役目だ。

潜水艦はたとえ同じ型であっても、それぞれが微妙に違った**音紋**を持つ。それを記録して共有し、深海でも音を頼りに追跡を続けるのだ。

味方の弾道ミサイル艦を狙う敵の攻撃型潜水艦を、さらに味方の攻撃型潜水艦で追跡する場合もある。何にせよ開戦していなければ追尾するだけだ。過去には米ソ間で、今では米中間でこんな追いかけっこが続いている。

潜水艦ばかりでなく、敵の水上艦を潜水艦で追尾することもある。これが現代潜水艦に課せられる2番目に重要な任務だ。目標は艦隊の中で中核となるイージス艦や空母、あるいは何か特殊任務を帯びた艦である。

敵国艦にそこまで干渉しない場合、自国の領海をパトロールする任務がある。ドイツのような陸軍国や、北欧のような中立に近い立場の国は、こうした近海の哨戒任務向けの小さめな潜水艦を運用している。また、この手の潜水艦は中小国でも運用しやすくリーズナブルなので、輸出入品の対象となる。ドイツの**209型**やスウェーデンの**A26級**などが挙げられる。

アメリカの艦隊編成の中には、原子力潜水艦が含まれている。あまりつまびらかにされないが、艦隊に同道する潜水艦が存在するようだ。艦隊の護衛として海中に潜み、時には艦隊より先行して警戒任務を請け負うこともあるかも知れない。

## 攻撃型潜水艦の通常任務

### 敵弾道ミサイル潜水艦の追尾

弾道ミサイル潜水艦はミサイル発射が任務。それを監視する攻撃型潜水艦。味方の弾道ミサイル潜水艦の護衛を担うこともある。

### 敵水上艦の監視や追尾

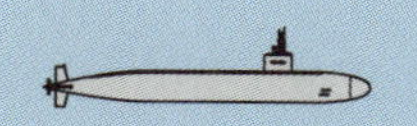

攻撃型潜水艦で敵の水上艦の航行を監視・追尾する。

### 自国領海の哨戒任務

自国領海をパトロールする。特に海峡部や重要施設の近くなど戦略的要衝に配備される。

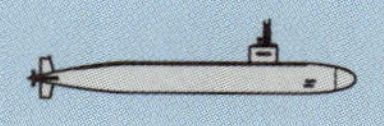

### 機動艦隊の護衛と警戒任務

空母打撃群や輸送船団などの護衛任務。前方に展開して、敵潜水艦の警戒にあたる。

関連項目

●攻撃型潜水艦→No.006
●世界で使われるベストセラー潜水艦→No.019
●現代潜水艦の任務①核パトロール→No.059
●潜水艦は待ち伏せ戦法が得意→No.069

No.061

# 現代潜水艦の任務③ 陸上攻撃と特殊部隊支援

軍事技術の発達によって、潜水艦にはさらに特殊ないくつかの任務が発生するようになった。新装備を積んだ艦だからこそこなせる任務だ。

## ●巡航ミサイル攻撃と特殊部隊輸送

冷戦時代が終わり、アメリカなどでは弾道ミサイル潜水艦の一部を改装し、他の任務を行えるようにした。ミサイル発射機を換装したり、特殊潜水艇を収納できるようにしたのである。

21世紀の現代で潜水艦がよく行っているのは、**巡航ミサイル**による攻撃だ。イラクやシリアに対し、米や露の潜水艦がミサイル攻撃をしたのは記憶に新しい。海からの攻撃は、昔は戦艦の仕事だった。第二次大戦、朝鮮戦争、ベトナム戦争、湾岸戦争の時まで、アメリカ戦艦「**ミズーリ**」は37kmもの射程を誇る主砲の弾丸を敵地へ撃ち込んでいた。それが、より命中率の高い巡航ミサイルに取って代わられたのである。遠くから発射するために反撃を受ける可能性は低いが、潜水艦なら水中から撃てるのでより安全だ。巡航ミサイルは、攻撃型潜水艦にもよく搭載されるようになり、信頼性の高い兵器だということが理解できる。さらに今後は**UAV**（無人機）も潜水艦のウェポンベイから発射されるようになるはずだ。

紛争地域にいち早く精鋭部隊を送り込むのにも、潜水艦が利用される。**ドライデッキシェルター**という格納庫に潜水艇を収納しておき、それに特殊部隊員らが移乗して敵地に乗り込むのだ。

これに関して、太平洋戦争時のエピソードがある。米海兵隊が潜水艦に乗り組み、ゴムボートで敵地を奇襲して守備隊を全滅させたことがあった。日本軍ではその苦い経験を糧に、「**伊361**」という揚陸用潜水艦を開発した。同時に開発された「**特四内火艇**」という水陸両用戦車は「伊361」の甲板に2両ほど搭載できた。これをもって米軍に反撃するはずが戦局が悪化し、物資輸送や特攻兵器の回天輸送に使われて終戦を迎えた。

その他、機雷敷設も潜水艦が行うことがある。

## 潜水艦に与えられた特殊任務

### 特殊作戦支援のルーツ、揚陸潜水艦「伊 361」

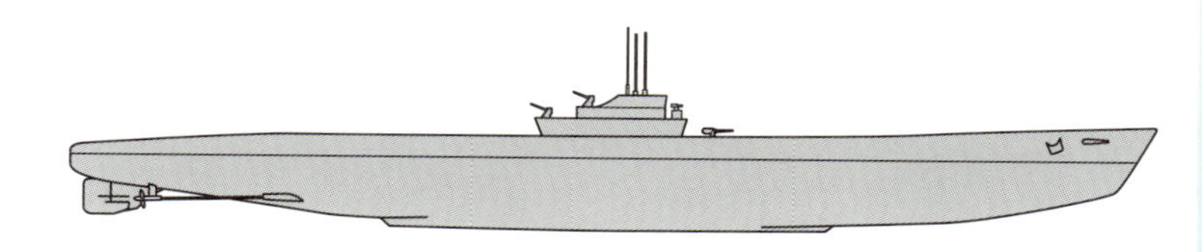

米海兵隊が潜水艦で乗り込んできたのを受け、日本海軍で揚陸任務専門の潜水艦が建造された。「特四内火艇」を2両搭載するはずだったが、戦況の悪化で揚陸作戦には使われず、輸送任務や特殊潜航艇の母艦として使われた。

「伊361」に2両積む予定だった水陸両用戦車「特四内火艇」。魚雷2本を搭載しており、珊瑚礁を進んで敵艦を攻撃した上での上陸作戦を想定していたが、現実には鈍足で騒音が大きく、使い物にならなかった。

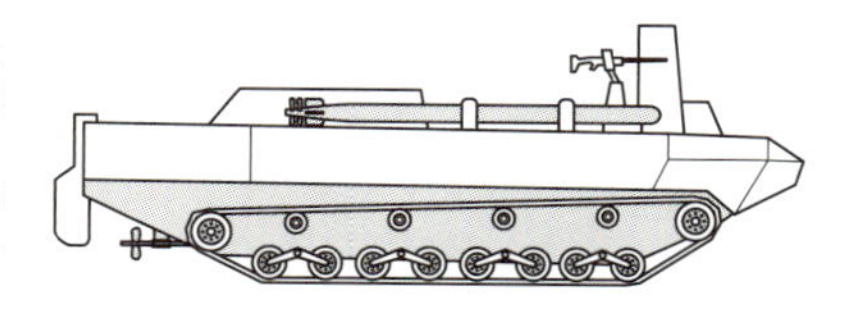

### 機雷敷設に使われたC級潜水艦機雷敷設型

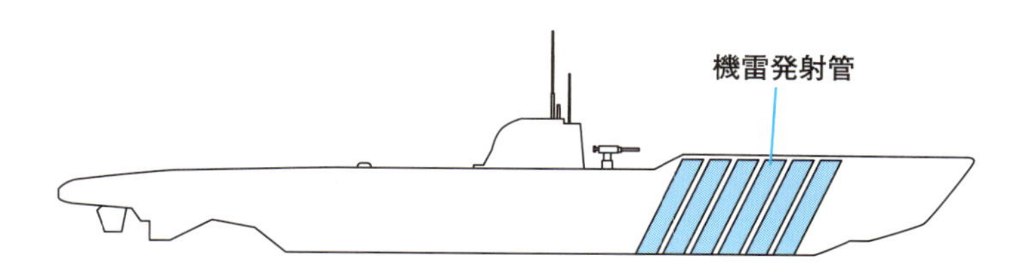


機雷は古くからある兵器で、特に第一次大戦で多用された。米英では運用された潜水艦を機雷敷設専任に改装したものを使用した。

**関連項目**

●潜水艦が搭載する戦術ミサイル→No.045
●改オハイオ級原潜の新たな運用法→No.062
●「SEALｓ」とSDV→No.095

No.062

# 改オハイオ級原潜の新たな運用法

冷戦時代に数多く造られた弾道ミサイル潜水艦は世界情勢の変化に合わせて改装され、新たな任務を担うようになった。

## ●巡航ミサイル艦であり特殊作戦も可能

冷戦時代の終了と核軍縮条約により、2001年ごろからオハイオ級弾道ミサイル潜水艦のうち4艦に大改装が施された。オハイオ級には24基のミサイル発射筒があったが、22基をトマホーク**巡航ミサイル**ランチャーに交換し、残る2基は**ロックアウトチェンバー**に変更した。

核攻撃任務のため巨大にならざるを得なかった艦だが、そのスペースを利用して別な用途=巡航ミサイル潜水艦に改造されたのである。本艦が搭載するトマホークは実に150発以上、米海軍一の搭載量を誇る。米軍の昨今の方針として、敵地に軍隊は送らず超遠距離から多数の巡航ミサイルを撃ち込むことが多くなり、その任務にはうってつけだ。

巡航ミサイル艦以外のもうひとつの機能として、**改オハイオ級**は海軍特殊部隊SEALsの母艦として使えるようになった。もともと艦内が広いため、SEALs隊員60名以上を乗せて作戦に赴くことができる。そして上記の改造に加え、甲板に**ドライデッキシェルター**を設置している。ドライデッキシェルターとは、戦間期や戦中の一部の潜水艦が持っていた小型機を収納する格納庫を進化させた設備だ。注排水ができ、浮上することなく潜航艇を発進させたり、潜水装備の兵士を直接送り出したりできる。

なお、先に述べたロックアウトチェンバーというのもドライデッキシェルターと同じく、艦内から水中へ兵士を送り出すための設備である。小型潜航艇を垂直に収納することもあるし、注水しないで武器弾薬の倉庫に用いることもある。任務によってはUAV(無人航空機)やUUV(無人潜航艇)を格納することも可能だ。

オハイオ級の艦長には、従来、中佐が着任していたが、改造以後は大佐が指揮を執ることになっており、艦の重要性がわかる。

## 改良型オハイオ級の装備と機能

### 改オハイオ級が担うふたつの任務

**❶ 特殊部隊潜入の母艦**

海軍特殊部隊SEALsの母艦として機能。敵地沿岸に近づき、浮上することなく海中から兵士を発艦させて極秘侵入など特殊作戦を支援する。

**❷ 巡航ミサイルで対地攻撃**

近年、地域紛争などでの軍事攻撃に多用されるのが、海からの巡航ミサイル攻撃。巡航ミサイル潜水艦として、対地攻撃任務を担う。

### 弾道ミサイル発射管を改造した改オハイオ級

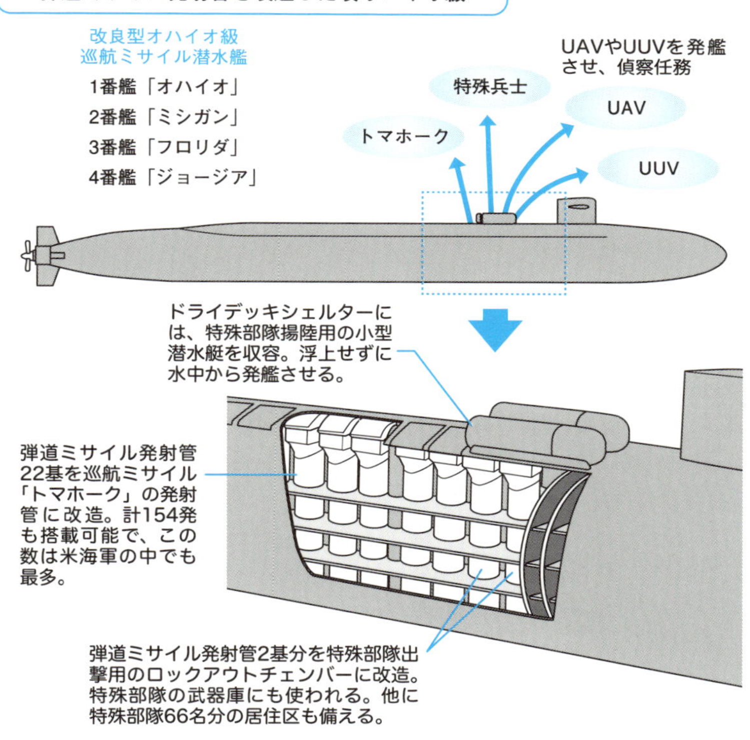


関連項目


●潜水艦が搭載する戦術ミサイル→No.045
●「SEALｓ」とSDV→No.095
●現代潜水艦の任務③陸上攻撃と特殊部隊支援→No.061

No.063

# 現代潜水艦の任務④ ハッキング潜水艦

**海底ケーブルをハッキングして情報を得る。そんな思いつきは実際に任務として大成功を収めた。現在も専任艦が運用中である。**

## ●敵に気づかれなかった意外な手口

現在、世界の海底には通信ケーブルが設置されている。そのケーブルに干渉して盗聴やジャミング、そしてデータ改ざんなどを行う潜水艦が存在する。スパイ潜水艦または**ハッキング潜水艦**と呼ばれるが、作戦は1970年代から行われていた。アメリカ軍はソ連の通信を傍受し、さまざまな情報を得てリードを取って来た。

**海底ケーブル**は19世紀から敷設され、さまざまな通信会社が敷設船を使って世界の海に通信網を張り巡らせた。1970年代からはそれまでの銅線ケーブルから光ファイバーに順次切り替えられ、現在は北極海でも敷設作業が続けられている。大戦期には敵への妨害としてケーブルを切断するようなことも行われたが、盗聴を試みたのは米軍が最初である。対ソ連諜報作戦「アイビーベル」では　記録用テープを内蔵した盗聴器を仕掛け、ケーブルから漏れ出す微弱な電磁波を記録して解析した。

現代においては、ケーブルからの盗聴が昔より難しくなったために、任務潜水艦から**UUV（無人潜水艇）**を出して作業することもある。

今日まで、アメリカ海軍ではロサンゼルス級原子力潜水艦のうちの数隻がこの手の任務に当たっている。

一方、ロシアではオスカーⅡ型原潜として起工されていたものの建造が中断されていた「ベルゴロド」を科学調査艦として完成させ、2018年から運用を開始する。深海や海底の調査や水中ケーブルの敷設を行うとされているが、実際にはケーブルにハッキングを行う特殊作戦にも用いられるはずだ。本艦は艦底に各種潜水艇とのドッキング可能な構造になっており、ロシアの極秘プロジェクト深海潜水艦「ロシャリク」もドッキング可能といわれているのだ。

## ハッキング任務を遂行する米露潜水艦



### 海底ケーブルから通信データをハッキング

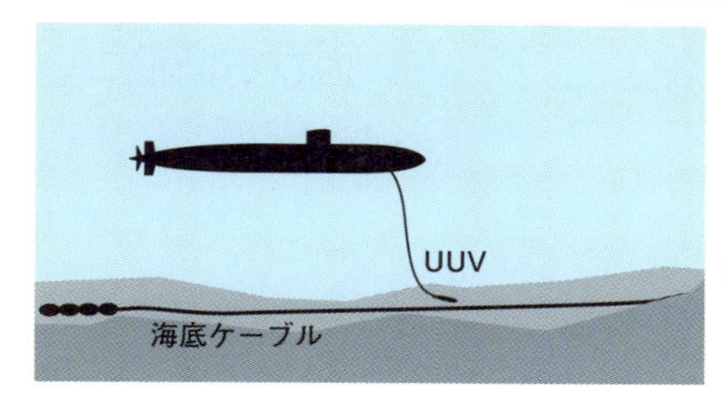


海底ケーブルに盗聴装置を仕掛けたり、搭載したUUVを使ってデータを傍受する。

### 海底ケーブルから通信データをハッキング

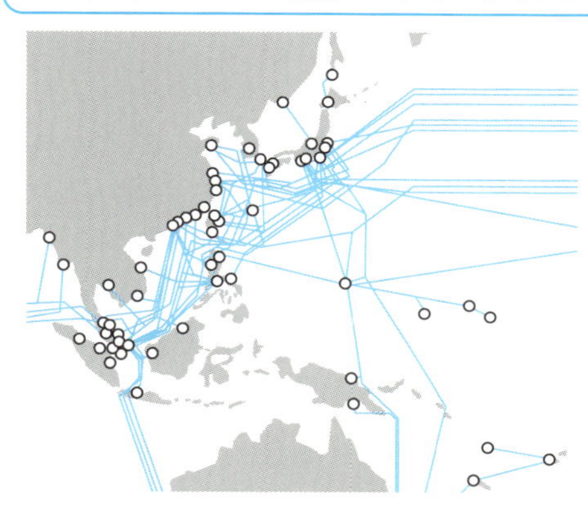

情報社会である現代、各国の間には膨大な海底ケーブルが敷設されている。日本を含む東アジアから東南アジアにも、海底ケーブルは網目のように存在するのだ。

### ロシアの最新ハッキング潜水艦

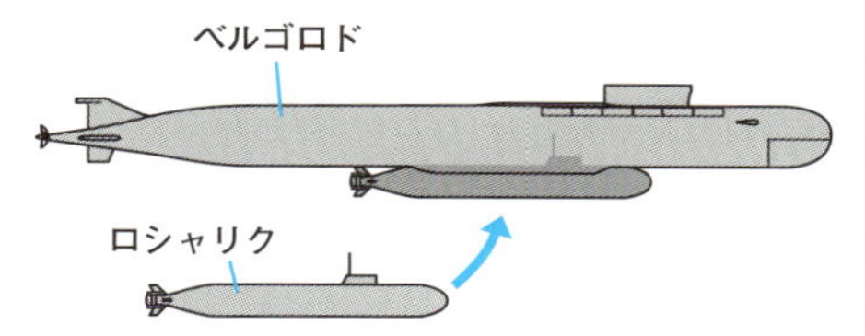


09852設計原子力科学調査潜水艦「ベルゴロド」

全長：184m
元は弾道ミサイル艦。下部に自律深海潜水艦「ロシャリク」（全長70m）をドッキングし、多様な任務に対応可能。

関連項目

●攻撃型潜水艦→No.006
●主要国の潜水艦発展史②アメリカ→No.012
●主要国の潜水艦発展史③ソ連/ロシア→No.013

No.064

# 覇権を狙う中国海軍

**広い国土を有する中国が余力を持ち、本格的に海軍戦力をそろえ始めたのは1980年代前半に出された近海積極防衛戦略からである。**

## ●現状では封じ込められている海軍

**中国海軍**は九州・沖縄・台湾・フィリピン・ベトナムに至る島々を結んだ他国の領海(**第一列島線**)に阻まれ、外洋に出ることができない。台湾を敵視しながらも長らく侵攻できないのもそのためである。

彼らは同時に、第一列島線を中国本土が海から攻撃されないための防衛ラインと考えている。そのため海南島を海軍根拠地として整備している。

一方、核戦略を考えた場合、中国の有する核弾頭数は米露に比べ圧倒的に劣勢で、その差をSLBMで補いたいと考えている。晋(ジン)型弾道ミサイル原潜がその役目を担い、第一列島線の内側が核パトロールの海域だ。この海域を安全に保つためには伊豆諸島からはじまり、小笠原諸島、グアム・サイパンからパプアニューギニアに至る島々を結んだ第二列島線まで中国海軍を進出させる必要がある。

次に経済活動の面で、中国は「一帯一路」を提起し、東南アジアからオーストラリアまでの海域を中国が自由に通行したいと考えている。現状の南シナ海は米の支配海域であり、米中関係が悪化すれば締め出される恐れがある。これに対抗するため、中国海軍の増強は不可欠だ。

第三は海洋資源(海産物や海底油田)の確保という目的だ。本来なら200海里の縄張りを持てるはずが、近隣諸国が多いため排他的経済水域を分け合っている。巨大な人口を抱える中国が今後発展を続けるためには、力ずくでもより広い海域を実効支配する必要があると彼らは考えている。

だが、少なくとも今後しばらくは米海軍が睨みを利かせるだろう。財政問題から戦力を縮小する可能性はあるが、南シナ海や西太平洋からさがるとなると、米の防衛線は遠くハワイまで後退するからだ。アメリカとしては中国海軍の勢力拡大は許容しがたいというのが本音なのだ。

## 海南島と中国のシーパワー

### 障害であり防衛線でもある第一列島線

第一列島線を防衛線とし、更にその内側を聖域とするために、第二列島線まで海軍の勢力圏を広げるのが中国海軍の戦略目標である。

### 現在の中国海軍戦力

**弾道ミサイル原子力潜水艦
晋（ジン）型**

| 全長：137m　排水量：12,000t<br>兵装：魚雷発射管×6、弾道ミサイル×12 |
|---|

本格的な弾道ミサイル潜水艦で、4隻が運用中。12基の巨浪二型弾道ミサイル（射程8,000キロ）を搭載する。

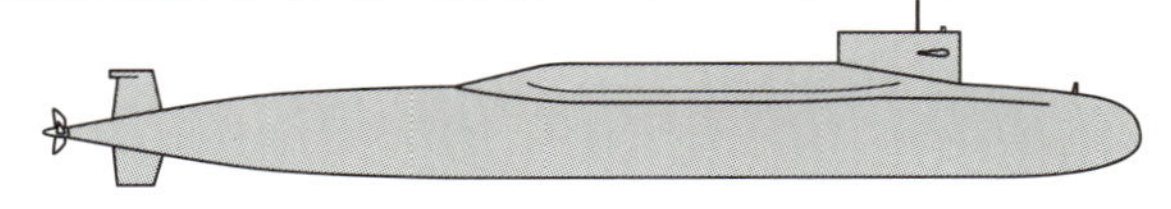

**攻撃潜水艦　元（ユアン）型**

| 全長：72m　排水量：2,400t<br>兵装：魚雷発射管×6 |
|---|

何種類かの攻撃潜水艦があるが、元型はAIPを搭載している。13隻が運用中で、魚雷発射管からは対艦ミサイルも発射可能。

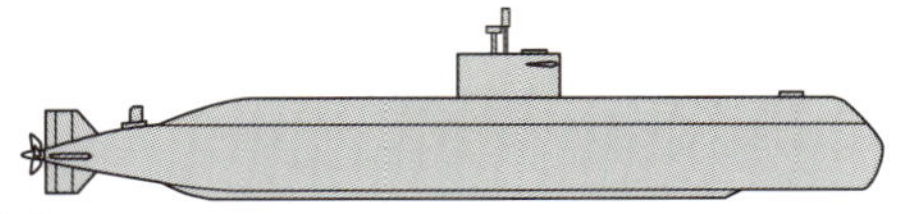

**空母　遼寧**

| 全長：305m　排水量：53,000t<br>乗員数：1,960名　搭載機数：50機以上 |
|---|

ソ連空母ヴァリャーグを購入、整備した中国初の空母。

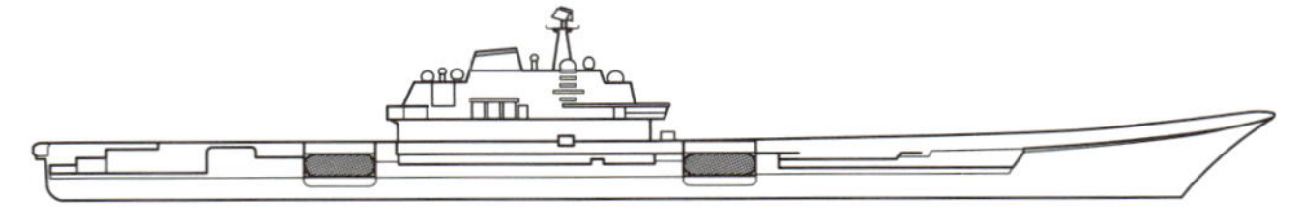

関連項目
●弾道ミサイル潜水艦→No.007
●主要国の潜水艦発展史⑥アジア・その他→No.016
●現代潜水艦の任務①核パトロール→No.059

No.065

# 北朝鮮を防衛する潜水艦隊

日本に敵対的な近隣国家のうち、最近脅威的を増しているのが北朝鮮だ。性能は低いにせよ、沿岸用の潜水艦を数多く保有している。

## ●潜水艦戦力を重視する国家

北朝鮮は小国でありながら、約70隻の潜水艦を有している。多くは旧式で小さい艦だが、乗員の練度は低くはないと思われる。2010年には韓国のコルベット艦と交戦して撃沈させた実績がある。

潜水艦隊は主に5種類の通常動力艦からなる。

最大の潜水艦がロメオ型で、ソ連の潜水艦のコピーだ。1973年に7隻が中国から輸入され、以後1996年までに国内で同型艦が建造された。のべ20隻程度が就役したが、耐用年数を迎えて順次退役している。

次に大きいのが**ゴラエ型**。実験艦らしいが、最新にして核ミサイルを発射できる危険な潜水艦である。1990年代、北朝鮮は崩壊するソ連からスクラップとしてゴルフ型弾道ミサイル潜水艦を受け取っており、その技術を解析・熟成させて本艦を開発したようである。

これら以外の潜水艦は50m以下の小型潜水艦である。

ユーゴ型は1973年ごろにユーゴスラビアから6隻が輸入された。北朝鮮ではこれを元に自国での潜水艦開発を始めたと思われる。まだ数隻が運用中であり、ベトナムにも輸出された。

ヨノ型はユーゴ型の後継艦として導入された。ユーゴ型もヨノ型も魚雷で武装はしているが、発射管の中の魚雷を撃ってしまうと再装填はできない。2000年代初めに4隻がイランに供与され、改良版がガディール型としてコピーが量産された。

サンジョー(SANG-O)型は北朝鮮の主力潜水艦で、40隻が就役中である。全長35mで沿岸警備に用いられている。船体を少し延長した改良型(39m)も確認されている。基本的に魚雷再装填ができない艦だが、改良型は再装填可能ではないかともいわれている。

## 北朝鮮海軍の潜水艦

### ロメオ型攻撃型潜水艦

全長：76.68m　水中排水量：1,712t
水中速度：13.18kt　乗員数：64名
潜行深度：724m

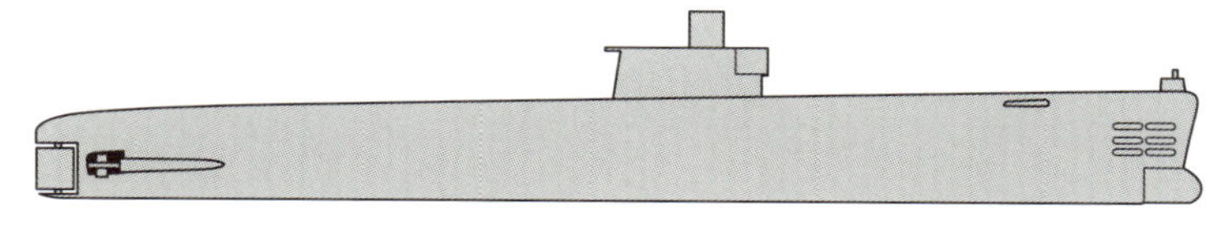

### ゴラエ型弾道ミサイル潜水艦

全長：68m　水中排水量：1,650t
速度：20kt　乗員数：70名
兵装：NK-11 北極星１弾道ミサイル×1
　　　魚雷発射管×2または4（再装填不可能）

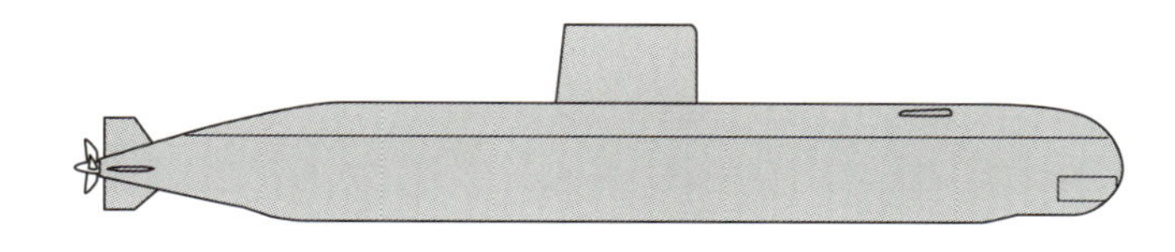

### サンジョー型小型潜水艦

全長：35m　水中排水量：370t
水中速度：8.8kt　乗員数：15名
潜行深度：150m
兵装：魚雷発射管×2（再装填不可能、改良型は可？）

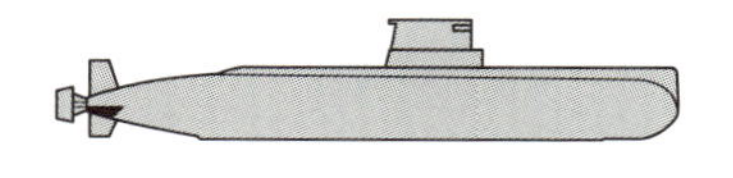

### ユーゴ型小型潜水艦

全長：24m　水中排水量：90t
水中速度：4kt
乗員数：5名＋工作員6名
兵装：魚雷発射管×2（再装填不可能）

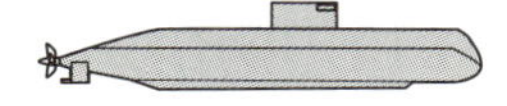

### ヨノ型小型潜水艦

全長：29m　水中排水量：130t
水中速度：4kt
乗員数：7名＋工作員6名
兵装：魚雷発射管×2（再装填不可能）

関連項目

●主要国の潜水艦発展史⑥アジア・その他→No.016　●北朝鮮の半潜水艇→No.097
●北朝鮮の核戦略 ゴラエ型→No.066

No.066

# 北朝鮮の核戦略 ゴラエ型

核兵器を開発して周辺国を脅かしている北朝鮮では、弾道ミサイル潜水艦も運用を開始した。その能力は未熟だが、油断はできない。

## ●たった１発の核ミサイルでも脅威

**ゴラエ型**弾道ミサイル潜水艦は、北朝鮮の核戦略の一端を担うために建造された。本艦は新甫基地で建造されたことから**シンポ型**とも呼ばれ、むしろそちらの方が通称となっているふしもある(が、本書ではNATOコードの「ゴラエ」と呼称する)。

ゴラエ型は北朝鮮海軍で唯一、核ミサイルを発射できる潜水艦だが、その能力は高いとはいえない。全長は68mと小さく、セイル内に**北極星１**(プクウソング1)弾道ミサイルをおそらく1本だけ搭載する。その他、自衛用の魚雷で武装しているようだ。またアナリストの解析によれば、片道10日ほどの航海に耐えられる能力しか持っていない。これらの分析から専門家たちは、実験艦として建造されたと考えている。弾道ミサイル艦は多数のミサイルを積み、原子力エンジンで数か月の航海ができるのが世界基準となっている。

とはいえ、侮ることはできない。ゴラエ型は日本海に潜めば韓国と日本を標的にでき、航続距離を考慮すれば東南アジア、ハワイ、オーストラリアまでを攻撃可能だ。北朝鮮本土のミサイルサイロから発射される弾道ミサイルはアメリカ本土まで届くとされ、それと連動して作戦が実行された場合、十分脅威となる。ゴラエ型は貧弱で遅い潜水艦ではあるが、海底でじっとしていれば探知は難しくなるだろう。

実は本艦は、北朝鮮が自力設計した中で最大の潜水艦だ。そして船体を伸張し、セイルに3本のミサイルを搭載する艦を量産するのは容易とみられている。だが、4発以上のミサイルを搭載可能で長距離航行・長期間の作戦が可能な潜水艦を開発するには、より高度な技術力が必要となる。当面、北朝鮮にそれは無理だと思われる。

## これだけ判明しているゴラエ型の実態

弾道ミサイル搭載潜水艦
ゴラエ型

| 全長：68m　水中排水量：1,650t |
| --- |
| 速度：20kt　乗員数：70名 |
| 兵装：NK-11 北極星１弾道ミサイル×１ |
| 　　　魚雷発射管×2または4（再装填不可能） |

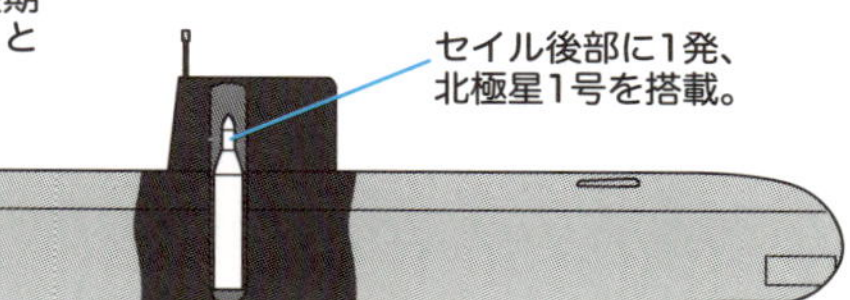


「NK-11 北極星１」弾道ミサイル

| 全長：9.3m　重量：14t |
| --- |
| 固体燃料ロケット　核弾頭×１ |

ソ連のR-27弾道ミサイルのコピーである。
弾道ミサイルの燃料には2形態がある。液体燃料ミサイルはより低い技術で製造できるが不安定で、潜水艦に積むのは危険だ。固体燃料は安全だがミサイルの重量が増す。

### ゴラエ型の行動範囲とミサイル到達範囲

ハワイやオーストラリアまでを射程に収める。
決死の覚悟ならアメリカ本土も射程に入れられるだろう。

関連項目


●弾道ミサイル潜水艦→No.007
●潜水艦が搭載する弾道ミサイル→No.044
●主要国の潜水艦発展史⑥アジア・その他→No.016
●北朝鮮を防衛する潜水艦隊→No.065

No.067

# 大戦期の魚雷攻撃の実態

**戦中の魚雷は無誘導であり、うまく目標に当てるのは専門家でないと難しかった。そして、ただ1発を撃っても命中するものではなかった。**

## ●聞くだけで難しそうな魚雷での狩り

大戦期の魚雷は三角法を利用した**方位盤**を用いて角度を計測し、発射していた。敵艦の速力と距離、自艦との角度などを艦長が目測する。

日本海軍を例に取ると、目標の真横に魚雷を撃つのが理想的と教育されていた。実戦ではそんな都合のいいシチュエーションはなく、目標前方斜めから未来位置を予測し、数秒ずつ間を置いて4～6本を放つことになる。艦首の角度を変えながら撃ち、扇状の軌跡で敵艦を囲めばそのうちの1本くらいは当たる。当時の世界標準性能だった日本の八九式魚雷は速度45kt(時速83km)で射程は5,500mだが、1,500m内で発射するのが最適とされた。また目標の艦種によって、上下の発射角度も調整する。小さい艦は喫水が浅く、大きい艦ほど深い。これを考慮しないと、船底の下を魚雷が通り抜けてしまうこともあった。

目標の中でも駆逐艦は速度を40ktも出せたので、それより少し速いくらいの魚雷で捉えるのは容易ではない。ただし、1発でも当たれば撃沈できた。魚雷には炸薬が300kg近く内蔵されており、その威力は戦艦大和の主砲8発分にも相当するのだ。それにもかかわらず、大型の軍艦や商船は意外と頑丈で、魚雷4本を受けても耐えることがあった。そのため潜水艦には艦載砲も備えられ、最後は砲でトドメをさすこともあった。

魚雷は1本当たり重量1tほど、それを14～17本ほど積んであるが、戦闘時に連続発射すると艦首が急に軽くなってバランスを崩す。熟練の操舵とバラストタンクの調整が必須だった。

ちなみに、装填した魚雷を撃たなかった場合は手間が発生する。発射管から水を抜き、魚雷の濡れた機械部分を取り出してメンテナンスしなければ、錆びて使い物にならなくなるのだ。

## 高いスキルと大きな労力を要求する魚雷発射

### 理想的な魚雷攻撃

敵艦の真横に位置して扇状に数発を撃つ。潜水艦は1回の戦闘で複数の魚雷を使うため、帰投時にはほとんどの魚雷を撃ち尽くしていた。

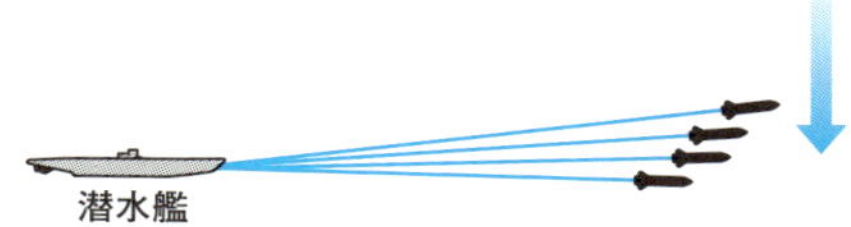


### 敵の未来位置を割り出す

実際の魚雷発射。目標の斜め前方に位置し、敵艦の速力と距離、自艦との角度などを方位盤で計測、未来位置を計算して扇状に撃つ。

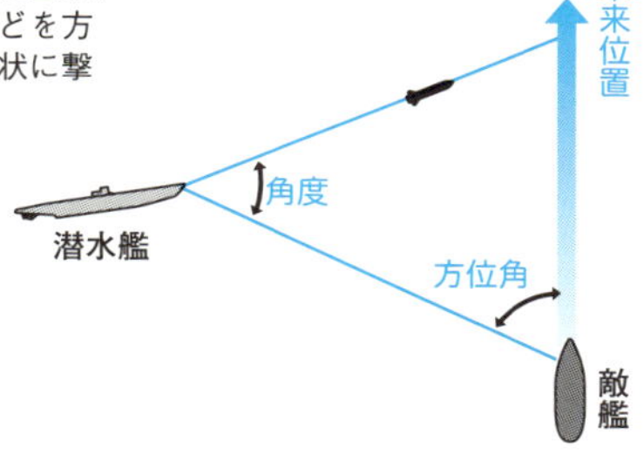


### 魚雷の深度の調整

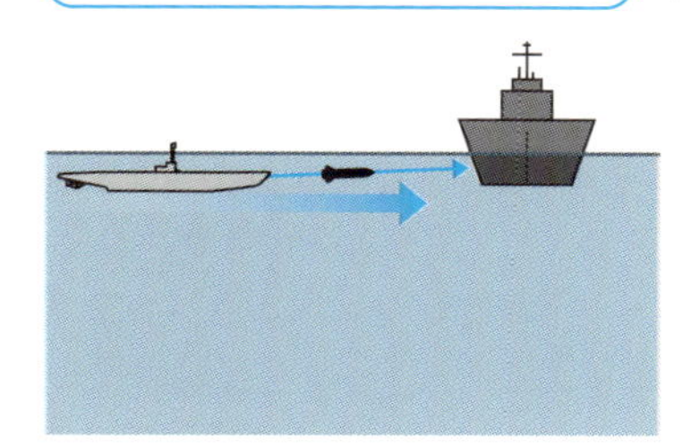

目標の艦種を視て喫水を考え、発射の上下角を調整する。

### 発射後に注意が必要

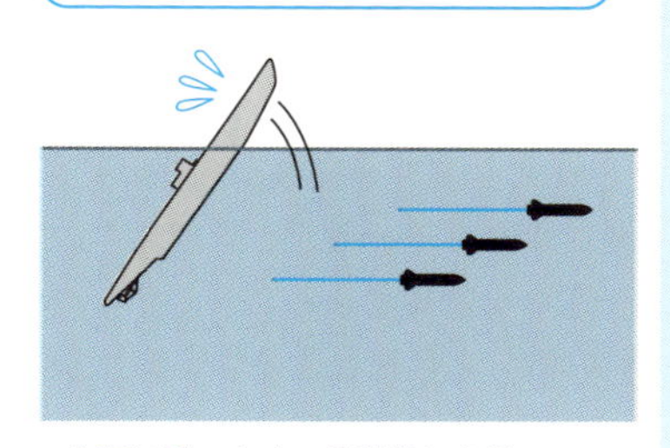

魚雷は重いため、発射後に自艦がバランスを崩すおそれがある。

関連項目


●攻撃型潜水艦→No.006
●魚雷の歴史→No.042
●大戦期の潜水艦運用→No.057
●攻撃潜水艦の魚雷攻撃手順→No.068

No.068

# 攻撃型潜水艦の魚雷攻撃手順

攻撃型潜水艦が敵の水上艦を魚雷攻撃する場合、いかに察知されることなく近づけるかが鍵。誘導魚雷なので、発射すれば命中率は高い。

## ●魚雷攻撃のシークエンス

まず潜望鏡やパッシブソナーでターゲットとなる敵艦を補足。大まかな位置や進行方向、速度を把握する。そのまま**誘導魚雷**の射程内に入るまで、できるだけ相手に悟られないように接近し、攻撃位置に着く。

射程内に入ったら、再度相手を確認。昔はこの時点で潜望鏡による目視確認を行ったが、現代では潜望鏡を使うと接近を察知される危険性が高まる。そのため潜ったままソナーの音響情報だけを頼りに攻撃する、**聴音襲撃**を行うことになる。また無誘導魚雷の時代には、命中率が上がるように敵艦の側面に位置することが一般的だったが、現代の誘導魚雷では必ずしも側面である必要はない。敵艦に悟られずに近づける位置である方が重要だ。攻撃位置に着いたら、攻撃に使う誘導魚雷の本数と、どの発射管から発射するかを決定。発射する誘導魚雷に敵の情報を入力する。

発射管への魚雷の装填は、まず内側の扉を開け、発射管内に魚雷を装填し、内扉を閉鎖する。次いで発射管内に注水し、外の水圧と同じ圧力に平衡させる。もし相手が高精度のソナーで警戒していた場合は、このときの発射管への注水作業音でこちらの存在が露呈することもある。次いで魚雷発射管の外扉を開く。外部扉を開けることは、銃でいえば弾薬を薬室に送り込み安全装置を外した状態。攻撃の意思が明確でないかぎり、外部扉を開けることはない。このあとは速やかに発射となる。

昔の魚雷発射管は圧縮空気で魚雷を発射管から射出していたが、現在は水圧で押し出すか、魚雷が自走で出ていくスイムアウト式が主流。誘導魚雷は、有線式であれば途中までは有線誘導。もしくは入力されたプログラムに従って航走するか、自らのパッシブソナーで敵艦の音を捉えて近づく。接近するとアクティブソナーを働かせて、敵艦を捉えて命中する。

## 魚雷攻撃のシークエンス

### 敵艦捕捉から攻撃まで

**① ターゲット捕捉**

攻撃する敵水上艦を補足したら、位置や距離、進行方向などを確認する。

**② 察知されないように接近**

魚雷の射程距離内まで接近する。ここで察知されると逃げられるか逆襲されてしまう。

**③ 魚雷を発射管に装填し発射**

誘導魚雷にデータを入力し発射管に装填。発射管内に注水し、外扉を開けば準備OK。魚雷は自ら航走し発射管からスイムアウト。

**④ 誘導魚雷が敵艦を追う**

誘導魚雷は入力したデータに従い航走。有線魚雷なら、途中まで有線誘導。最後は自己のアクティブソナーで誘導される。

### 魚雷発射管の発射手順

① 発射管の内扉（装填扉）を開け、魚雷を装填し、内扉を閉める。

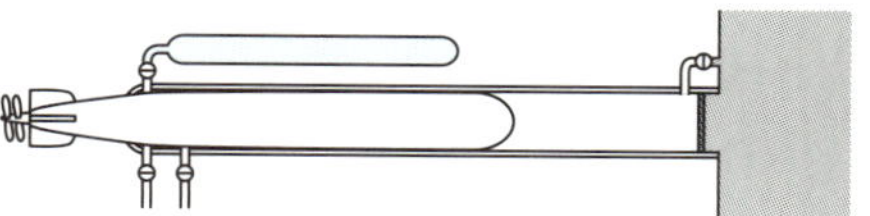

② 発射管内に注水し空気を抜く。

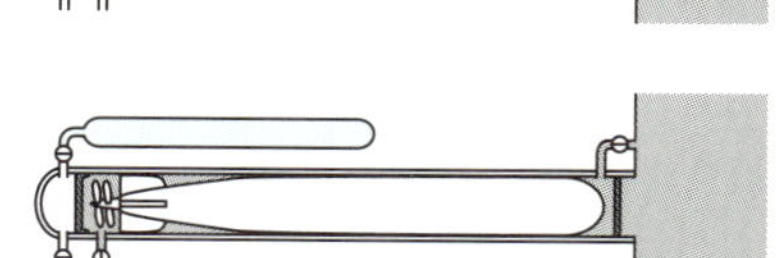

③ 外扉を開け発射。水圧で押し出す方式と、魚雷が自走で出るスイムアウト式がある。

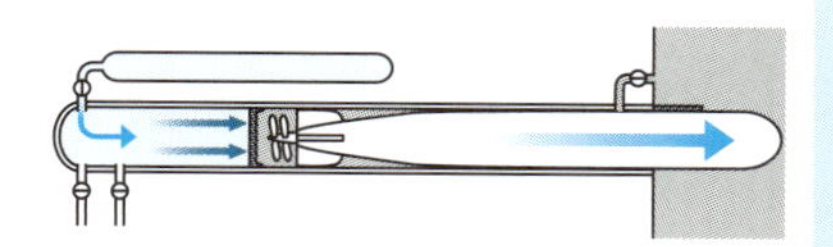

④ 発射したら外扉を閉め、内部の水を排水し次に備える。排水先は艦内のタンクで、魚雷の体積分の水が艦内に戻される。魚雷の比重は海水に近く、発射後もトリムを維持しやすくなる。

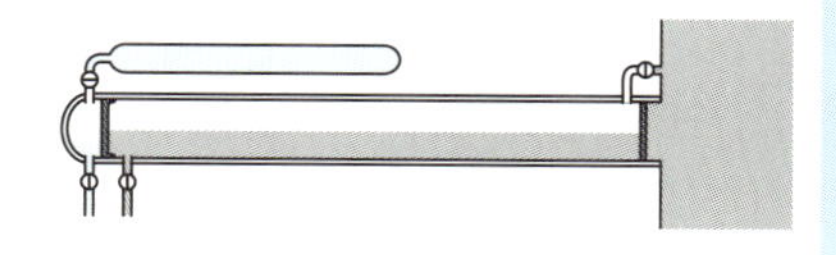

関連項目

●攻撃型潜水艦→No.006
●ソナーとは→No.035
●ソナーで読み取れるさまざまな情報→No.036
●誘導兵器となった魚雷→No.043

No.069

# 潜水艦は待ち伏せ戦法が得意

海中に潜るだけでは潜水艦のステルス性は完全ではない。海底地形や海水状況を利用しながら音を立てず相手の探知をかわす工夫をする。

## ●相手に見つからないように隠れながら待ち伏せする

潜水艦の最大の武器は、相手に察知されないステルス性にある。水中に潜むため、肉眼では見えないしレーダーに映ることもない。ただしある程度の速度で移動すると**キャビテーションノイズ**などの音を発しソナーで察知されるので、ステルス性を高めるためには、じっと動かないか、音をあまり出さない微速で行動することが求められる。そこで、潜水艦が敵艦の航行を監視したり、敵と戦う時の基本戦術は、静かに潜み相手待ち受けることが主体となる。特に水中速度に劣る通常動力型潜水艦にとっては、静粛性を最大限生かした待ち伏せ戦法こそ真骨頂となる。

待ち伏せする場合は、敵から察知されにくい状況を利用する。たとえば潜水艦の安全潜航深度より浅い海域であれば、海底付近に沈座して潜むとなかなか見つけられることはない。海底地形に起伏があり、その窪みなどに隠れることができればなおさらだ。こちらから音を立てなければパッシブソナーに捉えられることもないし、海底地形に紛れればアクティブソナーでもなかなか見分けることが難しいからだ。

もっと深い海域でも、隠れることはできる。海中には潮流の境となる潮目や水温が急激に変化する**温度境界層**（変温層）ができることが往々にしてある。その境目では音波は進路が変わったり跳ね返されたりすることもある。そこで温度境界層の下に潜り込めば、上からは発見されにくくなるのだ。また潮流に艦をゆだねてスクリューを回さずに移動するなど、海中の自然現象を利用してステルス性を維持する戦術が用いられる。

このように海中の状況を利用するためには、海底地形や潮流、水温や塩分濃度の変化などの海洋情報を把握しておくことが重要。そのために**海洋観測艦**などで詳細に調査し、味方に海洋データを提供することが重要だ。

## 相手から見つからないように潜む潜水艦

### 海底地形を利用して隠れる

長時間潜ることができる安全潜航深度より浅い海域（水深200～300m以浅）の場合、海底の窪みや谷部などに沈座して隠れることが有効。機関やスクリューを止めて音を出さなければパッシブソナーでは探知されないし、アクティブソナーで音波を浴びても、周囲に地形に紛れて見つかりにくいからだ。

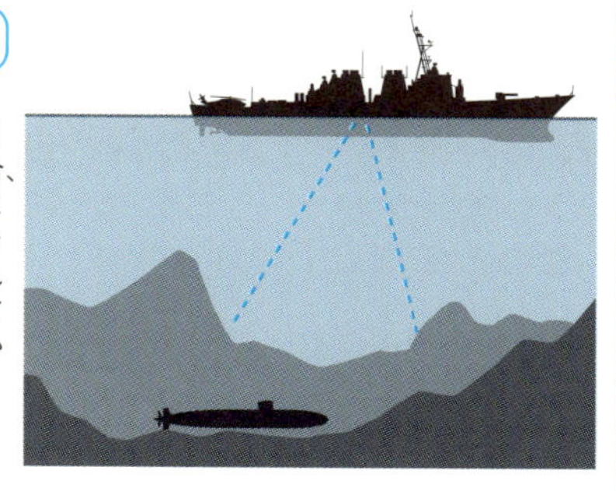

### 温度境界層を利用して隠れる

海中で水温の急激な差によってできる温度境界層では、音波が直進しなかったり反射されたりする。
潜水艦Aのソナーには、潜水艦Bは捉えられるが、Cは不可実、Dの位置では温度境界層で反射され捉えることが難しくなる。

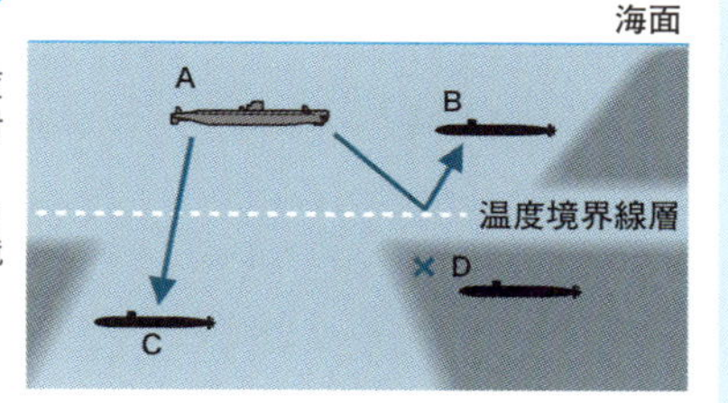


### 海洋データを収集する海洋観測艦

潜水艦の行動に欠かせない、海洋データを調査収集する専用艦。海底地形や底質、海流や潮流の流れ方、深度による水温変化や塩分濃度変化、地磁気データなどさまざまなデータを収集する。自国近海はもちろん、時には他国近海や航路などで調査し国際問題に発展することもある。

海上自衛隊の海洋観測艦「にちなん」

全長：110m　満載排水量4500t

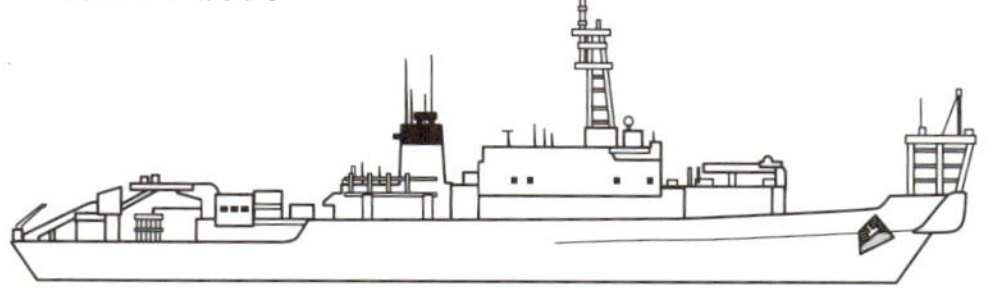

関連項目

●攻撃型潜水艦→No.006
●潜水艦ならではのステルス機能の追求→No.033
●潜水艦の音紋をキャッチして識別→No.055
●現代潜水艦の任務②監視と領海警備→No.060

No.070

# 潜水艦の航行と航法

**潜水艦の場合、水上と水中では航法が異なる。水中航行では自分の位置を把握することが難しいため、慣性航法装置に頼る目隠し運転だ。**

## ●気を使う水上航行

海上での通常の航行は直進が基本だ。これは潜水艦も変わらない。つまりA地点からB地点まで直進。B地点で向きを変えさらにC地点まで直進と、点と点を直線で結ぶように航行する。ただし海流や潮流に流されたり、荒れている海上では波で進路が変わることもあるので、常に自艦の位置を把握して予定進路から逸れないように微調整を行う。昔は天測、その後はロランなどの電波航法が使われたが、今はGPS装置で現在位置を把握できる。

潜水艦の水上航行が難しいのは、水面に露出するのが船体の大きさの割に小さなセイル部だけなので、夜間や荒天時などは他船から認識されにくいこと。平時の水上航行では衝突事故を避けるため、航海レーダーで監視に加え、セイル上部の**航海艦橋**に見張り員を配置し周辺の監視を怠らない。

潜望鏡深度でスノーケルを出して航走する場合は、さらに周辺監視が難しい。航海レーダーが使えず、目視による監視も潜望鏡だのみだからだ。

## ●潜水艦用の慣性航法装置を搭載し、現在位置を推測して水中航行

現代の潜水艦は、水中での航行を第一に考えた船型を採用しており、水上よりも速度を出せる。潜れば波浪の影響を受けないため安定した姿勢が保てるし、他船との航行中の衝突の危険性もゼロではないが限りなく低い。

ただしGPSが使えないため、自艦の現在位置を把握することは難しい。そのため潜水艦には**慣性航法装置**が搭載されている。これは高精度の加速度計とジャイロコンパスを組み合わせたもので、加速度を積分して速度が、さらに積分して距離が計算で得られることを利用した装置だ。これで自艦の現在位置を推測して航行するが、誤差は出るので時々アンテナだけ水面に出してGPSで正確な位置を測定し、位置情報を修正する必要がある。

## 潜水艦の航法

### 海上航行は直線を繋ぐ

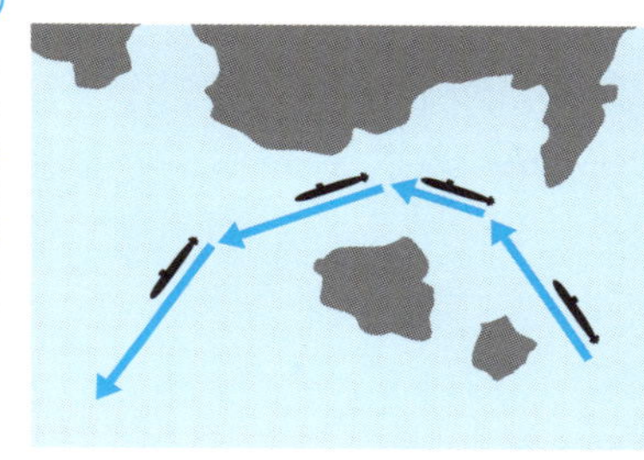

道路のない海上では、船舶は直線に航行するのが基本。転舵する場所を決めてそこで方向を変えてまた直線航行の繰り返しで進んでいく。これは潜水艦でも同じで、水上でも水中でも、通常航行ではこれを繰り返す。ただし潮流や海流が強い場合は、あらかじめ流されることを考慮して進路を決めるような場合も多い。

### 水上航行で欠かせない航海艦橋での監視

水上航行中には、衝突事故などを避けるためにセイル上の航海艦橋に監視員を配置し周辺監視を行う。ただし航海艦橋には操縦装置はなく、艦内の発令所に状況や進路指示を送り、発令所にいる操舵員が操縦を行う。また、入港時などより監視を強める場合は、イラストのように潜舵の上や甲板に監視員を増員することもある。

### 水中で位置を知る慣性航法装置の仕組み

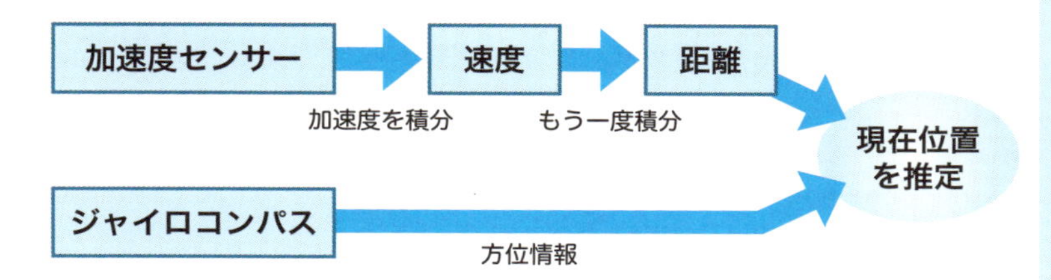


関連項目

●潜水艦の舵→No.030
●セイル（司令塔）の構造と潜望鏡→No.037
●潜水艦の呼吸器官・スノーケル→No.038

No.071

# 潜水艦ならではの水中機動

潜水艦は水中で水平方向に加え垂直方向へも進路を変えることができる。緩やかな進路転換が基本だが急潜行や急浮上が必要なときもある。

## ●舵と浮力調整で行う、潜水艦の三次元機動

潜水艦の操縦が普通の水上艦と大きく違うところは、水平方向に加え垂直方向へも動く三次元機動を行うことだ。これは空を飛ぶ航空機と同じで、理論的には水中での宙返りも可能だが、実際には行われることはない。潜水艦の水中機動として必要性がなく、むしろデメリットしかないからだ。

潜行浮上は、潜舵や横舵を使う方法と、バラストタンク内の水を出し入れして浮力を変える方法がある。通常の水中航行中はトリムを作って(中性浮力ともいう)周囲の海水と比重を等しくし、潜舵の動きのみで潜行浮上する。しかし、戦闘時に敵の攻撃から逃れるために深深度に急潜行するときは、メインバラストタンクのベント弁を開け空気を追い出し海水を入れて浮力を捨て、潜舵をいっぱいに下方に切って一気に潜る場合もある。逆にトラブルなどで急浮上が必要なときは、メインバラストタンクに高圧空気を送り込み排水して浮力をつけ、潜舵も上方に切って一気に浮上する。映画などで「**メインタンクブロー！**」と叫ぶのはこの状況だ。

## ●ソナーの死角をカバーするバッフル・チェック

潜水艦が水中航行するさいは、ソナーが目の役割を果たす。ソナーの監視領域は、前方や側方など幅広い角度をカバーするが、唯一死角となるのが真後ろ方向だ。この死角範囲をバッフルと呼ぶ。その性質からバッフルの位置に他の潜水艦につかれて追尾されても、気がつきにくい。そこで、一定時間ごとに艦の方向を傾け、バッフルをソナー探知領域に入れてチェックすることを**バッフル・チェック**という。通常のバッフル・チェックは、艦の向きを短時間10度程度傾けて行うが、一定時間ごとに360度回頭して入念なバッフル・チェックを行う場合もある。

## 潜水艦の水中機動

### 急潜行の手順

潜舵を目いっぱい下方に切り、ベント弁を開いてメインバラストタンクから空気を出し海水を満たす。

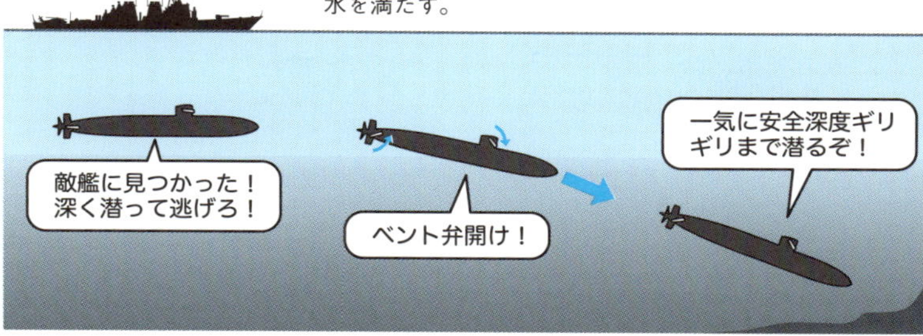


### 急浮上の手順

潜舵を目いっぱい上方に切りメインバラストタンクに圧縮空気を送り込んで排水し、最大限に浮力をつける。

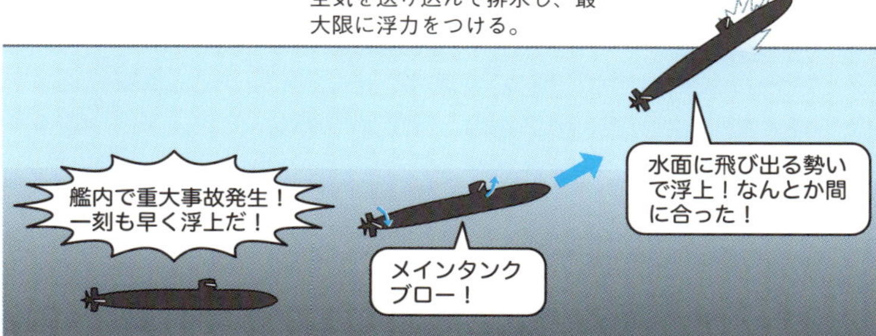


### バッフル・チェック

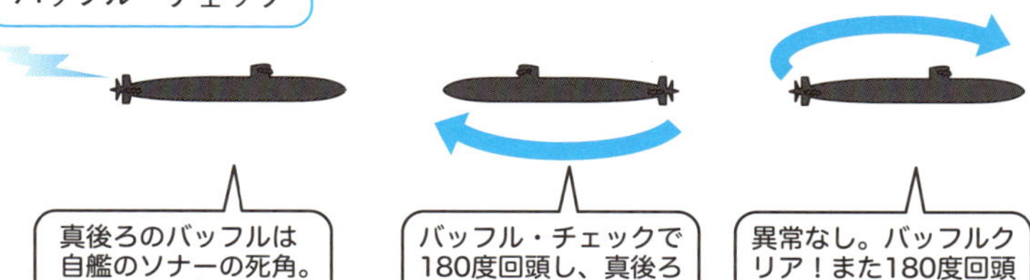


関連項目


●潜水艦の舵→No.030
●十字舵とX字舵→No.031
●潜行と浮上→No.032
●ソナーとは→No.035

No.072

# 潜水艦を発見するには

第二次大戦期には、潜水艦を探知する方法がいろいろ試みられた。目視や電波に音響、磁気計測、通信傍受などの手段がある。

## ●浅い深度であれば発見は容易

大戦期ごろの潜水艦は水上航行する時間が長かった。水上艦と同じく、目視やレーダー索敵で発見可能だ。独Uボートは少しでも発見されにくい夜間に作戦を行ったが、索敵技術が進歩すると焼け石に水となった。

潜航中の潜水艦を探知するには視認できず電波(レーダー)も利かないため、**ソナー**を使った音響探知が有効となる。

ソナーは水上艦や潜水艦に装備されるだけでなく、現代では**ソノブイ**というソナー機能を持つブイ(浮標)で探索が行われている。対潜哨戒機は空中から潜水艦の存在が疑われる海域にソノブイを投下して、敵潜を探索する。また、対潜ヘリコプターで機体からソナーを吊り下げるデイッピングソナーも、近距離で潜水艦を追跡する有効な手段で、数機で潜水艦を包囲して正確な位置を捉える。

音響以外だと、**磁気探知**という手段がある。潜水艦の艦体は金属製であり、地磁気を乱す。それを感知するのだ。潜水艦側での対抗策は少ないが艦体の消磁処理などの策がある。ただ、索敵する側の磁気も影響するので、機器の扱いが難しいという難点もある。

また通常動力型潜水艦であればスノーケルを出したり、潜望鏡を利用したり、通信するなど浅深度での航行を余儀なくされる。この場合、艦船はもちろん、飛行艇や爆撃機などで上空から監視すれば、容易に発見できるのだ。特に南太平洋は透明度が高く、大戦中の日本潜水艦は深度60m程度まで潜っても見つかってしまったという。戦後の潜水艦はそうした教訓を踏まえ、船体を黒色にして上空から発見されにくくしている。

現代では偵察衛星で監視する手段もあるが、潜航中の潜水艦を捉えるのは難しく、基地への入出港を監視する用途に用いられている。

## 潜水艦を追いつめろ

### 対潜哨戒機のソノブイによる索敵

潜水艦がいると想定されている場所を囲むようにしてソノブイを落とす。

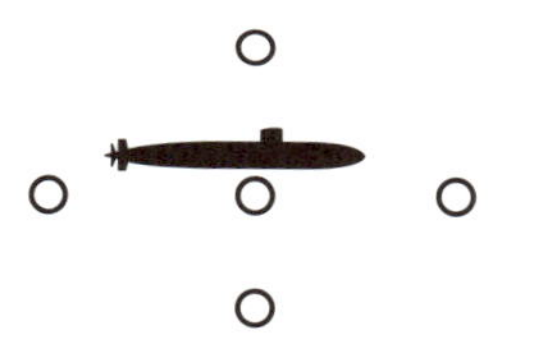

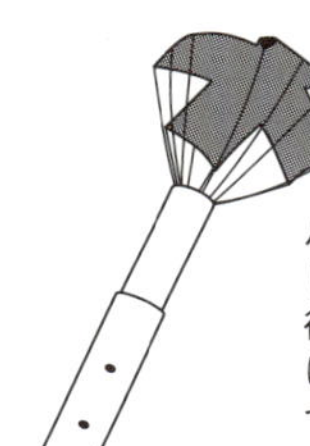

パラシュートで減速しながら海面に着地後、外側のカバーがはずれ、ブイ（浮き）つきのソナーが展開される。

進行方向に応じて、ソノブイを追加で投下し、探知精度を高める。

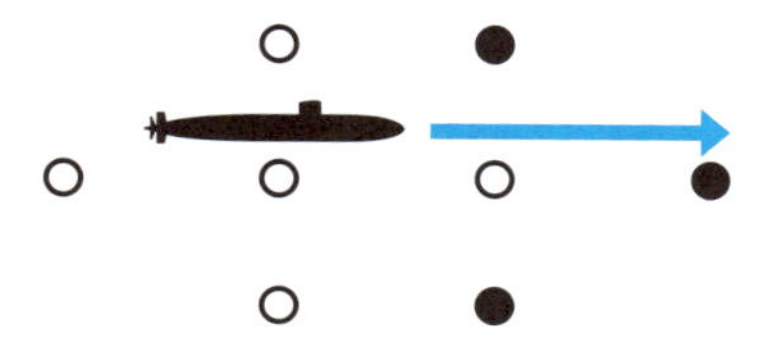

### MAD（磁気探知機）

Magnetic Anomaly Detector
ソナーと違い潜水艦の座標はピンポイントにわかるが、探知範囲は狭い。

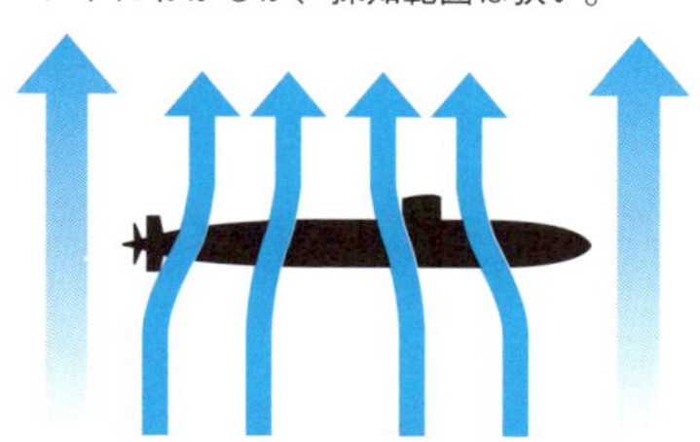

潜水艦の船体（金属）により 地磁気が乱れることを感知する。

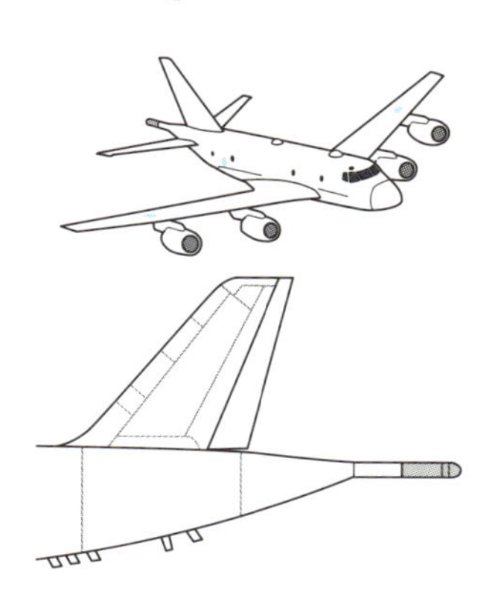

対潜哨戒機P-1（日）のMADブーム。自機の金属の干渉を最小限にするため、後方に大きく張り出している。

**関連項目**

●ソナーとは→No.035
●潜水艦のライバルだった駆逐艦→No.050
●潜水艦の天敵となる航空機→No.051
●大戦期の潜水艦運用→No.057

No.073

# 潜水艦への防御手段

水中から忍び寄る潜水艦に対し、昔からさまざまな方法で対抗策が講じられてきた。対潜防護網と機雷は防御手段として挙げられる。

## ●対潜防護網と機雷

**対潜防護網**というものがある。潜水艦から味方を防衛するためのものだ。港湾の出口などに鋼の網を張り巡らせ、潜水艦の侵入を防ぐ。味方艦がやってきた場合は一部の網の一部を開いて招き入れる。

水中の潜水艦は潜望鏡を使わないと目視ができないので網に気づかず引っかかることもあり、拿捕された事例もあった。また、湾外から発射された魚雷も対潜防護網で防げる。大戦中の各国潜水艦は、対潜防護網を突破するためにノコギリ型の網切りを艦首に装備していた。

第一次大戦時のイギリスでは巨額を投じて85か所の港に対潜防護網を張ったという。当時は有効な手段だったが、現代の潜水艦は遠くからミサイルが撃てるので、これだけでは防ぎきれないかも知れない。

古くからある兵器だが、**機雷**も潜水艦には有効だ。水底から係留したり海中に浮遊させる海の地雷である。接触だけなく磁気や音響、水圧変化に反応して爆発する兵器で、対潜防護網と組み合わせて利用されることも多い。潜水艦を警戒する場合、潜水艦の予想深度に合わせて敷設される。

クラシックな手段と思いきや、地雷が現代戦でも有効なのと同じく、機雷も使い勝手がよい。機雷敷設任務用の潜水艦も存在したし、逆に機雷を取り除く専門の部隊や掃海艇といった艦船も各国に健在である。

さらには短魚雷とセンサーを組み合わせた**魚雷射出型機雷**と呼ばれるアクティブな係維機雷も用いられている。これは敷設されると、近くを潜水艦が通過することをソナーで感知し、短魚雷を射出。発射後の短魚雷は自己誘導で潜水艦を追いかけていく。

なお、通常の機雷と魚雷射出型機雷の中間的なものに、上昇機雷がある。敵を感知すると浮力やロケットで機雷が上昇して攻撃するものだ。

## 港湾を潜水艦から守る

### 対潜防護網と機雷の併用

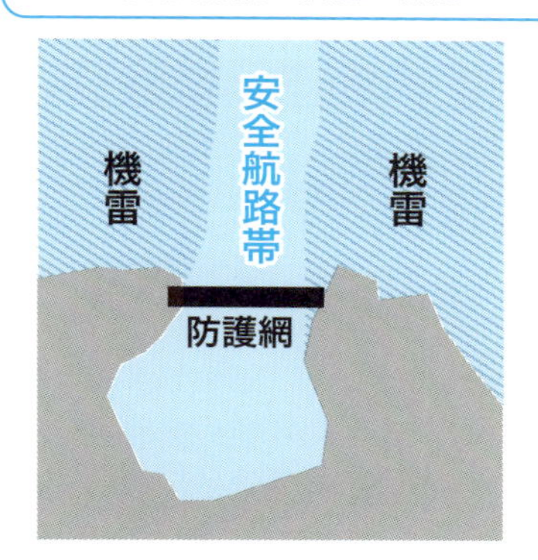


外洋と港の境に潜水艦が侵入できないように金属製の網を展開する。
航路帯の網は開閉可能となっていて、短い時間だけ開けて、船を入出港させる。

### さまざまな機雷

接触だけでなく、磁気や音響に反応して爆発する。

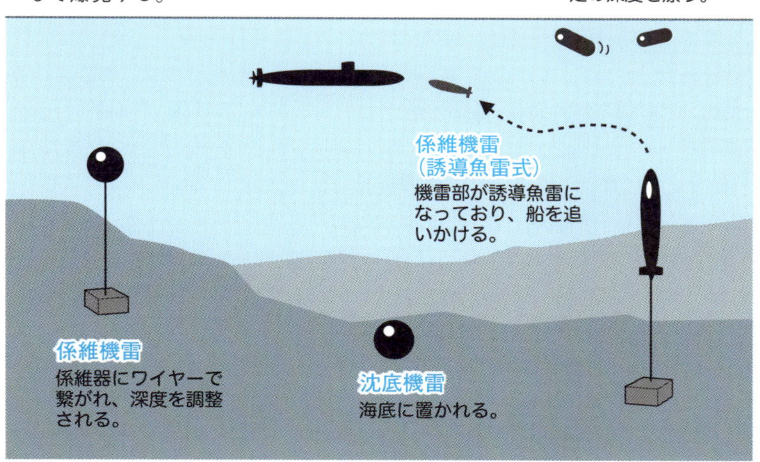


関連項目

●魚雷の歴史→No.042
●潜水艦を発見するには→No.072
●日本と英国そして現代の特殊潜航艇→No.093

No.074

# 潜水艦の破損と沈没

何かしら損害を受けて浮力を失った艦艇は沈没する。潜水艦は比較的丈夫にできているが、その構造上、デリケートな艦種でもある。

## ●バラストタンクの故障も命取り

潜水艦は水圧に耐える堅牢な船体（耐圧殻）を持つが、各種機器の故障が**沈没**につながることもある。特に海水の出し入れで艦の浮沈を司るバラストタンクがダメージを受けると致命的だ。また、艦内に浸水しなかったとしても、潜航中に推進力を失い、タンクのブローも行えないと、浮上できなくなって沈没する可能性がある。

深海に沈みゆく潜水艦は、最終的に水圧によって外から潰される。これを**圧壊**と呼ぶ。圧壊した潜水艦の内部では残っていた空気が一気に圧縮され、断熱圧縮によって一瞬で艦内が高温になるともいわれている。いずれにせよ、艦内は水で満たされるので乗組員は溺死する。

圧壊せず、海底に着底した場合は救助を待つことができる。しかし、潜水艦はその隠密性ゆえに沈没地点がわかりにくい。ほとんどの場合、救助は間に合わない。

戦争中となると、いつどんな原因で沈没したのかも分からなかった。戦闘でやられたのか事故で沈んだのかも分からないのだ。潜水艦は基本的に隠密行動をしており、司令部には**定時連絡**で生存を伝えていたが、戦況や故障で定時連絡が途切れることもありえた。そのため、連絡がなくなって搭載していた燃料や食料が切れても帰還しない場合に、司令部は喪失と認定していた。戦後になって敵味方両軍の記録を突き合せてから、喪失艦が沈没した理由が判明するということも多かった。

水上艦が潜航中の敵潜水艦を見つけて攻撃した場合、海面に潜水艦のものと思しき油や残骸が浮かんできたことをもって撃沈判定をしていた。ただし、潜水艦の方でも、魚雷発射管から船内のゴミを射出し、撃沈を装うこともあった。

## どんな場合に潜水艦は沈没するのか

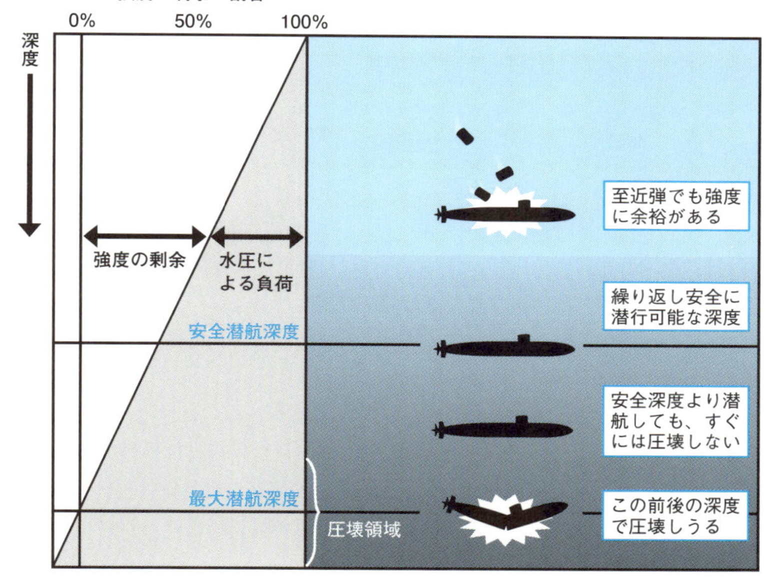


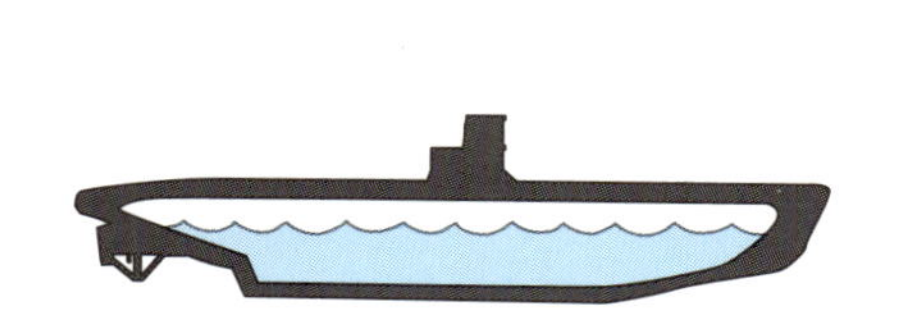

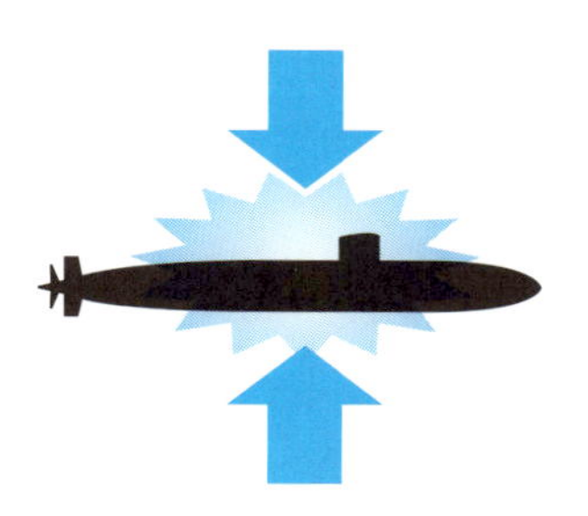

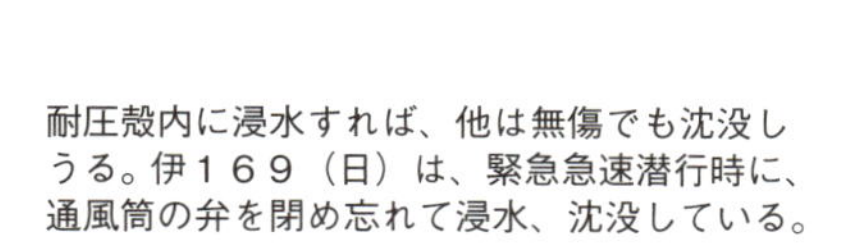

耐圧殻内に浸水すれば、他は無傷でも沈没しうる。伊１６９（日）は、緊急急速潜行時に、通風筒の弁を閉め忘れて浸水、沈没している。

沈み続けていった結果としての水圧で、あるいは攻撃による衝撃で、船体そのものが潰れるような損害を受ければ、当然、沈没してしまう。


関連項目

●潜水艦の潜航深度はトップシークレット→No.023
●潜行と浮上→No.032
●原子力潜水艦の事故→No.075
●遭難した場合の救助方法→No.076

No.075

# 原子力潜水艦の事故

原子力潜水艦は原子炉を積んでいるため、もし沈めば海洋汚染が懸念される。通常の潜水艦の沈没とは事の重大性が違うのだ。

## ●悲運に見舞われた9隻の原潜

これまでに戦闘で沈没した原潜はないとされ、事故では9隻が沈没している。すべて米国かソ連＝ロシアの潜水艦だ。

米海軍の「スレッシャー」は1963年4月9日、深海潜航試験のため潜航中、配管から浸水。**原子炉**が緊急停止し、浮上を試みるも圧縮空気タンクの弁が凍結して浮上できなかった。艦は圧壊し、乗員129名が死亡した。

同じく米軍のスキップジャック級攻撃型原子力潜水艦「スコーピオン」は1968年5月22日、母港へ帰投中に**圧壊**、沈没した。原因は不明で乗員99名が死亡した。

ソ連の「K-8(627Aキト設計型)」は、西側ではノヴェンバー型と呼ばれる攻撃型原子力潜水艦である。1960年10月13日、演習からの帰途に**火災**が発生、浮上したものの鎮火に失敗、沈没。乗員60名が死亡した。

チャーリー型ミサイル原子力潜水艦「K-429(670設計型)」は1983年6月23日、テスト中の運航ミスで沈没、16人が死亡した。後に引き揚げられ再度就役したが、2年後、係留中にまた沈没した。浮揚されたものの、今度は退役となった。

ヤンキー型弾道ミサイル原子力潜水艦の「K-219(667Aナヴァガ設計型)」は1986年10月6日、弾道ミサイル格納庫内が浸水した。ミサイル燃料と海水が化学反応を起こして爆発したが、幸い浮上に成功、総員退艦後に沈没した。乗員定数は120人で6名の犠牲者が出た。

マイク型原子力潜水艦、ソ連名「コムソモレツ(685プラーヴニック設計型)」は1989年4月7日、演習中に原因不明の火災を起こした。浮上して消火活動を行うも失敗して沈没。乗員69名中42名が死亡した。

そして2000年に起こった「**クルスク**」の事故が最新の原潜事故である。

## 汚染が心配される大西洋

上図以外では、旧ソ連の「K-429」は極東カムチャッカ半島のペトロパブロフスク・カムチャツキー沖に、「クルクス」は北極に面したバレンツ海沖に沈んでいる。またこの他、「K-27」が退役後に原子炉ごとシベリアのカラ海で海没処分に、「K-159」が放置老朽化の末に暴風によりバレンツ海で沈没している。

### クルスクの沈没

2000年8月12日、オスカーII型攻撃型原子力潜水艦「クルスク（949Aアンテーイ設計型）」の事故は当時世界中に大惨事として報道された。

演習用魚雷の燃料である過酸化水素水が漏洩し、爆発を起こした。他の魚雷も誘爆したらしく海中に沈降。米・英・ノルウェーなど各国が救助を申し出たが、ロシアは断り、単独で救助活動を行ったが、乗員118名は全員死亡した。2001年に原子炉部分が引き揚げられ、解体されている。

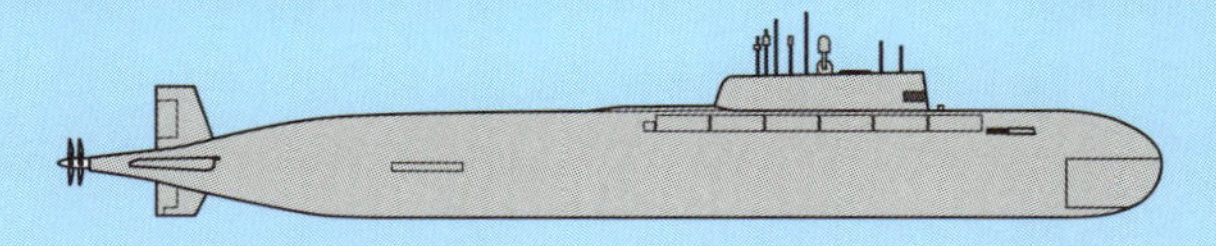

全長：154m　水中排水量：19,400t　水中速度：32kt　水上速度：16kt
潜航深度：300-500m　乗員：112名
兵装：P-700巡航ミサイル24発、650mm魚雷発射管2門、533mm魚雷発射管4門

関連項目

●潜水艦の動力③原子力→No.027
●潜水艦の破損と沈没→No.074
●遭難した場合の救助方法→No.076

No.076

# 遭難した場合の救助方法

浮上できなくなった潜水艦から乗組員を救出するのは至難の業だ。それでも各国海軍はさまざまな方法を模索してきた。

## ●救助専門潜水艦が一般的

初期の潜水艦はそんなに深く潜れなかったので、浮かべなくなっても乗員は自力で脱出が可能だったろう。だが、艦の性能が上がり、外洋で作戦をするようになってからは簡単にいかなくなった。

沈降した潜水艦のハッチを開けて、生身の人間が脱出するのは水圧や水温、そして酸素の問題があって難しい。ましてや引き揚げには時間がかかりすぎる。昔、潜水艦は沈没したらそれで乗員ごとおしまいだった。

現代では、乗員が深海から自力脱出するための装備が存在する。それが「**スタンキーフード**」という頭全体を覆うライフジャケット、あるいは全身を覆う脱出スーツ「**SEIE**」だ。これらを使えば200m程度の深度までは、なんとか脱出可能だといわれている。ただし、これは最後の手段であって、可能な限り救助隊が対処することになっている。

1930年にアメリカで開発された**レスキューチェンバー**という装置が、世界初の潜水艦救難装置だ。釣鐘のような形の器具を水上の救難艦から降ろし、沈没潜水艦のハッチに密着接続させて乗員を収容、引っ張り上げる。

この装置の使用限界深度は200m程度だった。それに海流などの影響を受けやすく、潜水艦のハッチがきちんと上面を向いていないと接続できないなど、複数の問題を残していた。

次に登場したのが、やはり米海軍が開発した**深海救難潜航艇（DSRV）**である。DSRVの大きな特徴は、船体下部に潜水艦のハッチとジョイントする装置が付いていることだ。

自力で航行するために海流などの影響は受けにくく、かなりの深海まで潜ることもできる。そして沈降潜水艦が傾いて着底していても、ハッチに取り付いて乗員を救助することが可能だ。

## レスキューチェンバーとDSRV

### レスキューチェンバー

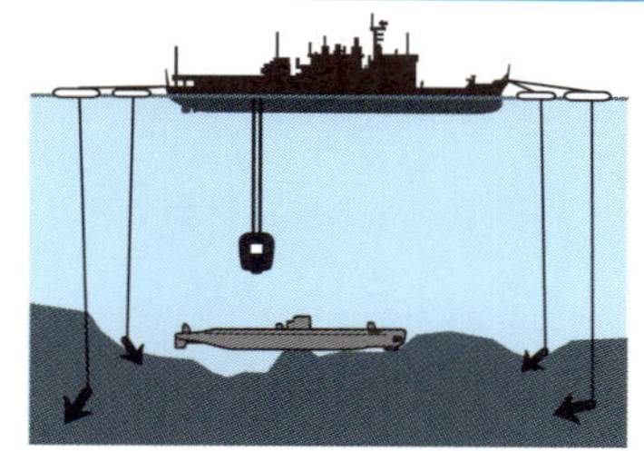
救助艦を4本の碇で固定し、
レスキューチェンバーを下ろす。

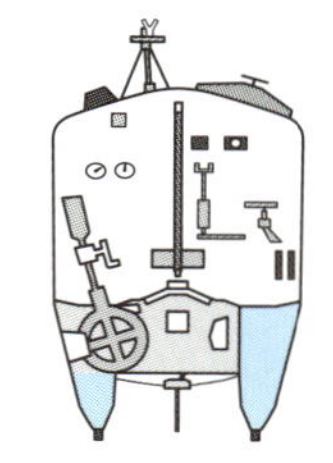
レスキューチェンバーは下面が開放
されていて、そこをハッチにつける。

### 深海救難潜航艇（DSRV）

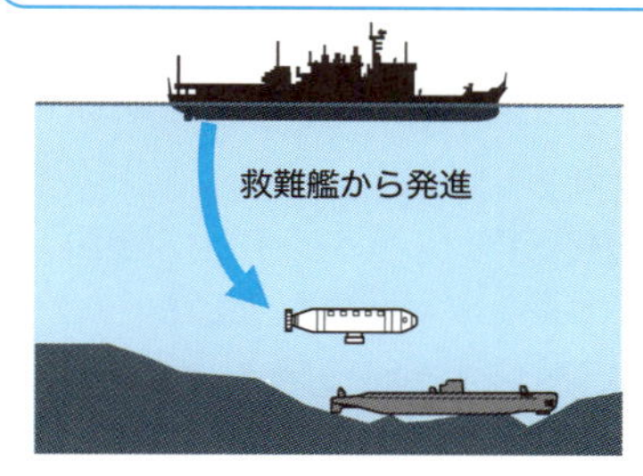


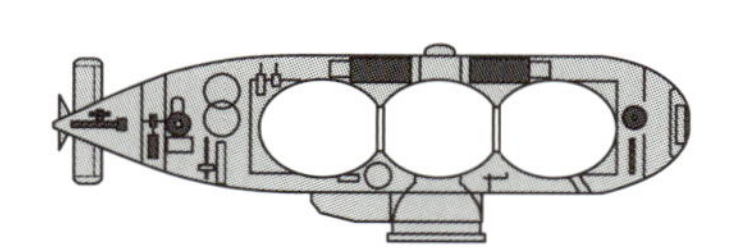
救難潜航艇は下部にハッチがあり、それと
潜水艦の脱出ハッチを接続して救出する。

フード内にその水深にほぼ対応した圧力の
空気が供給され、脱出する潜水艦乗員は呼
吸を続けながら上昇できるようになってい
る。
SEIEでは、脱出時に水に直接触れることが
なくなるため、低水温に対応できるといわ
れ、また、海面まで浮上すれば装具自体が
浮体の役割も果たす。

関連項目

●通信の難しさは潜水艦の泣き所→No.040
●潜水艦の破損と沈没→No.074
●原子力潜水艦の事故→No.075

No.077

# 潜水艦への補給 Uボート・ブンカー

**大戦期の潜水艦の作戦期間は大型艦で3か月、ドイツのUボートは2か月ほどだった。艦が大きいなら多くの物資を積んで長く航海できる。**

## ●もっとも安全なUボートの補給所

典型的なUボート**U-VIIC型**は、2か月の航海のために燃料114トン、魚雷14本、弾薬2.5トン、水22トン、食糧3.5トン、その他私物など0.8トンを積載していた。これらは艦内に詰め込まれるが、物資を消費していくと、艦の重量やバランスが変化する。それで平衡を保つよう、常にバラストタンクを調整しなければならなかった。下手に傾くと、バッテリーから劇薬がこぼれてしまって危険だ。

こうして物資が尽きたら、帰港するか洋上で補給を受ける。

ドイツでは第一次大戦から潜水艦を積極的に用いていたが、帰港中に敵の爆撃機の空襲を受けることがあった。ヨーロッパ戦線では敵味方の拠点の距離が近く、互いに懐に入られるのを避けられなかったのだ。それで、ただ港に係留するのではなくコンクリート製の**防空壕**に入れるようになった。これを**Uボート・ブンカー**という。英語読みすればバンカーだ。

第二次大戦では、各地の港に強固なブンカーが建設された。ブンカー1基に潜水艦1隻か2隻を並行で係留でき、出入り口に防水扉が設けられていることもある。扉を閉じて水を抜けば、乾ドックとして使えるブンカーもあった。屋上に対空機関砲や機銃、レーダーを備えたブンカーもある。

ブンカーを破壊するため、英空軍は分厚い鉄筋コンクリート屋根を貫通する12,000ポンド爆弾トールボーイを開発した。するとドイツはブンカーを増強し、さらに英国も22,000ポンド爆弾グランドスラムを投入した。

いくつかのブンカーは終戦まで破壊されることなく、現代まで残っている。あまりにも強固で解体作業ができないという。そのまま港として使われたり観光名所となっている場所もある。

## Uボートの補給物資

### 「UボートVIIC」の補給物資

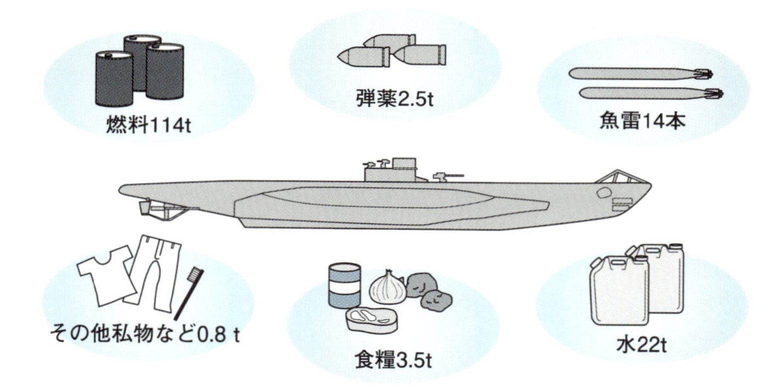


### Uボート・ブンカー

現代でも解体できないほど頑丈なコンクリートの防空壕。

### ブンカー攻撃に使われた巨大爆弾

**グランドスラム**

大型爆撃機に1発だけ搭載できる22,000ポンド（約10t）の巨大爆弾。対ブンカー用に開発されたバンカー・バスターだ。

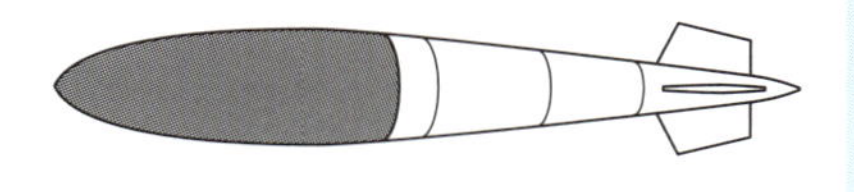

**関連項目**

●主要国の潜水艦発展史①ドイツ→No.011
●大戦期の潜水艦運用→No.057
●潜水艦への補給 潜水母艦→No.078
●Uタンカー→No.079

No.078

# 潜水艦への補給 潜水母艦

潜水母艦といえば潜水艦の母艦という意味で、補給設備を備えた水上艦を指す。例外もあるが、潜水母艦自身が潜水するわけではない。

## ●サブマリナーを慰撫する洋上ホテル

日本海軍では、魚雷艇に補給をする**水雷母艦**がルーツだった。第二次大戦時には潜水艦を長く前線で活動させるため、南太平洋に**潜水母艦**が派遣された。湾内など泊地で潜水艦に接舷し、補給活動を行うのである。

日本に限らず、潜水艦を運用する国ではこうした母艦を有していた。現代の米海軍の潜水母艦は原潜に補給するための弾道ミサイルを積んでいるし、海上自衛隊には潜水艦救難母艦「ちよだ」(救難機能付き)があった。

燃料、部品、魚雷に弾薬、水と食糧を補給し、修理・整備機能を持つ母艦もある。また過酷な生活を送る潜水艦乗りが休憩できる設備も備える。風呂、家族からの手紙、それに給料も支払う。艦隊の移動司令部でもあり、作戦会議室、貴賓室、通信施設、水上偵察機を載せていることもある。

あらかじめ母艦として建造した方が高機能で、開戦前の日本海軍には母艦として設計された「大鯨」などの船があった。しかし、数が足りなくて潜水艦隊の行動に支障が出たため、商船を改装した特設潜水母艦が多く用いられた。

## ●魚雷の補給方法

補給作業の中でも、魚雷の補充は大変な作業だ。7m以上ある魚雷を1本ずつ小さな補充口から入れる。甲板上で、専用のクレーン型装置を組み立て、魚雷を斜めに吊してレールを滑らせつつ収納していくのだ。

強度が落ちるので、潜水艦の耐圧殻に穴を開けるのは極力避けなければならない。だから補充口もぎりぎりのサイズしかないのだ。潜水艦の構造の問題なので、魚雷補充の方法は現代でも変わらない。ただし中国の新型潜水艦は魚雷発射管からの魚雷補充が可能だという。

## 潜水母艦の機能と魚雷の補給

### 潜水母艦の機能

| 風呂・休養 | 手紙・給料 | 作戦会議室 | 貴賓室 |
|---|---|---|---|
|  |  |  |  |

### 魚雷の補給方法

クレーンのような装置を組み立て、魚雷を1本ずつ斜めに吊り下げ、レールを伝わせながら小さな補充口に入れていく。

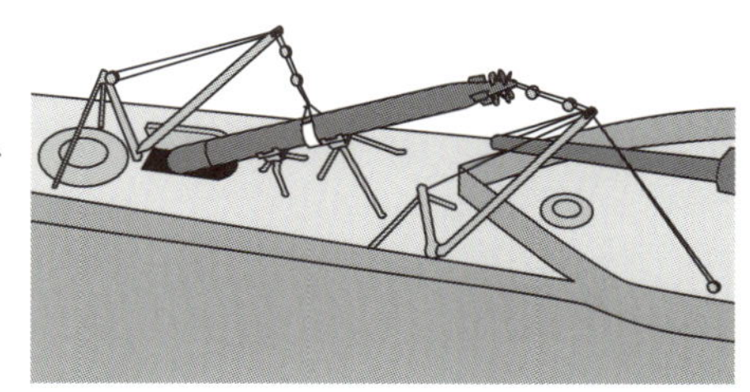

## 原子力潜水艦の作戦期間

現代の原子力潜水艦は燃料補給が必要なく、水や酸素も艦内で作れる。それでも食糧は尽きてしまうし、乗組員も疲弊するので、航海は2か月半から3か月が限界とされている。

関連項目

●主要国の潜水艦発展史①ドイツ→No.011
●Uタンカー→No.079
大戦期の潜水艦運用→No.057

No.079

# Uタンカー

第二次大戦中、ドイツは洋上でUボートに補給できる潜水艦U- XIV型を開発した。潜水できる補給艦は世界的に珍しい。

## ●鈍重な乳牛

大戦中、独のUボートは通商破壊戦を盛んに行っていた。連合国より戦闘艦の数が少ないため制海権は取れなかったが、水中から敵輸送艦を奇襲で沈めていたのだ。しかし、Uボートは補給の面で問題を抱えていた。あまり大きくないU-VIIC型が主力だったが、魚雷は残っているのに燃料不足で基地に帰還しなくてはならないケースが多かったのである。

水上艦で洋上補給したいところだが、補給艦を戦場海域に派遣するのは危険だ。それで補給潜水艦**U- XIV型**を建造することにした。

これは大型UボートであるU-IX型をベースとしている。全長は切り詰め、多くの補給物資を搭載するために艦体は太くなっていて、ずんぐりむっくりな艦形だ。補給用魚雷4本、燃料430t、整備用潤滑油、食料と飲料水を搭載しており、特に燃料はU-VIIC型なら4隻をほぼ満タンにできる量だ。U-XIV型は、その役割と艦形から**Uタンカー**、あるいは**乳牛(ミルヒクー)**などとUボート乗組員から呼ばれ、親しまれた。

さらに魚雷補給を主任務とするU-VIIF型も建造された。こちらはU-VII型の派生型で、補給用魚雷を39本搭載できた。

一方、連合軍は建造情報をつかんでいた上、独潜水艦群の活動状況から補給潜水艦が運用されていると断定した。Uタンカーは最優先攻撃目標とされ、10隻あったU-XIV型はすべてが撃沈された。こうしてUタンカーによる補給構想は立ち消えとなってしまう。

U-XIV型は申し訳程度の対空砲もしくは対空機銃を搭載しているのみで、自衛用の魚雷は持たず、会敵したら逃げ回るしかなかった。逃げるにしても補給物資を積むという前提のために、鈍重な動きしかできず、脆かった。予定されていた後継艦種は戦局の悪化もあり建造中止となった。

## Uタンカーと水上補給の意義

### U-XIV型

全長：67.1m　全幅：0.35m　水中排水量1,932t

大型のU-ⅠX型をベースに造られたUボート向け補給潜水艦。洋上で作戦中のUボートとランデブーし補給を行った。貨物室を広くしたため艦体は太くなり、Uタンカーもしくは「ミルヒクー（牝牛）」の愛称で呼ばれた。10隻造られたが、連合軍の標的となりやすくすべて戦没している。

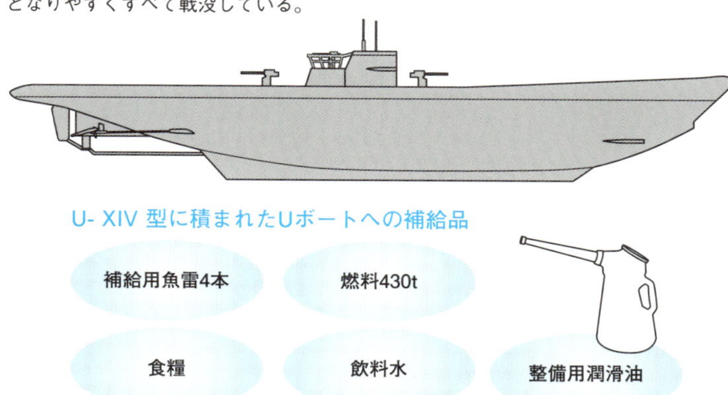


### 補給艦の意義

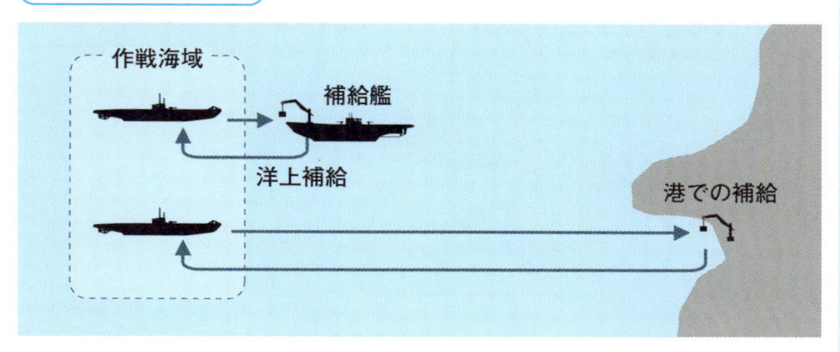


洋上補給を行うことで、補給にかかる時間を大幅に短縮できる。これにより前線の戦力減少を避けることができる。また、洋上補給は艦の設備の問題から民間船では難しい。そのため、補給艦の意義は非常に大きなものになる。

関連項目
●主要国の潜水艦発展史①ドイツ→No.011
●大戦期の潜水艦運用→No.057
●諸国の忍者→No.017
●潜水艦への補給 潜水母艦→No.078

## 潜水艦のエースたち

**●史上最多撃沈：ロタール・フォン・アルノー（独）**

戦史上、潜水艦が存在感を示した最初の戦争は第一次大戦の独海軍だ。そして、その大戦時で最高の潜水艦エースであり、今日まで史上最高のエースであり続けるのがロタール・ロン・アルノ・ド・ラ・ペリエールだ。

1915年に「U35」、1918年には「U139」の艦長となった彼は、196隻、計453,716総t撃沈の戦果を挙げている。これだけの戦果を挙げることができたのは水上での砲撃を多用したからである。多数の貨物船を撃沈した功績によって、プール・ル・メリート勲章を授与されている。第二次大戦中にもふたつの海軍管区司令官を歴任したが、1941年に事故死した。

**●Uボートエース：オットー・クレッチマー（独）**

第二次大戦トップ戦績の艦長が、オットー・クレッチマーである。

1939年に「U23」の、次いで1940年には「U99」の艦長となった彼は、47隻、合計274,333tを撃沈。しかし1941年3月、英駆逐艦から爆雷攻撃を受け、艦は損傷、敵の捕虜となった。

なお異例ながら、捕虜になった後の1941年12月に剣付柏葉騎士鉄十字章を叙勲している。戦後も西ドイツ海軍に入隊し、要職を歴任した。

**●空母ワスプを屠る：木梨鷹一（日）**

第二次大戦中の日本海軍の代表的な潜水艦長。

太平洋戦争開戦時には「伊62」艦長だった彼は、「伊162」を経て、1942年7月には「伊19」の艦長となっていた。そして、同年8月の第二次ソロモン海戦において、米空母ワスプを発見、6発の魚雷で攻撃し、3発を命中させる。ワスプを撃沈させた上、外れた3本の魚雷のうち1本が約9km先にいた戦艦ノースカロライナに命中して大破、もう1本は駆逐艦1隻を撃沈させた。一度の攻撃でもっとも高い戦果を挙げたことで有名となる。

その後、「伊29」でドイツへの渡航に成功するが、帰途にバシー海峡で乗艦を撃沈され、戦死した。

**●太平洋のエース：リチャード・オケーン（米）**

太平洋戦争で十分な経験を積んだ潜水艦将校で、1943年に「USSタング」の艦長となり、24隻、93,824tを撃沈した。米海軍のトップエースであるだけでなく、1944年6～7月には一度の出撃で10隻を撃沈するという米海軍での新記録を打ち立てた。

だが1944年10月、自艦の魚雷が故障してUターンしてきてしまい、艦は自爆。辛くも日本の捕虜となった。

戦後は米海軍に復帰し、1957年まで勤務した。また、アーレイ・バーク級駆逐艦27番艦には彼の名前が命名されている。

# 第4章
# 潜水艦のトリビア

No.080

# 所属を変える潜水艦① 売却と供与

潜水艦に限らず、艦艇はさまざまな事情によって、建造された国から他国の軍などへ所属を変更することがある。

## ●潜水艦の売却・供与

潜水艦の設計には高い技術が必要で、建造できる国は限られている。そのため中古の潜水艦は、時に**売買**または**供与**されてきた。

たとえば黎明期の潜水艦であるアメリカのホランド級は、欧州各国その他日本を含めた多くの国に輸出されたり現地建造されたりし、潜水艦研究の礎となったのである。

ドイツは早くから潜水艦先進国だったが、第一次大戦中、独海軍の「UB-1」と「UB-15」は、同国海軍で実戦参加した後、同盟国だったオーストリア・ハンガリー帝国に**売却**され、「U-10」と「U-11」に改名された。当時、オーストリア・ハンガリー帝国はアドリア海沿いに領土と海軍基地を持っており、これら輸入潜水艦も戦争に参加した。

また第二次大戦中には、独の「U-511」と「U-1224」(ともにU-IXC型)が日本海軍に無償で**譲渡**されている。2隻はそれぞれ「呂500」「呂501」という名で編入された。ヒトラー総統は日本がインド洋で通商破壊戦を行うのを期待していたという。

そして第二次大戦後、米海軍は戦時中に量産したためにダブついた艦船を同盟国などに売却した。潜水艦もその中に含まれている。米国はその後、全部の潜水艦の動力を原子力に変えてしまい、以後は他国に供与していない。現代ではドイツなどが積極的に潜水艦を輸出している。それでも、機密が詰まっている原子力潜水艦はどこの国でも原則として**輸出**されることはないというのが現状だ。ただし、ロシア海軍はインド海軍にアクラII型攻撃型原子力潜水艦を10年のリースで貸与している。これは建造休止状態だった同艦をインドが資金援助して完成させた見返りであり、また、インドが核保有国であるということからの例外といえるだろう。

## 友好国や同盟国に販売譲渡された潜水艦

### 余剰潜水艦の売却や譲渡

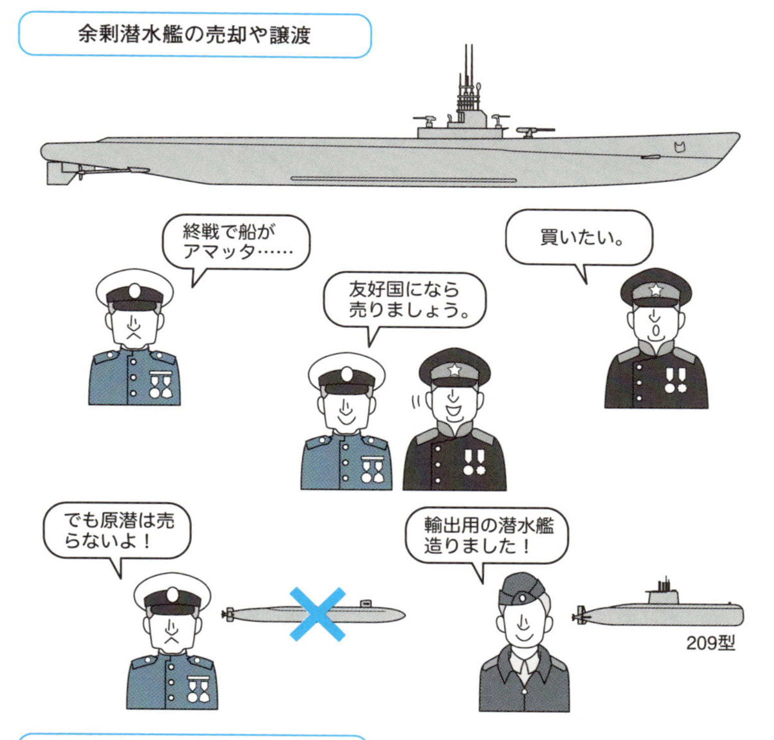


### 日本に譲渡されたUボート

ドイツから譲渡された「U-511」は
日本海軍で「呂500」として就役した。

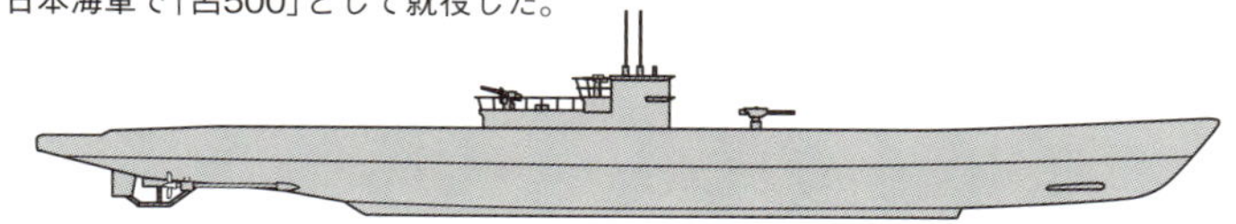

Uボートはドイツ海軍を代表する艦艇として有名だが、譲渡された2隻の艦は日本の標識をつけた。この艦をコピーして量産する計画もあったという。

関連項目

●黎明期の傑作潜水艦ホランド級→No.004
●主要国の潜水艦発展史①ドイツ→No.011
●所属を変える潜水艦② 拿捕や接収→No.081

No.081

# 所属を変える潜水艦② 拿捕や接収

売買や譲渡の他、海戦の中で敵潜水艦を捕獲したり、戦争に勝った国が敗戦国の潜水艦を没収することも行われてきた。

## ●潜水艦の拿捕・接収・賠償

軍艦は寿命が長く高価な兵器であるため、奪われた後に敵軍によって運用されることもままある。

ここでは第二次大戦中のイタリア潜水艦を例に挙げる。

アルキメーデ級潜水艦「ガリレオ・ガリレイ」は1940年6月、英海軍の攻撃に屈服し、鹵獲された。同艦は1942年に英海軍潜水艦「X2」として就役している。

「コマンダンテ・カッペリーニ」と「ルイージ・トレッリ」は数奇な運命をたどった潜水艦だ。これらはマルチェロ級とグリエルモ・マルコーニ級潜水艦であったが、1945年9月、イタリア降伏時にシンガポール付近にいたため、連合軍に奪われる前に日本海軍が接収した。そして、まだ戦っているドイツに引き渡すことになり、「UIT-24」、「UIT-25」と命名された。その後、港で整備を受けている間にドイツも降伏してしまったので、改めて日本海軍が接収、「伊503」および「伊504」として就役した。最後に日本も降伏したが2艦は健在で、連合軍によって接収された。しかし、今度は再就役することなく海没処分とされた。このように旧式または量産型の潜水艦は、戦後に処分されることも多い。

また賠償の一環として、敗戦国から戦勝国へ兵器が引き渡されることがある。特に新技術が盛り込まれた艦船は、研究のために引き取られていく。

独のU-XXI型の「**U-1407**」は、新型エンジンのヴァルター機関を搭載していたため、大戦後に英国が接収、1946年に「メテオライト」と命名し、正式に英海軍に編入・再就役している(1949年退役)。

日本の潜水空母である**伊400型**も新兵器であったため、戦後に米海軍が回収して研究したことは有名だろう。

## 敵から奪ったり終戦で引き渡される潜水艦

降伏し接収された潜水艦

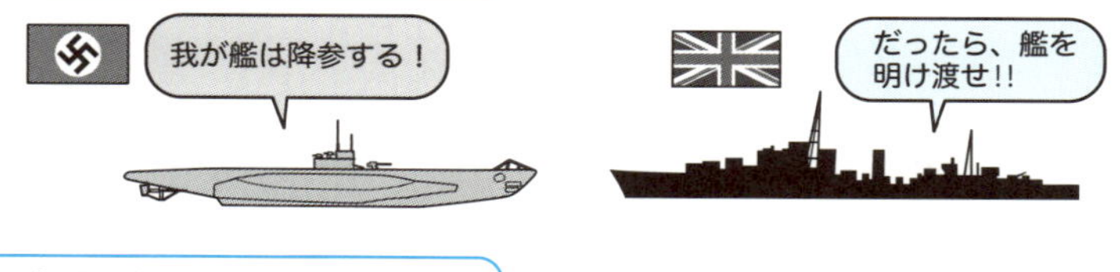


本国が降伏し同盟国に移譲

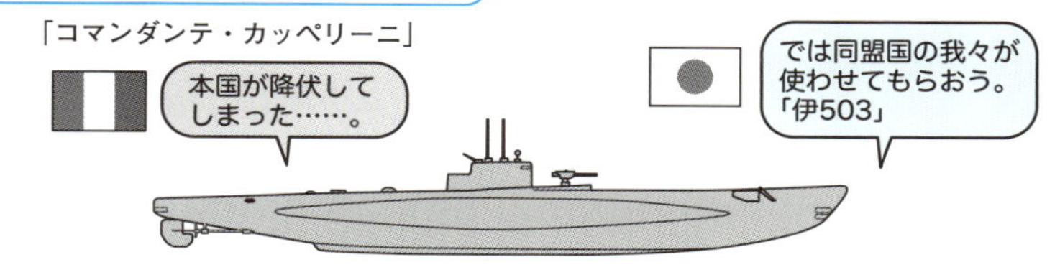


敗戦後に研究用に接収

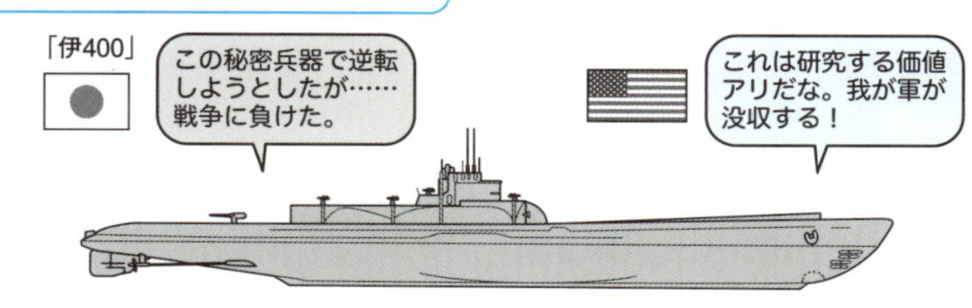


沈んだ敵艦を引き揚げて修理して使用

1945年にドイツで建造された新型潜水艦U-XVIIB型の「U-1407」。ヴァルター機関を搭載しており、敗戦時にドイツ軍によって自沈させられたが、イギリス軍はわざわざ海中から引き揚げて修理し、「HMSメテオライト」として1946年に自軍に組み入れた。1949年退役。

関連項目

●主要国の潜水艦発展史①ドイツ→No.011
●主要国の潜水艦発展史⑤欧州→No.015
●第二次大戦の潜水空母「伊400」とは→No.088

No.082

# サブマリナーの勤務

**航海中の軍艦乗組員は交代で勤務する。潜水艦の場合は狭いために乗員数が限られ、仕事を兼任するため、より忙しくなりがちだ。**

## ●プライベートがまったくない乗組員

勤務時間は国や時代によって異なる。大戦中のドイツや日本では24時間3交代制だった。

ドイツは8時間勤務の後、水上で見張りを4時間、その後12時間は睡眠や食事に充てられた。**Uボート**は最低でも1日3時間、充電のために水上航行をしなければならない。実質的には戦闘中以外は浮上航行していたので、誰かが外を見張っていないと艦が危険だった。このシフトは水兵の場合で、通信員や機関員など違う部署の兵士や下士官、士官はまた違ったシフト(6時間～12時間勤務)が組まれていた。日本海軍では4時間勤務した後に非番が8時間、これをもう1回繰り返して1日が終わる。

現代の潜水艦の場合、海上自衛隊やアメリカの潜水艦では18時間3交代制を採っている。6時間の勤務をこなした後12時間は非番となるが、勤務時間外で雑務をこなす。昔よりは楽だが、何かと仕事はあってたっぷり休むことはできないという。それに、昇進を望む者は非番の時間を使って勉強する。非番の前半6時間が自由時間で後半6時間は睡眠時間に使われる。ちなみにシフト制であるため、潜水艦では24時間の中で食事は4回提供されている。厨房は常に動いていて料理を作り続けているのだ。

世界的に、個室が与えられるのは艦長(と特別なゲスト用の部屋)だけで、部署を束ねる士官は3段ベッドの相部屋で生活する。下士官や兵だとベッドも共有となり、3交代シフトの3人でひとつのベッドを使う。自分だけのスペースはまったくない。常に非番の誰かがベッドを使っているので、水兵の寝床は**人肌寝台**と表現される。現代ではともかく、大戦中の艦内は狭苦しいのに空調が未発達で入浴もろくにできなかったため、たまらない匂いが充満していたという。

## サブマリナーの過酷な勤務

### 国や時代ごとの勤務実態

| | | | | |
|---|---|---|---|---|
| 戦時中のドイツ水兵 24時間3直制 | 勤務 8時間 | 見張り 4時間 | 非番 12時間 | |
| 戦時中の日本海軍 24時間3直制 | 勤務 4時間 | 非番 8時間 | 勤務 4時間 | 非番 8時間 |
| 現代の日米 18時間3直制 | 勤務 6時間 | 非番（雑務） 6時間 | 非番（睡眠） 6時間 | |

### 過酷な勤務

シフト制なので、潜水艦の
厨房は24時間フル稼働。

寝床は数人で使い回し。入浴で
きないので艦内は不衛生だった。

任務が終わって帰港すると
過労で倒れる者が多かった。

関連項目

●潜水艦への補給 潜水母艦→No.078
●厳しい生活と士気の維持→No.083
●サブマリナーの食事→No.084
●サブマリナーの養成→No.085

No.083

# 厳しい生活と士気の維持

潜水艦の乗務は辛く単調で、航海中の士気の維持が問題だった。昔も今も、アメとムチの両方を課して乗員のレベルを高めている。

## ●食事と生活環境、航海中の訓練

戦時中でも会敵の機会は少なかったし、現代では任務はあっても戦闘自体は発生しない。狭いところに閉じ込められて長い間過ごすこと、時間感覚の喪失、それに不衛生な環境と悪臭もストレスになる。そんな中、通称**ブリキ病**にかかるサブマリナーもいた。鬱病や神経症を指す病気だが、乗員数が限られる潜水艦には軍医がいないことが多く、なすすべもない。

有効な対策のひとつが食の充実だった。食材に関しては限界があるが、兵員室内の食卓で大勢が向かい合って座り、一緒に食べた。士官や艦長は別室で食べるが、メニューの中身は同じだったという。こういう平等感は団結を増し、士気の維持に役立つことだろう。

米潜水艦では予定航海が半分終わると、**サーフ・アンド・ターフ**といって、ステーキとカニ料理が振る舞われた。ごちそうで乗組員を鼓舞するわけである。また食堂には伝統的にソーダとソフトクリームの製造機も置いてあって好きなだけ飲み食いできる。

水の問題もある。貴重な真水は配給制だった。風呂や洗濯は制限され、濡らしタオルで身体を拭くか浮上時に海水を浴びたりするのがせいぜいである。特に南太平洋で作戦を行った日本の潜水艦の中は、高温と湿気が酷かったという。空調は扇風機だけで、騒音発生を危惧して、戦闘域では設備使用が制限された。水と悪臭の問題は現代の潜水艦でも解決されていないが、原潜は話が別である。エアコンと空気清浄機、シャワー、冷蔵庫、ランドリーなどがあり、原子炉のおかげで電気と淡水は使い放題だ。

逆にムチによって士気を維持することもある。現代潜水艦では頻繁に非常訓練が行われる。会敵を想定した演習や、消防訓練、深海からの生身での脱出などで乗員の意識を引き締めるのだ。

## 過酷な航海と士気を維持する方法

### サブマリナーの苦悩

**湿気と熱気**
不快な環境。
悪臭がこもる。

**水不足**
真水は貴重品。
入浴や洗濯は
ほとんどでき
ない。

**運動不足**
潜水艦は狭い
ので運動がし
にくい。

**ブリキ病**
単調で過酷な
勤務により、
鬱病や神経症
にかかる。

### 士気を維持する飴と鞭

**アメ**

食事が最大の楽しみ。
みんなで食事して団結を図る。

**ムチ**

緊張感を維持するため、非常訓練
で気を引き締める。

### 現代の原子力潜水艦はかなり快適！

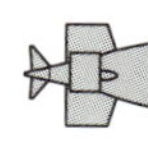

**シャワーとランドリー**
清潔に過ごせる。

**電気と水**
豊富な電気で
海水を淡水化。

**艦内ジム**
運動不足解消。

**関連項目**

●サブマリナーの勤務→No.082
●サブマリナーの食事→No.084
●サブマリナーの養成→No.085

No.084

# サブマリナーの食事

海軍の食事は伝統的に良質なのだが、潜水艦では任務の性質上、乗員に保存食や缶詰のようなものしか提供できなかった。

## ●ディーゼル艦の食物は潜水艦の味

軍艦での勤務はシフト制で、単調で過酷な生活が長く続く。それで乗員の士気を低下させないよう、せめて食事くらいはと、なるべく良質の(高カロリーで美味な)食事が提供されている。艦内生活での運動不足もあり、太ってしまうケースもよくあるという。

さて潜水艦は今も昔も、長期の航海を余儀なくされる。その間の食糧はどうしても保存食が中心となってしまう。出航後の1～2週間、あるいは洋上などで補給を受けた後は野菜や果物や肉など生鮮食料品が食べられるが、その後は保存食ばかりが続く。

大戦期の日本やドイツの潜水艦での生活は酷いものだった。Uボートを例に挙げれば、缶詰、乾燥野菜、ソーセージやサラミ、チーズやパン、ジャガイモや玉ねぎ、ビールなどの食材30種類以上が積まれていた。艦内では電熱か蒸気を利用した調理も可能だが、調理の火力は貧弱だったという。

艦内は狭く、食材は空いたところに分けて詰め込むこともあった。食堂の椅子内部は食糧庫、魚雷発射室の天井からソーセージ束がぶら下がっていたり、兵員室の隅にジャガイモの箱が置かれることもあったが、ドイツ海軍では持ち場にある食べ物は好きに食べてよいというルールがあった。だが、艦内は湿気が多いためにすぐカビが生えるし、燃料の重油の匂いが食材に移る。乗員らはこれを自嘲気味に「**潜水艦の味**」と呼んでいた。

アメリカなど余裕のある国の潜水艦には冷蔵庫があり、戦後になると食を含む生活環境はかなり改善された。特に原潜の中は広く、多種多量の食材が積めるし、厨房にも余裕がある。生鮮食品だけはどうしようもないが、原潜の内部に畑を作る計画もあったようだ。また現代の保存食はかなり美味しくなったので、乗員のストレスは軽減されただろう。

## 潜水艦の食糧事情

### 航海の前半と後半で変わる食事

出港〜 2週間

2週間〜航海後半

長持ちする食材、保存食、缶詰、その他を使ったメニュー

### お国柄によって違う食糧品

**ドイツの伝統的な保存食**

ソーセージ、サラミ、チーズ、ジャガイモ、玉ねぎ、ザウアークラウト瓶詰めなど。

**日本海軍は米を使ったメニューが人気**

五目飯、赤飯、いなり寿司など。
金曜のカレーライスは現在も定番メニュー。

**嗜好品を重視したアメリカ**

コーラ、アイスクリームのサーバー搭載。
設備はハイレベルで伝統的に嗜好品も提供。

関連項目
●潜水艦への補給 潜水母艦→No.078
●厳しい生活と士気の維持→No.083
●サブマリナーの勤務→No.082

No.085

# サブマリナーの養成

潜水艦での勤務は厳しいが、多くの国では志願制を採っている。やる気と実力のある者だけに道は開かれ、専門教育が施されるのだ。

## ●水上艦勤務経験者による志願

大戦期ごろから潜水艦は海軍の中でも重用され、その乗組員はエリートというより精鋭と見なされてきた。さらに現代の潜水艦は機密の塊となり、任務の重要性も以前よりずっと増した。

大戦期までの志願者は、前提として水上艦での勤務経験が必要だった。機関・電気・兵器など特定分野の専門知識と技術を取得し、2年ほど軍艦に乗った者に応募資格が与えられる。最初に体力と精神力のテストを受け、それから潜水艦学校への入学を許された。最終的には、**訓練潜水艦**に乗り組んで潜水艦のイロハを学んでいく。

現代でもほとんど同じで、アメリカではまず海軍に入り、原子炉・兵器・電子機器など専門分野の知識を6か月で習得し、そこで希望すれば潜水艦学校へ入学できる。ここでサブマリナーとしての適性が低い者は退学させられる。高等な専門技能を学び終えたら、訓練生(見習い)として実際に潜水艦に乗り、**潜水艦資格章**を取ればようやく一人前と認められる。

なおアメリカでは、1940年代から乗組員育成に**シミュレーター**を用いてきた。ビルの中に3階建ての施設が設置されており、訓練生は操縦機器や司令塔設備を使って潜水艦の航行や戦闘について学ぶ。これは原始的なコンピュータで制御されており、艦船への攻撃を仮想訓練できるのだ。

艦長も精鋭の潜水艦乗りとして養成を受けるが、求められる能力は国によって違う。ヨーロッパの国々では艦長は戦術の専門家だ。艦の各機能など他のことについては専門知識を学んだクルーに任される。これに比べ、アメリカの艦長は、潜水艦のすべてを仕切る知識と能力を要求される。特に原子力に精通しなければならず、艦内のルールはすべて艦長に一任されるという。艦長候補生は最初に原子炉学校に1年間送られるのだ。

## サブマリナーの養成に使う装備

### 戦時中の米軍の潜水艦シミュレーター

1940年から米海軍が採用した、ビル3階を使った大がかりな潜水艦シミュレーター。戦後はアナログ式コンピュータを導入し、各階を連動させて操艦や戦闘を想定した訓練をした。

●3階は海上に見立てたジオラマ。動く艦船模型を標的として設置し潜望鏡で位置や動きを捉える。

●2階が発令所訓練室は実物の潜水艦と同じように作られていた。艦長役の練習生は潜望鏡でジオラマの敵艦船の位置や動きを確認し、1階の操縦手に操艦の指令を出す。

●1階の操縦訓練室では、2階の発令所からの指令に従って操艦の訓練を行う。

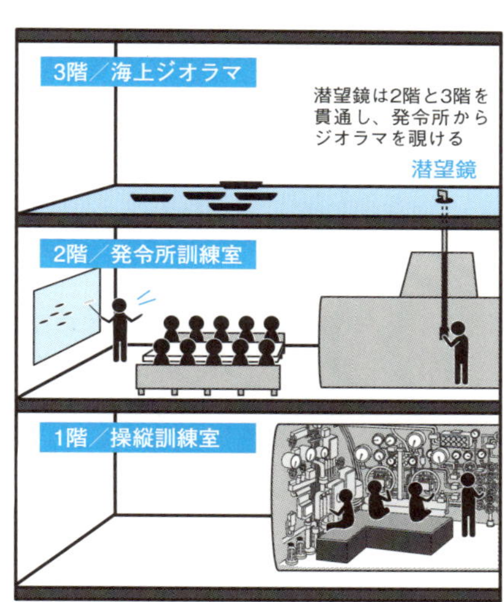


### 係留訓練潜水艦

ロサンゼルス級攻撃型原潜
14番艦「ラホーヤ」

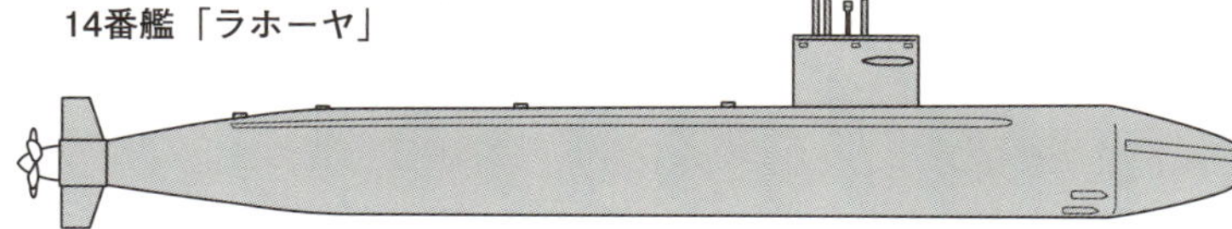

現在のアメリカ海軍では、旧式となり退役した原子力潜水艦を係留し、係留訓練艦としてサブマリナーの養成に使っている。現在使われているのはジェームズ・マディソン級弾道ミサイル原潜9番艦だった「サム・バーン」とロサンゼルス級攻撃型原潜14番艦だった「ラホーヤ」の2隻だ。

関連項目

●潜水艦の中枢・発令所→No.039
●サブマリナーの勤務→No.082
●海上自衛隊でのサブマリナー養成→No.086

No.086

# 海上自衛隊でのサブマリナー養成

どこの国でもそうだが、潜水艦乗りの養成には長い時間と費用をかけてきた。海上自衛隊も同様である。

## ●実務のエキスパートと幹部の養成

海上自衛隊の潜水艦の性能やクルーの練度は、世界中の潜水艦と比較してもかなり高いと評価を受けている。日本の防衛のために、潜水艦は重要な役割を担っているのだ。

水兵に相当する**曹士潜水艦乗員**になるには、水上艦での勤務か術科学校を卒業し、潜水艦教育訓練隊に入るところから始まる。そこで練習潜水艦での実習を4か月こなし、**潜水艦微章**（ドルフィンマーク）を獲得する。その後も勤務を続けて3年が過ぎると、もっと上のレベルに挑戦する権利が得られる。それが海曹士専修課程だ。

自衛隊に3年以上勤務すると、チームリーダー的な役割を果たす下士官になれる。部署の専門家であり、階級こそ高くはないが、どこの国でも下士官は軍隊の要と見なされている。ある海上自衛官が海曹士専修課程に進む決心をした場合、海自に骨を埋める覚悟があるということだ。となれば、自衛隊の方でも給料や待遇を一定以上に保証する。こうして12年以上も勤続すれば、優秀な者なら**先任伍長**の地位を得ることができる。先任伍長のようなベテラン下士官は、伝統的に指揮官（各部署の責任者や艦長）も一目置く存在である。

これに対し、艦長や士官は別な方法で養成される。防衛大か一般大学を卒業した者は幹部候補生学校に入学を許され、海上実習を経て潜水艦教育訓練隊に送られる。経験を積んで潜水艦微章（ドルフィンマーク）を獲得し、潜水艦へ配属されるところまでは一般水兵と同じだが、その後は潜水艦内の各部署を渡り歩いて、より高い知識と技術を得る。この間に尉官から佐官へと昇進していき、2等海佐（軍隊で中佐に相当）まで上り詰めた優秀な士官だけが潜水艦艦長に就任できる。

## 海上自衛隊でのサブマリナー養成

### 一般水兵の養成

教育隊
↓
水上艦勤務 ／ 術科学校
↓
潜水艦教育訓練隊
↓
乗艦実習（4か月）
↓
潜水艦徽章獲得
↓
艦に配属

### 幹部（士官）の養成

防衛大学校 ／ 一般大学
↓
幹部候補生学校
↓
潜水艦教育訓練隊
↓
乗艦実習（1年）
↓
潜水艦徽章獲得
↓
艦に配属

### 海上自衛隊の練習潜水艦

おやしお型
1番艦「おやしお」

海上自衛隊では、現役の潜水艦のうち旧型の2隻を練習潜水艦に転籍。サブマリナーの養成に活用している。現在はおやしお型1番艦「おやしお」と2番艦「みちしお」の2隻。有事には予備戦力として現役復帰することも考慮されている。

## 女性のサブマリナー

女性が潜水艦乗りになれるのかといえば、答えはイエスである。そもそも昔から海軍では女性はタブーで、狭い潜水艦に男女を詰め込むのはいろいろ問題があった。しかし現代では時世を反映して、志願した女性士官が配属されるようになってきた。米軍では2009年から複数の潜水艦に女性が乗り込んでおり、2013年には海上自衛隊で訓練潜水艦の女性艦長が誕生した。韓国や北欧諸国でも女性クルーが採用されている。

関連項目

●主要国の潜水艦発展史④日本→No.014
●サブマリナーの勤務→No.082
●サブマリナーの養成→No.085

No.087

# 巨大な連装砲を備えた「シュルクーフ」

潜水艦の主兵装が魚雷だというのは常識だが、かつては巨大な連装砲を備えた潜水艦も建造された。その名を「シュルクーフ」という。

## ●悲運の潜水戦艦

第一次大戦と第二次大戦の戦間期には、陸海空あらゆるジャンルの兵器が試行錯誤に研究されていた。「**シュルクーフ**」もそのひとつである。

1934年、フランス海軍でただ一艦だけ建造された本艦は仏語読みで「スルクフ」と称する。「シュルクーフ」は英語読みで、日本ではその名の方が通りがよい。ちなみに日本で非常に知名度が高いのは、「シュルクーフ」をモデルとする類似の潜水艦が邦画『ローレライ』に登場したためである。

「シュルクーフ」は全長110mという当時としては巨大な潜水艦だった。この記録は、大戦末期に日本で大型潜水艦の「伊400」が建造されるまで破られることはなかった。

魚雷発射管は艦首8門、艦尾に旋回式4連装発射管を1基装備している。そして最大の特徴がセイルに20.3cm連装砲を装備していることだった。他にも甲板に37mm機関砲2門と13.2mm連装機関銃を4門持っているが、これほどの重装備は当時の駆逐艦を上回るレベルだった。潜水できる巡洋艦といってもいい。また当時は水上機を折りたたんで潜水艦コンテナに搭載することが世界中で研究されていたが、「シュルクーフ」も爆装可能な水上機を1機、艦橋後部の格納庫に分解して積むことができた。

実験的要素の強い艦でありながら、軍事予算がもっと降りていれば僚艦も建造される計画があった本艦だが、潜水艦としては成功しなかった。試行錯誤の時代ではあったが、やはり潜水艦は砲を有効に使うことができないと証明されたからだ。浮上して砲撃を開始するまでに、いろいろ準備することが多く攻撃タイミングを逃すことが多かったのである。とはいえ当時、魚雷を節約するために備砲で商船を攻撃することが多かったので、砲撃潜水艦「シュルクーフ」が生み出されたのも当然だといえる。

## シュルクーフ

### 当時積める武装を全部詰め込んだ「シュルクーフ」

通商破壊（敵国の輸送船舶を破壊する任務）のために建造された。90日間も作戦行動が可能。

全長：110m
水中排水量：4,304t
乗員：118名

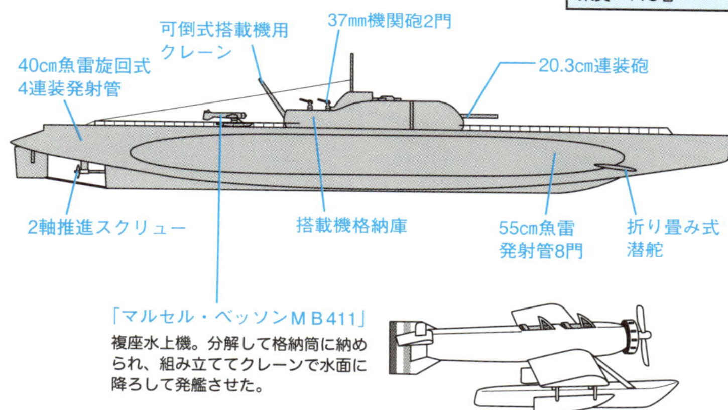


「マルセル・ベッソンＭＢ411」
複座水上機。分解して格納筒に納められ、組み立ててクレーンで水面に降ろして発艦させた。

### 「シュルクーフ」の数奇な運命

| | |
|---|---|
| 1934年5月 | 竣工。第一次大戦の経験から、砲撃による通商破壊戦を想定して誕生。 |
| 1939年9月 | 欧州で第二次大戦勃発。西インド諸島で輸送船団の護衛任務につく。 |
| 1940年6月 | フランス降伏。修理でブレスト軍港にいたためドイツ軍に武装解除される。 |
| 1940年7月 | ブレスト軍港から脱出し、イギリス軍に投降。 |
| 1940年9月 | 自由フランス軍に返還され所属。再び船団護衛の任につく。 |
| 1942年2月 | カリブ海にて米商船と衝突し、沈没。 |

関連項目
●主要国の潜水艦発展史⑤欧州→No.015
●かつては主力兵器だった艦載砲→No.046
●第二次大戦の潜水空母「伊400」とは→No.089

No.088

# 第二次大戦の潜水空母「伊400」とは

第二次大戦末期、日本海軍は水上攻撃機３機を搭載する当時は世界最大のサイズを持った潜水艦を建造し、実戦に投入した。

## ●潜水艦から軍用機を飛ばす

潜水艦に**飛行機**を積むという構想は第一次大戦期から存在し、各国で開発が試みられた。最初の例は独の「SM U-12」だが、甲板上に水上機を係留しただけのもので、飛行機が壊れるので潜航ができなかった。

戦間期には各国で、「M2」(英)、「フィエラモスカ」(伊)、「シュルクーフ」(仏)、「S-1」(米)など、格納庫に水上機を密封する潜水艦が試作された。また第二次大戦末期の独ではオートジャイロ(小型ヘリ)が実用化され、これをUボートに積んだりもした。このように飛行機を搭載する潜水艦は実現したが、小型機1機だけで、発進や帰還後の収納に時間がかかるため有用性は疑問視され、第二次大戦時には顧みられなくなった。

だが、日本だけは偵察機が潜水艦の索敵能力の向上に役立つとして、数多くの水上機格納庫付き潜水艦が運用された。そして、偵察だけでなく爆撃や対潜哨戒にも実績を残した。こうした運用実績や政治的事情から、複数の機体で奇襲攻撃を実現する潜水空母の建造が実現したのである。

**伊400型**(特潜型)は水中排水量6,560tという戦中の世界最大の潜水艦になった。これを上回る艦は1959年竣工の弾道ミサイル原子力潜水艦「ジョージ・ワシントン」まで待たねばならない。

当初はアメリカ本土爆撃を目的としており、水上攻撃機「**晴嵐**」3機を搭載した。晴嵐は800kg爆弾を搭載する高性能攻撃機だ。1944年12月に「伊400」、翌年1月に「伊401」が竣工したが攻撃目標はパナマ運河、次いでウルシー環礁に変更された。1945年7月、伊400型の2艦は出撃したが途上で終戦日を迎え力を示すことはなく、3番艦「伊402」は出撃せずに終わった。

潜水艦で敵陣深くを叩く思想は、戦後の巡航または弾道ミサイル潜水艦に発展するもので、伊400型は先進的な兵器だった。

## 世界に衝撃を与えた潜水空母

伊400型（特潜型）

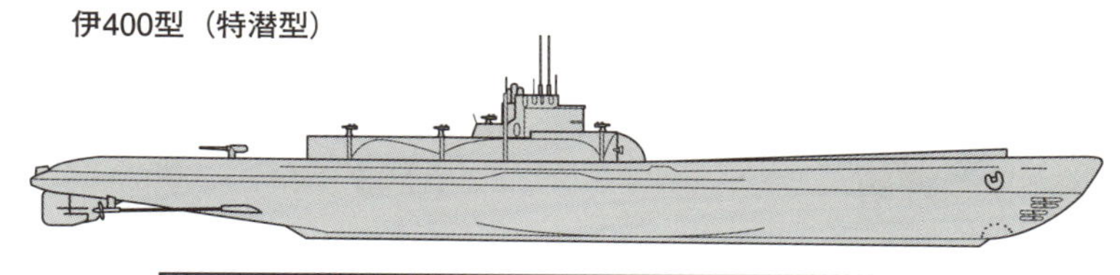

全長：122m　全幅：12m　水中排水量：6,560t
速力：水上18.7kt　水中6.5kt
兵装：14cm単装砲×1、25mm３連装機銃×3、53cm魚雷発射管×8
航空機：3機

晴嵐（M6A1）

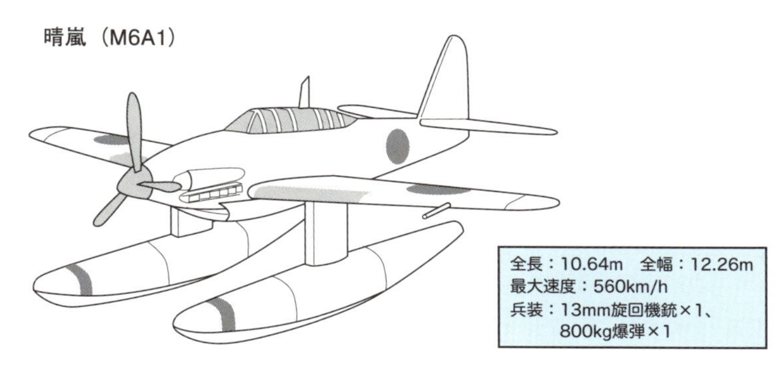

全長：10.64m　全幅：12.26m
最大速度：560km/h
兵装：13mm旋回機銃×1、800kg爆弾×1

狭い潜水艦の格納庫に搭載するため、主翼だけでなく、水平尾翼や垂直尾翼も折りたため、また、フロートも取り外されて格納されていた。

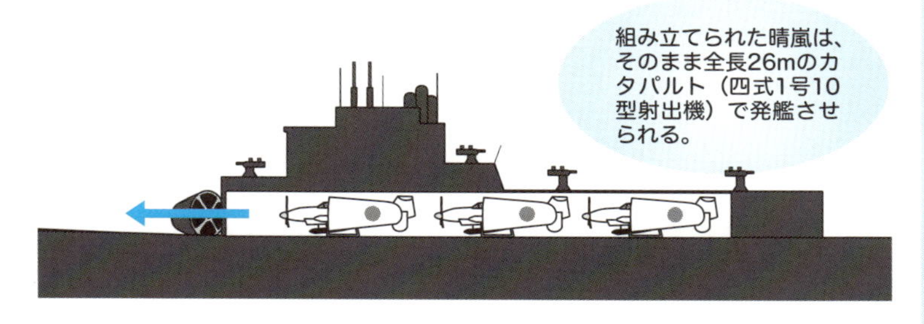


関連項目

●主要国の潜水艦発展史④日本→No.014
●所属を変える潜水艦②　拿捕や接収→No.081
●巨大な連装砲を備えた「シュルクーフ」→No.087

**No.089**

# スターリンが望んだ全部載せ潜水艦

現代潜水艦の兵器の要である巡航ミサイルと弾道ミサイルの礎は、戦時中のドイツで実用化され、戦後のソ連で研究が継続された。

## ●ドイツ軍事技術の粋を結集した欲張り潜水艦

大戦期、ドイツはV1飛行爆弾とV2ロケットを実用化し、連合国を脅かした。V1は今日の巡航ミサイルの祖であり、V2は弾道ミサイルの祖だといわれている。1945年、ベルリンに突入したソ連軍はこれらの進んだ軍事技術情報を大量に奪取し、自国の防衛に役立てた。

1949年、ソビエト海軍の次世代潜水艦として計画された「**P-2**」には、V1とV2をコピー生産したミサイルが搭載されることになった。この計画は実に大胆というか意欲的で、ミサイルの他、魚雷と連装備砲に対空砲、そして数機の小型潜水艇まで搭載するというものだ。弾道ミサイル、巡航ミサイルや小型潜航艇を、潜水艦と組み合わせるという戦術思想は現代潜水艦に通じるものがあり、先見の明があったというべきだろう。

なお、「P-2」の設計の基礎になったのは、大戦末期のドイツ潜水艦UボートU-XXⅠ型で、つまり中身のほとんどが奪ってきたドイツの技術の組み合わせだった。

「P-2」潜水艦計画が実現すれば、当時のソ連独裁者スターリンはまるで海洋コミックに出てきそうな万能潜水艦を保有できただろう。数々の新技術を投入したにもかかわらず、本艦の位置づけは試作艦とか実験艦ではなく、計画段階では7隻も建造することになっていた。

だが、ミサイルについての技術はまだまだ発展途上にあった。少なくとも戦中には誘導技術が未発達で、V1もV2も目標にあまり当たらなかったのだ。そして、いくら何でも詰め込み過ぎで信頼性が低過ぎると判断されたのか、「P-2」建造計画はあえなく破棄された。

その後、ソ連では弾道ミサイル潜水艦と巡航ミサイル潜水艦、別な用途の艦をそれぞれ研究・建造していくことになった。

## 覇権を握ろうとしたソ連のスーパー潜水艦計画

接収したドイツの技術を組み合わせたら……

水中性能を重視した高速潜水艦
U-XXI型

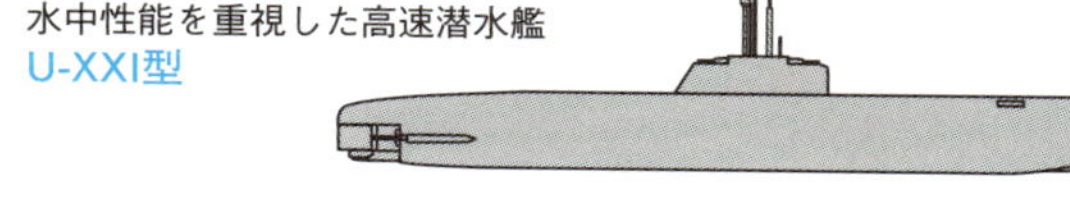

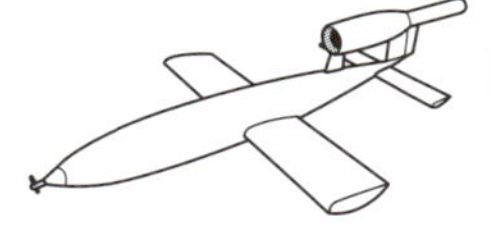

巡航ミサイルの元祖
「V1」飛行爆弾

大戦中、命中率は低かったが、ジェットの音が英国市民らを震え上がらせた。

弾道ミサイルの元祖
「V2」ロケット

4発が爆撃機1機分に相当する高コスト兵器。

あらゆる兵器を積んだ万能潜水艦
「P-2」計画

全長：112m　排水量：5,360t
動力：ディーゼル／電動モーター
最高速度：18kt　潜行限界：200m
乗員：100名

「SS-1スカナー」弾道ミサイル
12発搭載　射程300km
甲板ハッチから垂直発射しジャイロ誘導。

「スワロー 10X」巡航ミサイル
14発搭載　射程250km
甲板後部のランチャーから発射。パルスジェットで飛行しジャイロで誘導。

25㎜連装対空機関砲

57㎜連装砲

魚雷発射管
艦首12門。

魚雷発射管
艦尾4門。

小型潜水艦
艦内に3機以上を格納。

先見の明があったスーパー潜水艦だが、当時の技術では実現できなかった！

関連項目

●主要国の潜水艦発展史③ソ連/ロシア→No.013
●潜水艦が搭載する戦術ミサイル→No.045
●潜水艦が搭載する弾道ミサイル→No.044

No.090

# レーダーピケット潜水艦

レーダーピケット潜水艦は、大戦末期から冷戦初期までの期間だけ運用され、特攻機や核攻撃機を探知する危険な任務に就いた。

## ●カミカゼ対策で登場したピケット任務艦

潜水艦の中でもひときわマイナーなのが、レーダーピケット艦である。これはもともと駆逐艦が行っていた任務を潜水艦が引き継いだものだ。

大戦末期、アメリカ艦隊では特攻してくる日本軍機への対策を講じなければならなかった。すでにレーダーは実用化され、敵機を探知するのは容易になっていたが、特攻機が飛び込んできて艦隊中核となる空母や戦艦が被害を受ける可能性はあった。

そこで、主力艦隊のはるか前方にレーダーを積んだ駆逐艦を単独で行かせ、早期に敵機を発見するという方法が取られた。もちろん先触れとして出て行くので、特攻機の餌食になることも多い。ピケット任務艦は交代制だったが、ローテーションを維持するのが困難なほどの被害が出たこともあったという。

余談だが、大戦からしばらく後の1966年、ベトナム戦争が勃発したきっかけになったトンキン湾事件もピケット艦が関係している。北ベトナム側の動きを監視中のレーダーピケット駆逐艦が、魚雷艇から攻撃を受けたのだ。レーダーがまだ発展途上にあった時代、このようにどうしてもスケープゴート的な貧乏くじを引く艦があった。

水上艦をピケット任務に就けると損害が出やすく、本隊の位置を推定される可能性があるということで、潜行して姿を隠せる潜水艦にお鉢が回ってきた。こうして**レーダーピケット潜水艦**の運用が始まったのである。

冷戦時代初期には、核爆弾を搭載した敵爆撃機が飛来する可能性があったため、多くのレーダーピケット艦が早期警戒を行っていた。

その後、レーダー技術の発達に加え、**早期警戒機**や人工衛星で広い範囲を監視できるようになり、ピケット艦は姿を消した。

## 対空レーダーを積んで最前線を行く潜水艦

### レーダーピケット艦による哨戒

主力艦隊を狙う攻撃機を前線で捕捉したり、核爆撃機の襲来を察知する。
駆逐艦だと被害が出やすいので、潜水艦に対空レーダーを積んだ。

**レーダーピケット潜水艦
セイルフィッシュ級**

| 全長：106m　水中排水量：2,030t |
|---|

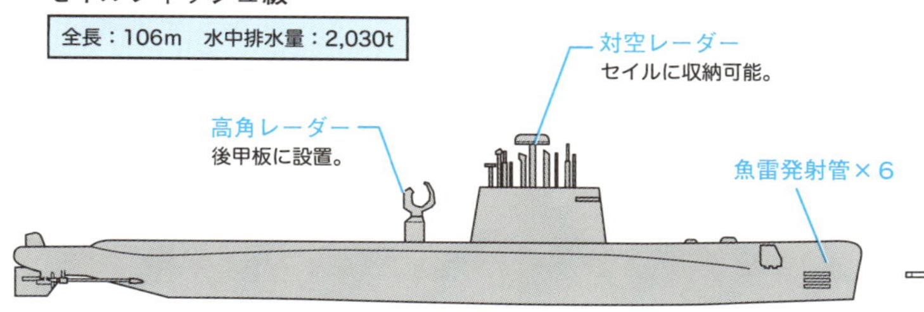


対空レーダーと高角レーダーを搭載した大型艦で、最初からピケット任務を想定して建造された。1956年就役。

### レーダーピケットの任務を引き継いだ早期警戒機

**E-1トレーサー**

1960年ごろから運用開始された本格的な早期警戒機。空母に艦載でき、レーダーピケット艦を危険な任務から解放した。

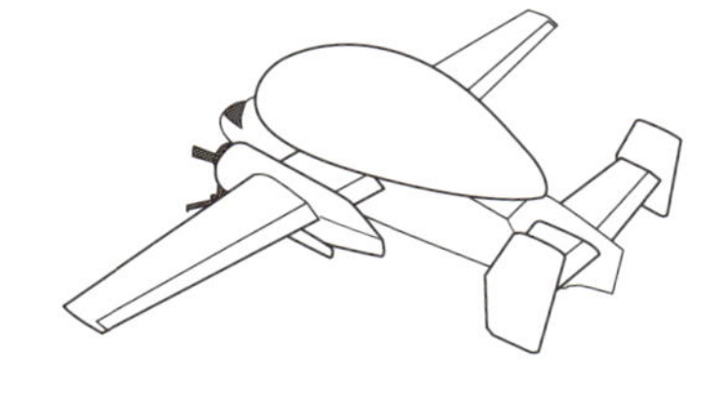

**関連項目**

●攻撃型潜水艦→No.006
●主要国の潜水艦発展史②アメリカ→No.012
●セイル（司令塔）の構造と潜望鏡→No.037

No.091

# 陸軍が造った輸送潜水艦

**第二次大戦後期、日本陸軍は上陸部隊を支援するために独自の輸送潜水艦を38隻も造った。世界的に珍しいことである。**

## ●三式潜航輸送艇とは

第二次大戦で**日本陸軍**は太平洋の島々に展開したが、次第に不利になり、現地へ補給物資を届けることができなくなった。水上艦では米軍に次々やられてしまうので、潜水艦で物資を届けることを思いついたのだ。しかし海軍は協力を拒む。そもそも潜水艦は輸送に向いていないし、潜水艦乗りたちもそんな任務を嫌った。

それで陸軍は独自に輸送用潜水艦を建造することにした。民間の設計者である西村一松の協力があり、設計は極めて短期間で終了。試作一号機は1943年10月に竣工した。陸軍の潜水艦は正式名を「**三式潜航輸送艇**」というが、通称は「**㋴(まるゆ)**」である。

海軍も非公式にこの計画を支援し、乗員の訓練などを手伝った。ちなみに潜水艦による物資輸送の可能性は海軍も理解しており、ハ101型という、似たような輸送潜水艦を建造する計画を進めていたという。

「まるゆ」は、造船所は海軍が使っているので、ボイラー工場や機関車製造工場、火砲工場などで生産された。構造を省略した小型艦だったので短期間で量産でき、乗員も(普通1年かかるところを)3か月という短期間で育成された。

武装について、魚雷は搭載せず、陸軍の戦車に使われる37mm戦車砲をつけていた。なお、三式潜航輸送艇は建造された工場によって仕様の違いがある。特に日本製鋼所廣島工場で建造されたものは独自の変更が行われ、急速潜行時間の短縮や航行能力が改良されていた。

「まるゆ」は苦肉の策として生まれた潜水艦で、性能は高くない。太平洋の制海権は連合軍に奪われていたので、輸送作戦中、昼間は沈底して敵をやりすごし、夜間に航行することになっていた。

## 前線へ物資を運ぶ陸軍の輸送潜水艦



### 三式潜航輸送艇ゆ(まるゆ)

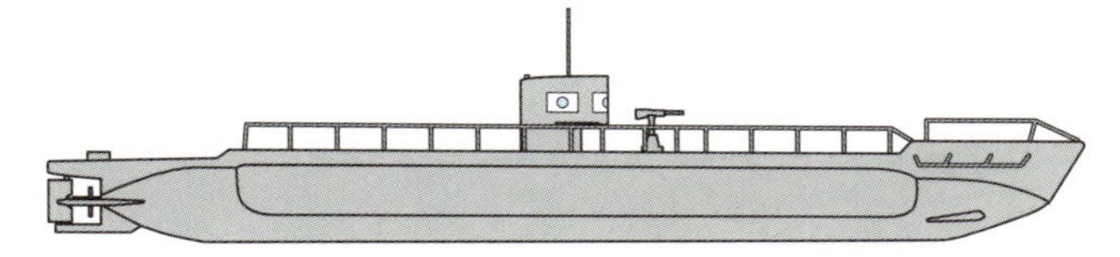

まるゆは、建造された工場により詳細が異なり、また、建造中も随時改良が行われている。

### 多号作戦

フィリピン・レイテ島への強行輸送作戦　(昭和19年10月24日～12月13日)

| | 参加兵力 | 沈没 | 備考 |
|---|---|---|---|
| 第1次 | 駆逐艦5、掃海艇1、駆潜艇1、輸送船5 | 駆逐艦4、総会店1、輸送船4 | 揚陸完了。 |
| 第2次 | 軽巡1、駆逐艦1、輸送船5 | 軽巡1、駆逐艦1、輸送船2 | 揚陸完了。 |
| 第3次 | 駆逐艦5、掃海艇1、駆潜艇1、輸送船5 | 駆逐艦4、総会店1、輸送船4 | ほぼ海没。 |
| 第4次 | 駆逐艦7、海防艦4、輸送船3 | 輸送船2 | 人員と兵器は揚陸成功。機材、糧食は海没。 |
| 第5次 | 駆逐艦1、駆潜艇1、輸送船6 | 駆潜艇1、輸送船5 | 輸送中止。 |
| | 陸軍潜水輸送艇3 | 陸軍潜水輸送艇1 | 17日ぶりの揚陸成功。 |
| 第6次 | 駆潜艇2、哨戒艇1、輸送船2 | 駆潜艇2、哨戒艇1、輸送船2 | 一部揚陸するも、最終的に全滅。 |
| 第7次 | 駆逐艦2、駆潜艇1、輸送船3，揚陸艇5 | 駆逐艦1、揚陸艇2 | 一部揚陸成功。 |
| 第8次 | 駆逐艦3、駆潜艇2、輸送船5、揚陸艇3 | 輸送船5 | 人員揚陸成功、軍需品揚陸失敗。 |
| 第9次 | 駆逐艦3、駆潜艇2、輸送船5 | 駆逐艦2、輸送船3 | 一部揚陸成功。 |

絶望的な輸送状況の中、まるゆ艇による輸送成功が貴重なものだとわかる。

関連項目

●主要国の潜水艦発展史④日本→No.014
●Uタンカー→No.079
●民間の潜水艇→No.099

No.092

# イタリアとドイツの特殊潜航艇

外洋航行能力がない小型の潜水艇は、第二次大戦期まで各国で開発され、実戦で一定の戦果を挙げたものもある。

## ●地中海を荒らし回った「マイアーレ」

そもそも黎明期の潜水艦が、敵にこっそり近づいて爆薬で破壊工作を行うような兵器だった。その流れを汲んで、大戦期に各国で用いられた**特殊潜航艇**(もしくは小型潜航艇)は、前線において母艦から発進し、短距離を自力航行する魚雷発射機ともいうべきものだった。乗組員は1名か多くても数名であり、奇襲作戦を常とする。攻撃が成功する可能性、それに生還率も高くはなく、だから主力兵器にはなり得なかった。

欧州諸国の潜水艇の中で有名なのは、イタリアの「**マイアーレ**」だろう。自国が地中海にあるために小型潜水艇の活躍の場は広く、伊海軍の中でもっとも活躍したといわれることさえある。魚雷に乗員2人がまたがったような兵器だが、武装は爆弾である。敵艦に取り付いて爆弾を仕掛けるのだ。英戦艦「クイーンエリザベス」や「ヴァリアント」を大破させ、一時的にせよ地中海の覇権を握るなど多くの戦果を挙げた。イタリアには他に全長15mほどの小型潜航艇「**CB8**」もあり、ソ連潜水艦を2隻撃沈している。

ドイツでは「**ネーガー**」「ビーバー」「モルヒ」など数種の特殊潜航艇が開発され、その生産数はそれぞれ数百隻にも上る。「マイアーレ」は魚雷型船体にまたがる兵器だが、ドイツの潜航艇は9mの葉巻型船体の下に魚雷を吊下したような形状である。残念ながら、これらはたいした活躍なく戦史の彼方に消えている。独は以前から大量のUボートを投入していたし、外海での通商破壊が主戦略だったので、小型艇はお呼びではなかった。

ただ、特殊潜航艇の開発ノウハウは試作高速艇「デルフィン」を生んだ。排水量5tで乗員2名の本艦は、水中を20ktで進むことができた。船体形状は戦後の**涙滴型潜水艦**そのままであり、次世代潜水艦の先駆けとなるものだった。

## マイアーレとネーガー

### 多大な戦果を挙げた「マイアーレ」

イタリアは特殊潜航艇で多大な戦果を挙げたが、その象徴ともいえる兵器。魚雷にまたがっているのではなく、魚雷型の潜航艇である。

### 魚雷を搭載した「ネーガー」

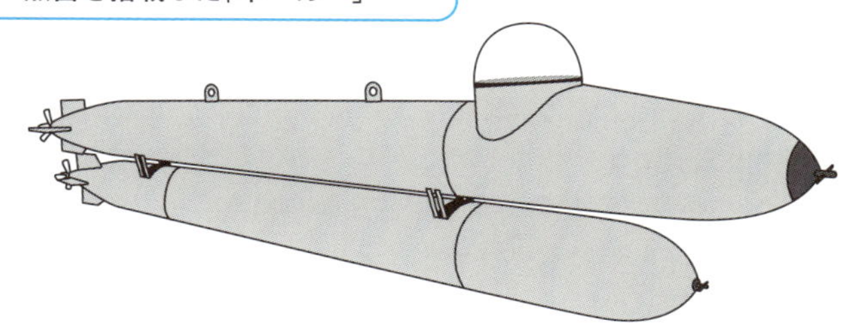

特殊潜航艇の武装は爆弾の場合と魚雷の場合がある。ドイツの「ネーガー」は乗員1名で魚雷を1発吊下していた。

### 涙滴型をした試作潜水艦「デルフィン」

涙滴型の船型を採用し水中速度20ktを達成したドイツの試作艦。

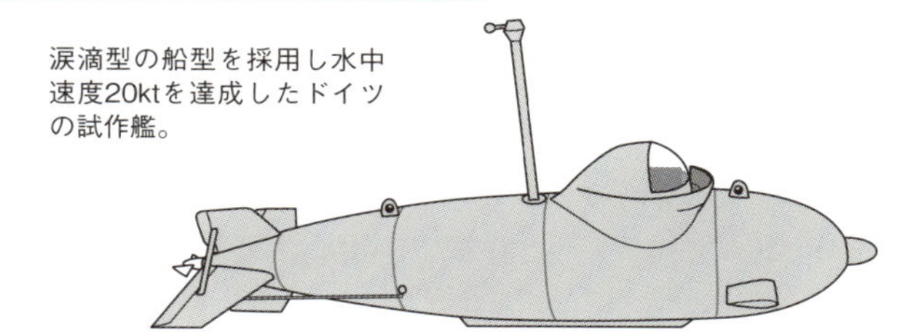

**関連項目**

●主要国の潜水艦発展史①ドイツ→No.011
●主要国の潜水艦発展史⑤欧州→No.015
●日本と英国そして現代の特殊潜航艇→No.093

No.093

# 日本と英国そして現代の特殊潜航艇

強大な海軍戦力を誇る日本では、数種の特殊潜航艇を有していた。それらは外洋の戦いで最適解ではなく、本土決戦に向けて温存された。

## ●甲標的とX艇

真珠湾攻撃時の奇襲に参加した「**甲標的**」は、軍縮会議で劣勢を強いられた日本海軍が漸減戦略の一環として採用した小型潜水艇だった。機密を守るために「標的艦のような名前」を付けられた。全長は20m以上、魚雷2本を装備し、乗員は4名(うち2名は機関士)。

甲標的は伊号潜水艦の甲板に載せて目標近くまで運ばれるか、前線の港から発進し、何隻かの敵艦に損害を与えた。こうした小型艦は会敵前や帰投時に遭難することもあり、頼みにできるものではなかった。

「蛟龍」というのは、甲標的丁型として開発されたものを改称した艦だ。大型化し、航続距離も増加している。しかし、本土決戦のために温存されたので目立った戦果はない。

「**海龍**」は、飛行機のような大型潜舵を持つ特殊潜航艇だった。外装に魚雷を2本搭載した上に、自爆用の爆薬も積んでいる。これも本土決戦を想定して量産されたが、実戦に参加する機会はなかった。

一方、連合国側の特殊潜航艇としては英の**X艇**(またはX級潜水艦)が有名である。全長は15mほどで、武装は2tの時限爆弾を2個積んでいる。敵艦に爆弾を設置して爆発前に逃げる戦術を取っていたが、欧州戦線では独戦艦「ティルピッツ」を大破させ、太平洋戦線ではシンガポールで重巡「高雄」「妙高」を大破させるなど手柄を立てた。

現代において、肉薄攻撃を行う特殊潜水艇は用いられなくなった。しかし絶滅したわけではない。隠密性を生かし、特殊部隊や工作員などを秘密裏に上陸させる輸送艇として生き残っている。米の改オハイオ級原子力潜水艦は特殊潜航艇SDVを搭載しているし、北朝鮮も近隣諸国にスパイを送り込むのに小型潜航艇を利用していることがわかっている。

## 比較的大型の特殊潜航艇たち

### 日本海軍の特殊潜航艇

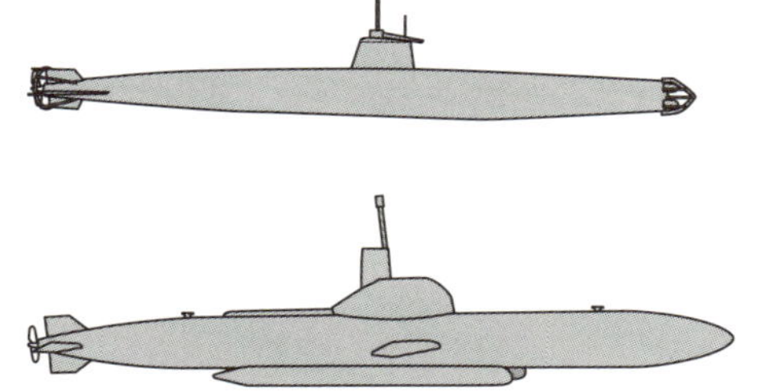

「甲標的」は先端に2本の魚雷を備え、いくつか戦果も挙げた。作戦で母艦となった潜水艦は1隻も失われていない。筏を付け、諸島部での人員や物資の輸送にも使われたという。

大型の潜舵を備え水中の機動性を重視した「海龍」。2本の魚雷を外装し、自爆用の爆薬も積んだ。本土決戦に温存されたため、参戦の機会はなかった。

### 忍び寄り爆薬を仕掛けた「X」艇

イギリスの「X」艇は、1発2tもの爆薬を2発積む。停泊中の敵艦に忍び寄って直下の海底に仕掛け、時限信管で爆発させた。独戦艦「ティルピッツ」日重巡「高雄」「妙高」を大破させる戦果を上げた。

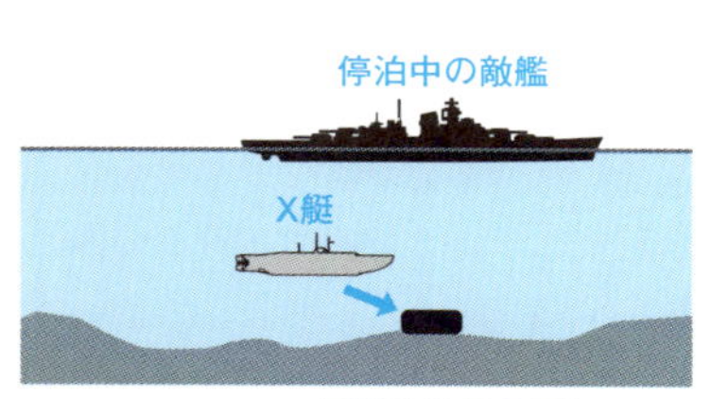


爆薬を敵艦直下に
仕掛ける。

時限信管で起爆。

関連項目

●主要国の潜水艦発展史④日本→No.014
●主要国の潜水艦発展史⑤欧州→No.015
●回天とは→No.094
●「SEALｓ」とSDV→No.095

No.094

# 回天とは

第二次大戦末期に日本軍が実戦投入した特攻潜水艦が「回天」だ。これこそ人が操縦する人間魚雷で、乗務員は必ず戦死する。

## ●悲痛な自殺兵器

日本海軍では元来、**特攻兵器**の存在や運用を否定していた。もっとも、必中を目的とする**人間魚雷**的な兵器のアイデアは戦前からあり、その時点では脱出装置付きのものが常識だった。敵艦に肉薄する小型潜航艇の「甲標的」も「**回天**」に近いコンセプトの兵器で、真珠湾攻撃に用いられた。

戦況が逼迫してくると、現場の潜水艦乗りを中心に人間魚雷実用化の嘆願や具申が何度も行われるようになり、1944年7月に呉海軍工廠魚雷実験部で試作艇3基が完成する。

九三式酸素魚雷を前後に切り分け、ひと回り大きな筒でジョイントし、そこに操縦席などが設けられている。炸薬は当該魚雷の780kgから1,550kgと約2倍に増量されている。

「回天」は、甲板に搭載ラックを装備した潜水艦に固定されて出撃する。戦場で敵艦を発見すると、乗務員は潜水艦内部から交通筒を通って「回天」の下部ハッチから搭乗した。その後は潜望鏡を使って目標を確認後、進路を定めて増速し、体当たりを目指すのだ。この潜望鏡は速度を上げると波しぶきによって使用不可能になってしまうし、いちおう操縦はできるが、航行性能は劣悪だった。それで外した場合(突入予定時間を過ぎても敵艦に体当たりできない場合)は、減速して潜望鏡で目標を確認し直し、成功するまで再突入するよう命じられていた。

1944年11月の初出撃以来、「回天」は148基が出撃し、うち49基が実際に襲撃に参加したといわれている。母艦となる潜水艦は32隻出撃したが、回天を発進させる前に撃沈されることも多かった。

記録によれば、戦果は撃沈3(給油艦「ミシシネワ」、駆逐艦「アンダーヒル」、歩兵揚陸艇「LCI-600」)、撃破5という惨たんたるものだった。

## 人間魚雷「回天」



回天　一型

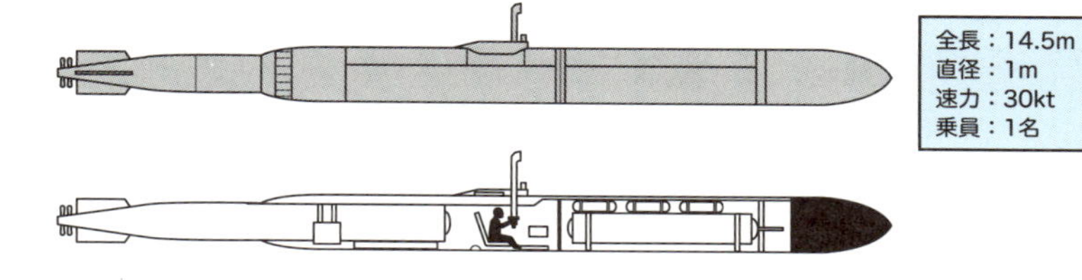

| 全長：14.5m |
| --- |
| 直径：1m |
| 速力：30kt |
| 乗員：1名 |

この後、生産性を改善した一型改一も量産され、同型は靖國神社遊就館で展示されている。
また、機関を換装した二型、三型、四型、九二式電池魚雷をベースとした十型なども開発されていたが、実戦投入できるまでには至らなかった。

### 回天の搭載

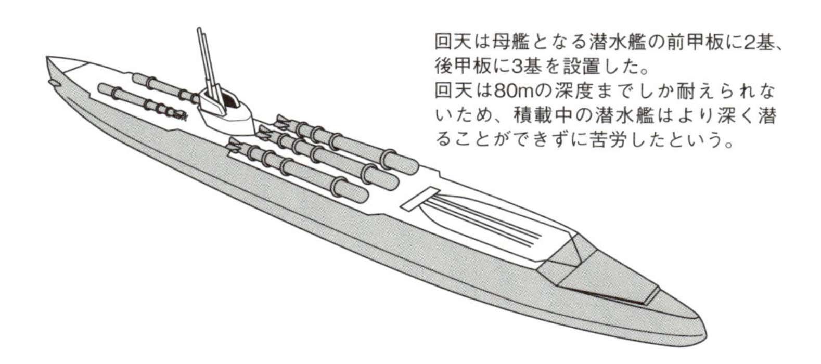

回天は母艦となる潜水艦の前甲板に2基、後甲板に3基を設置した。
回天は80mの深度までしか耐えられないため、積載中の潜水艦はより深く潜ることができずに苦労したという。

戦局の悪化により、軽巡北上や松型駆逐艦、一等輸送船などの船尾をスロープとして回天母艦とする改造も行われた。
また、上陸する米軍を迎え撃つために、沿岸から発進する地上基地も準備設営されたが、いずれも回天を実際に出撃させる機会はなかった。

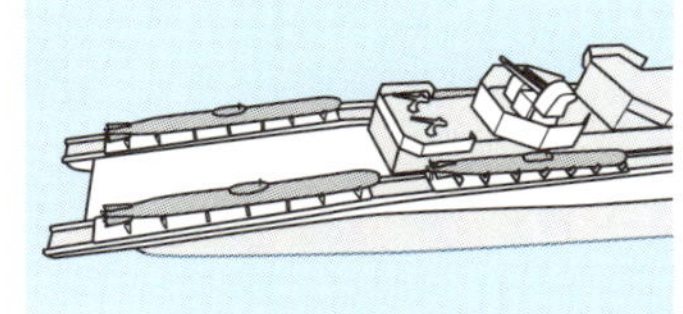

関連項目

●主要国の潜水艦発展史④日本→No.014
●日本と英国そして現代の特殊潜航艇→No.093
●魚雷の歴史→No.042

No.095

# 「SEALs」とSDV

アメリカ海軍特殊部隊「SEALs」は、基本的に海軍に関わる任務に投入されるが特殊部隊の中でも特に練度が高く、潜入用の潜水艇も持つ。

## ●ビン・ラディンを殺害した特殊部隊

ベトナム戦争時の米軍は敵ゲリラに悩まされていた。奇襲やトラップを用いるベトコンに対して一般兵士は実力を発揮できなかったため、低強度戦向けの訓練をした特殊部隊が必要とされた。米軍にはいくつかの特殊部隊があるが、「**SEALs**」は中でももっとも古い歴史を持つ。結成は1962年1月1日である。

「SEALs」という名称は、SEがSEA(海)、AがAIR(空)、LはLANDを示し、陸海空どこでも戦えるという意味が込められている。同時に海獣のアザラシ(SEAL)にも掛けてある。海軍所属なので海や川など水際での作戦行動を重視し、隊員たちは水泳と潜水について特別に高い技能を有している。また、その入隊選抜と訓練の過酷さはよく知られている。最初の6か月の訓練課程をクリアできるのは、志願者のうち15%から20%だという。エリート中のエリート部隊だ。

「SEALs」というと、ゴムボートで敵地に上陸して活動するイメージがあるが、潜水艦と共同しての作戦も注目されている。たとえば、**改オハイオ級**原潜には「SEALs」との共同を想定し、特殊潜航艇「**SDV**」を格納している。「SDV」は潜水艦内から直接乗り込んでの水中発進が可能となっている。潜水艦から出撃し、潜水艇で静かに迅速に上陸することで、敵に察知されず確実な作戦遂行が期待できる。

ちなみに2006年までは、改オハイオ級にドッキング可能な大型の潜航艇「ASDS」が実験運用されていた。水に濡らさず16人を乗せ、水中スクーターやゴムボートをも収納でき、ソナーまで備えた高性能潜航艇だったが、事故を起こして以後、開発は中止になった。だが将来的に、大型の潜航艇が再登板する可能性は十分にある。

## 世界のSDV

SEALsが使う特殊潜水艇「SDV」

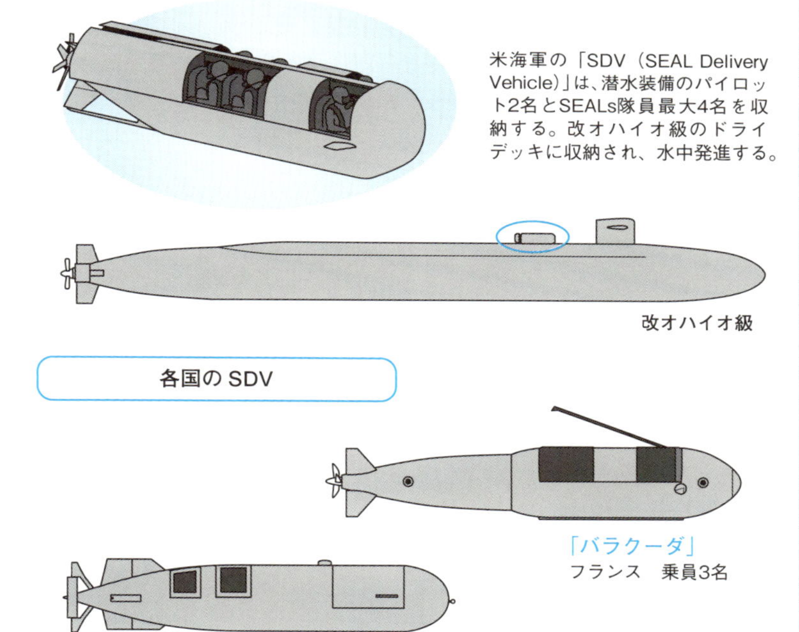


「CE4F」
トルコ・イタリア　乗員4名

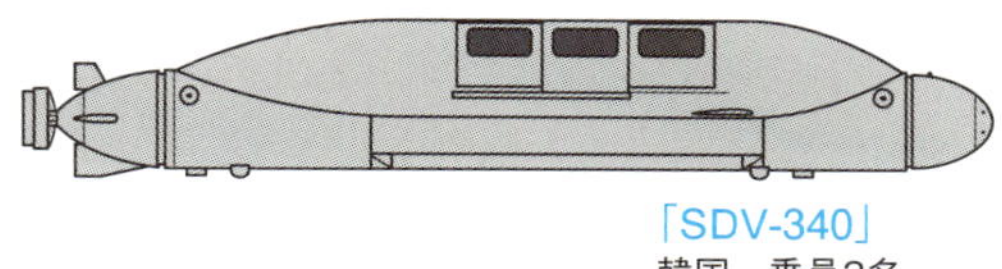

「SDV-340」
韓国　乗員3名

「SDV」の正式名称はSwimmer Delivery Vehicle＝潜水兵員輸送潜水艇である。潜水艦に収納または接続可能な「SDV」は世界各国の海軍で運用されている。たいていは3人か4人乗りのようだ。

関連項目
●現代潜水艦の任務③陸上攻撃と特殊部隊支援→No.061 ●日本と英国そして現代の特殊潜航艇→No.093
●改オハイオ級原潜の新たな運用法→No.062

No.096

# 現代世界の半潜水艇

半潜水艇とは、船体のほとんどを水面下に没したまま活動する艦艇のことだ。奇襲や潜入任務のために諸国で用いられている。

## ●見直されて各国で採用

水上艦に見えるが喫水は低く、甲板が水面に浸かるくらいの状態で航行する。水上に突き出る部分が小さいと、水上艦からは発見されにくくなり、レーダーにも探知されにくい。バラストタンクを有し、喫水は調節でき、高機能なモデルでは完全に海底まで沈降することもできる。

半潜水型の船としては、通常の船の喫水下に展望窓を設けた観光船やアメリカ南北戦争時代のモニター艦(甲板が水面に浸っている重装甲艦)も挙げられるが、上記のような特殊機能はない。

いわゆる特殊潜航艇との違いは楔形の船体で、甲板が水に浸った状態だと凌波性は悪いが、喫水を上げればモーターボートのように高速で航行できる。4～8人乗りのものが多いので、艦ではなく艇と呼ばれる。

主な用途はSDV(兵員輸送潜航艇)と同様に、沖から岸まで工作員や特殊部隊を密かに迅速に運ぶこと。よって基本的には非武装だが、機関砲や魚雷が搭載されているモデルもある。

**半潜水艇**の設計には潜水艦ほど高い技術は必要なく、製造コストも低い。そこでアジアや中南米の国々では、河川や沿岸の哨戒に用いられることもある。半潜水艇は大戦期から英の「ウェルフレイター」、日本陸軍の「五式半潜攻撃艇(ハセ艇／特攻艇)」のように細々と運用された歴史があり、中途半端な性能だと評価されていた。ところが昨今では見直され、世界各国で運用されるようになった。

特にアメリカとイタリアで研究が進んでおり、両国ではそれぞれ「SEALs」と「コムスビン」といった特殊部隊の精鋭たちが乗り込む舟艇として知られる。また、特に21世紀に設計された半潜水艇には、設計段階から**ステルス性**が付与されている。

## 世界の半潜水艇

### 半潜水艇の利点と欠点

**利点**

喫水を上げれば水面での航行性能が高く、喫水を下げれば発見されにくい。

**欠点**

深くまで水没して航行する潜水艇ほど、完全に身を隠すことができない。

### 再評価された半潜水艇

「ネッシー」
イタリアの特殊部隊潜入用の半潜水艇。水底に沈降させることもできる。

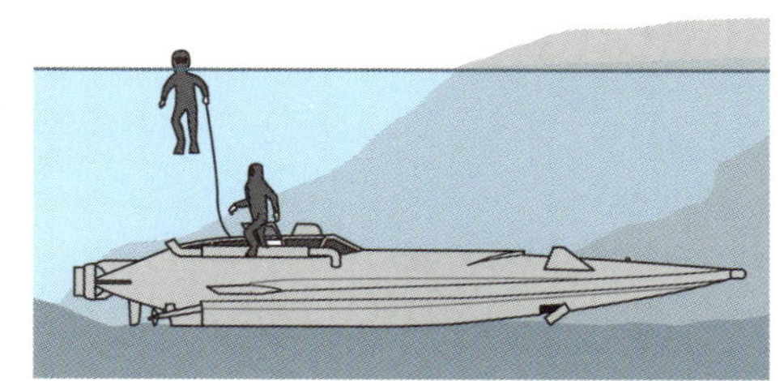

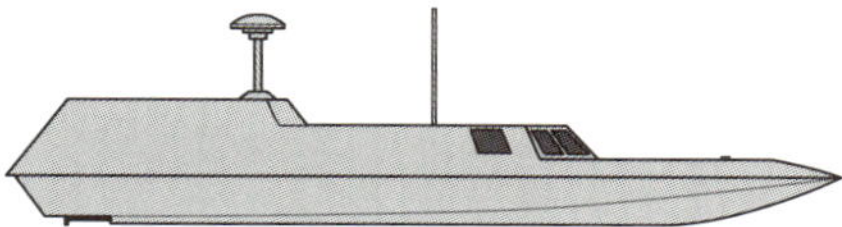

「シーライオン」
ステルス性を備えたアメリカの半潜水艇。イスラエルにも輸出されている。

「シンガポールアリゲーター」
アメリカの「アリゲーター」を輸入し12.7mm機関砲塔を追加。沿岸警備に使用。

関連項目
●潜行と浮上→No.032
●「SEALｓ」とSDV→No.095
●北朝鮮の半潜水艇→No.097
●麻薬組織の密輸潜水艇→No.098

No.097

# 北朝鮮の半潜水艇

北朝鮮は半潜水艇や小型潜水艦を積極的に採用している国のひとつである。安価が売りだったが、今は先進のモデルが存在する。

## ●決してポンコツばかりではない

北朝鮮は韓国や日本に工作員を送り込んだり回収するのに、**半潜水艇**を活用してきた。1998年に韓国で撃沈された「SP-10H」半潜水艇は、ステルス塗料が塗られ、日本製のGPSと無線機、自爆または体当たり用の爆薬などが積載されていた。喫水を上下する機能もあり、いっぱいに潜ると水上には60～70㎝ほどの構造物しか露出しない。外洋で航行する能力はなく(移住性が皆無)、これを日本に送り込む場合は、漁船に偽装した母船に収納して沿岸まで運んだ。

その後も北朝鮮は後継の半潜水艇をいくつか建造した。有名なのが、「**太東B**(タエドンB)」である。船体は奇妙な形状で、音響測深機、魚雷を詰めたランチャーを両舷に設置している。この艇は完全に潜水できるようになっているが、初期型は水中では動けなかった。後期型でバッテリーとモーターを搭載し、水中航行を実現している。半潜水艇の仲間だが、潜水艇機能も持っているのである。太東Bは北朝鮮と友好関係にあるイランに輸出され、カジャミ型として哨戒任務に就いた。その後は「ズルイカール(伝説の名剣の名)」と改称されている。

2010年代に確認されたのが、「VSV32」と呼ばれる新型艇だ。30mを超える大型艇で、米国の半潜水艇シーライオンにも似たステルス状の船体を持っている。

その形状は確かに半潜水艇なのだが、魚雷発射管を2基以上、デッキに多連装ロケットランチャー(MLRS)を3基、対空ミサイルランチャーまで備えている。対潜水艦戦闘を意識した兵器に思えるが、多数の武器を積んで潜水できるのかは疑問である。現段階では詳細な機能は不明だが、金正恩が視察に来たことも分かっており、期待されているのだろう。

## 侮れない北朝鮮の半潜水艇

### 工作員潜入に使われた半潜水艇

「SP-10H」

1980年代韓国への工作員輸送に用いられた。8名まで乗せることができる。

全長：12.5m　速度：40kt

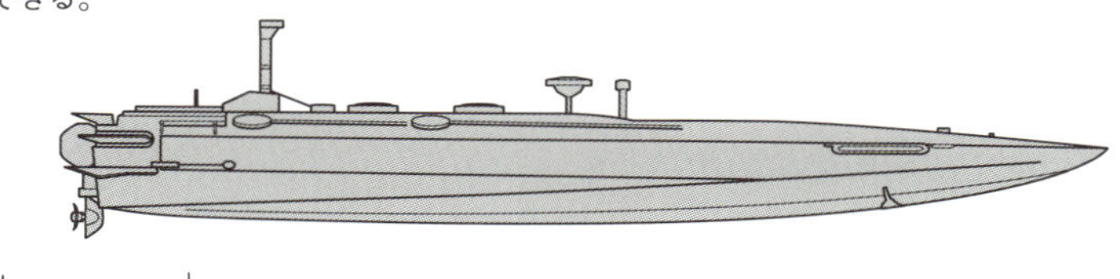

工作船で運ばれ目的地沿岸で発進。

脅威が少ない間は喫水を高くし高速航行で近づく。

陸地に近づいたら喫水を下げ、潜望鏡とスノーケルで航行する。

### 敵艦攻撃用の半潜水艇

「太東B」

1990年代から運用。半潜水艇としては珍しく魚雷で武装している。イランにも輸出された。

全長：17m　速度：40kt
兵装：魚雷発射管×2

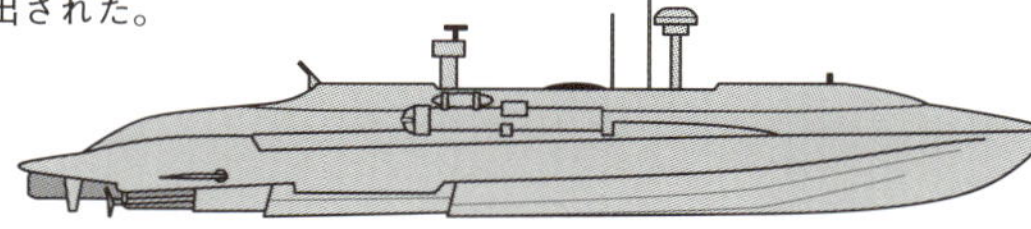

「VSV32」

数種類の武器を搭載した新型ステルス半潜水艇（と思われる）。対艦もしくは対地戦闘を想定していると思われる。

全長：34m　速度：50kt
兵装：魚雷発射管×2
24連装ロケット×3
対空ミサイル×1

関連項目

●北朝鮮を防衛する潜水艦隊→No.065
●「SEALｓ」とSDV→No.095
●現代世界の半潜水艇→No.096

No.098

# 麻薬組織の密輸潜水艇

軍用ではなく、民間の潜水艇にも含めにくいジャンルの潜水艇がある。現代にはびこる犯罪結社の密輸潜水艇のたぐいである。

## ●犯罪組織で自作される潜水艇

現代では、特殊潜航艇とも呼ばれる小型潜水艦や半潜水艇などが、麻薬の密輸に利用されていることがわかっている。特にコロンビアの麻薬カルテルは品物を海路でメキシコに運び、北米へ供給している。取締当局は、海路で入ってくる麻薬の30％が潜水艇で運ばれていると推定した。

1980年代まで、南米の麻薬は飛行機やボートで密輸されていた。1990年代には軍や警察がレーダーなどを備えるようになり、逮捕されることが多くなった。それで、より見つかりにくい潜水艇を用いるようになった。

潜水可能な小型艇を、民間企業で製造販売しているところもある。犯罪者がそこから購入したり、どこかから盗んだり奪うこともあるかも知れない。しかし中南米や中国、ロシアに拠点を持ち、莫大な財力とコネクションを有する巨大犯罪結社は、全長30mにも達する**密輸艇**を自ら建造することがある。それで麻薬だけでなく、盗難自動車を運ぶ場合もある。

自前の艦艇であれば、足がつくことも少ない。安い船なら100万ドル程度で建造でき、最大10tほどの麻薬を運ぶ。その積荷は2億ドルにもなるので、決して損はしないという。

用いられる密輸艇のうち目を引くのが「**LPV**＝低乾舷船」と呼ばれるタイプである。潜水艇と半潜水艇のさらに中間の特徴を持つもので、船体の大部分は水中にあるが、常に水上にアンテナマストやスノーケル（吸排気管）を突き出している。ディーゼル推進であり、深度を変えることはできない。製造コストが低くてレーダーに探知されにくいのがLPVらしい。

現在ではLPVは時代遅れになり、犯罪者はより大型で高度な潜水艇を運用している。彼らがテロ組織と結託して人員や物資を運んだり、潜水艇での海賊行為も行われるようになるおそれがある。

## 数々のナルコサブマリン─麻薬密輸潜水艦

### 性能もさまざまな麻薬密輸潜水艦

**サンアンドレス型LPV**

麻薬2tを運ぶ。深度は変更できない。

全長：7m　乗員：2名

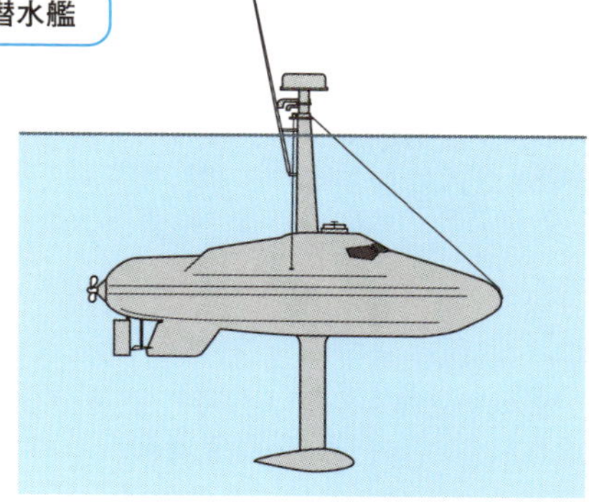

**タイロナ型潜水艇**

麻薬2tを運ぶ。深度は変更できない。

全長：10m

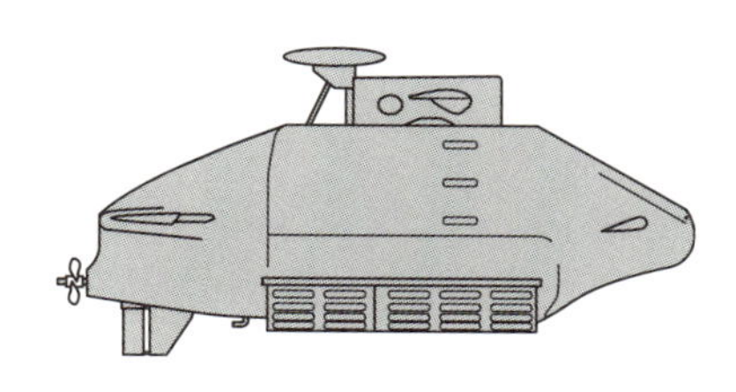

**ビッグフット型LPV**

米軍が初めて拿捕した麻薬密輸潜水艇。米海軍基地に展示されている。

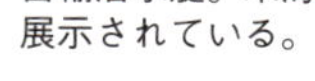

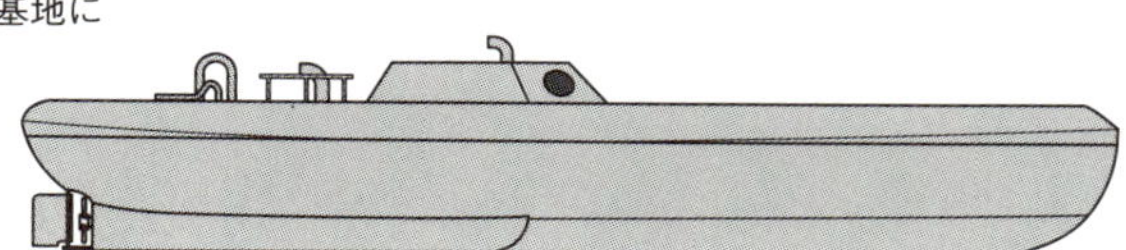

### ナルコサブマリンとは？

ナルコサブマリンとは麻薬密輸用の潜水艇全般に付けられた呼称。当局に拿捕された艇だけが公に知られることになる。正式名称は不詳で、拿捕された地域の名前から取られることが多い。

関連項目

●現代世界の半潜水艇→No.096
●北朝鮮の半潜水艇→No.097
●民間の潜水艇→No.099

No.099

# 民間の潜水艇

潜水艦のほとんどは軍用だが、水中遊覧や深海調査のために設計されたものがある。また過去には貨物潜水艦も存在していた。

## ●観光や調査、輸送に使われる民間潜水艇

海のきれいな観光地では、数十名の観光客を乗せて遊覧航行をする潜水艇が運行している。それらは深度50m未満の潜水能力を持つ。

深海調査用に各国で建造された潜水艇は高機能である。マニピュレーターや回収バスケット、ソナー、投光器やカメラなどを装備する。船体は古いものが高張力鋼、新しいものはチタン製である。耐圧殻はもっとも水圧によく耐える球状で、その中に3人が乗る。用途(生物調査、地学調査、資源探索)によって仕様は異なるが、1万m以上の深海まで潜れる潜水艇もある。1980年代以降は、科学技術の進歩により無人潜水艇が活用されることが多くなった。

貨物船が運行できない事情があって、輸送潜水艦が造られることがある。戦時に敵の軍艦に発見されないように潜航し、外国と行き来しようという試みだ。これを**封鎖突破船**と呼ぶ。有名なのは第一次大戦中のドイツで運用された民間船「ドイッチェランド」だろう。イギリスが海上封鎖をしたため戦略物資が入手できなくなり、中立国との貿易のためにこの貨物潜水艦は2度の航海を成功させた。処女航海で348tのゴム、341tのニッケル、93tのスズを持ち帰って祖国に貢献し、建造費の4倍の利益を出したという。同じく第二次大戦ではイタリアが述べ22隻もの貨物潜水艦をアジアに派遣し、日本との交易で戦略物資を持ち帰っている。

また1980～90年代、ソ連やアメリカでは**潜水タンカー**を就航させる計画が持ち上がった。北回りで航海する場合、北氷洋の氷の下を潜航した方が効率がいいという意見があったのだ。結局は実現しなかったが、弾道ミサイル原潜を非武装船に再設計した巨大な船が登場するはずだった。

## さまざまな民間潜水艇

### 深海調査艇「しんかい6500」

全長：9.7m　重量：26.7t
最大潜航深度：6,500m
通常潜航時間：8時間

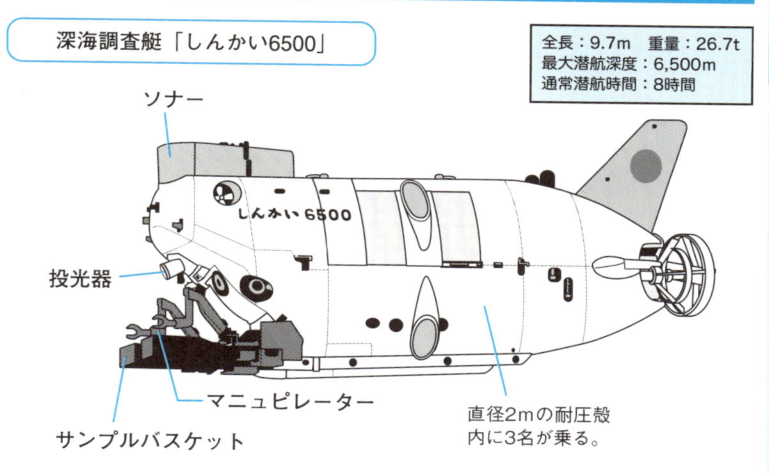


### 遊覧潜水艇　アトランティック

1～2万円の料金で水中遊覧を楽しめる。

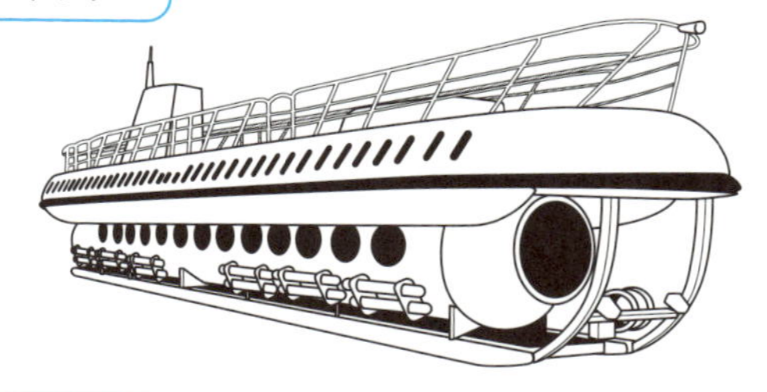

### 封鎖突破船　R級潜水艦

大戦期のイタリアで運用された貨物潜水艦。

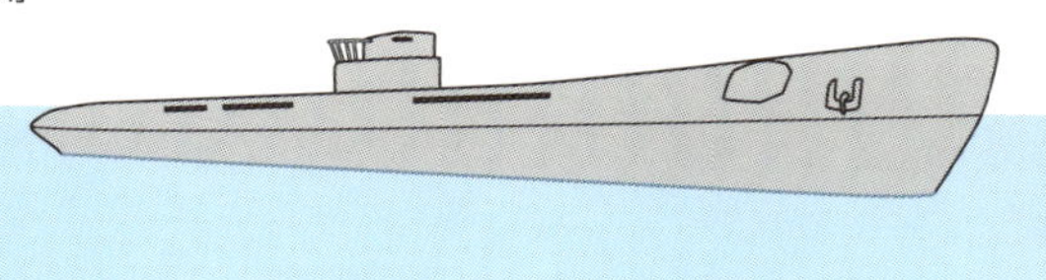


関連項目

●陸軍が造った輸送潜水艦→No.091
●北朝鮮の半潜水艇→No.097
●現代世界の半潜水艇→No.096

No.100

# 次世代潜水艦① アメリカの「SWS」

**冷戦時代後、世界的な軍縮傾向の中、米国も低コストの新型艦の採用を模索している。もちろん機能は現用艦より刷新・洗練されている。**

## ●アメリカで再評価を受けたディーゼル機関

米海軍では1960年代からすべての潜水艦動力を原子力に切り替えてしまった。原潜の利点は多いので、それはそれで英断ではあったのだが、昨今では**原潜至上主義**が見直されている。

2005年から数年間、スウェーデンからゴトランド級潜水艦を借りて通常動力艦の研究を行った成果として、通常動力艦の利点が分かり、コスト削減とステルス性の向上が叫ばれるようになった。

たとえば海上自衛隊の主力潜水艦そうりゅう型は、米海軍の主力攻撃原子力潜水艦バージニア級に比べ、20%のコストで建造できてしまう。そして、潜水艦に重要な静粛性はそうりゅう型の方が高い。

こういうこともあって、しばらくぶりに米海軍では通常動力艦が建造されることになった。便宜的な名称は「**SWS**」(浅海潜水艦の意味)である。比較的浅い海域では原潜より通常動力艦の方が有利らしいのだが、米海軍には現役の通常動力艦がないので、戦列に加える意義は十分にある。また「SWS」は安価にできるので、外国へ輸出しようという目論見もあるようだ。バージニア級に比して、「SWS」は30%ほどのコストで建造できるという。

その全長は約70m、排水量4000t、乗員数66名と米潜水艦としては小型になる。材質は鋼鉄で、特殊鋼で造られた原潜ほど深くは潜れない。その他ソナーなどのモジュールを現用艦から借用し、開発費を節約するようだ。

もちろん、貧乏くさい話ばかりではない。流体力学的な利点を追求した結果、セイルはなくなり、電気光学式マストが船体に埋め込まれている。同乗する「SEALs」の戦闘訓練室や娯楽室なども充実しており、バッテリーにはリチウムイオン電池の採用が予定されている。

## 原潜の弱点をカバーする「SWS」

### 米海軍の潜水艦戦略の変化

1960年代
性能が高い原子力潜水艦だけにしてしまえば、アメリカの潜水艦は最強だ！

しかし……

浅海域の運用や静粛性は、通常動力艦の方が原潜より上回る。

原潜は建造コストが高いので、軍事費削減で数が足りない。

もう1度、通常動力潜水艦を見直そう！

### アメリカが計画している次世代通常動力潜水艦「SWS」

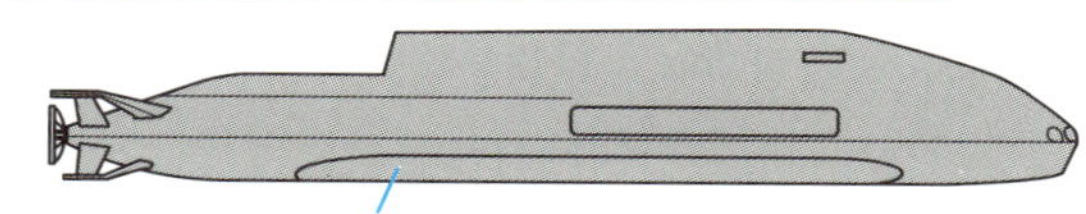

発火の危険性を考え外付にしたリチウムイオン電池ユニット。

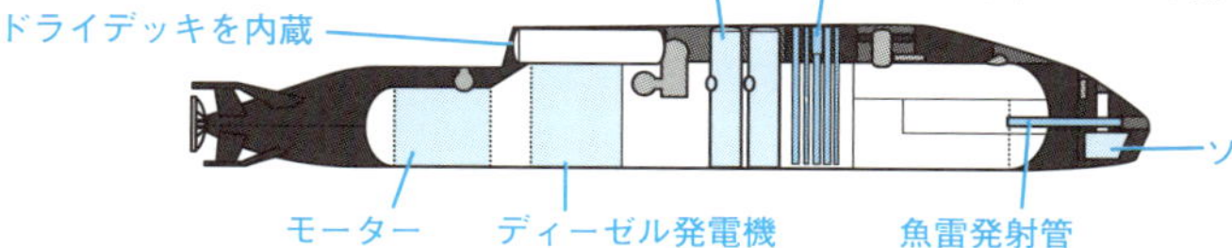


## ◆AIPとリチウムイオン電池

AIPは信頼できる機関だが、出力が低いので艦速が鈍くなる。低速でも戦い方はあるが、海上自衛隊の艦長たちの間での評判は悪いらしい。そこで、リチウムイオン電池を積むという選択もある。スマホの電池にも使われているが、充電時間が短く高出力が得られる。ディーゼル機関で蓄電する=浅深度で航行を強いられる時間はかなり短い。しかし、不安定で高温を発する上に爆発する危険がある。世界中で研究中だが、まだまだ高価というデメリットもある。なお誤解されやすいが、リチウムイオン電池はAIPの一種ではない。

関連項目

●攻撃型潜水艦→No.006
●主要国の潜水艦発展史②アメリカ→No.012
●潜水艦の動力①ディーゼル→No.025
●「SEALｓ」とSDV→No.095

No.101

# 次世代潜水艦②「A-26」と「ハスキー」

**現用の潜水艦は世代的に第４世代である。次にやってくる第５世代潜水艦はどのように改良発展し、新機軸は盛り込まれるのだろうか。**

## ●近未来の潜水艦のコンセプト

北欧の3国(ノルウェー、デンマーク、スウェーデン)はかつてヴィーキング級潜水艦を共同開発していた。この計画は頓挫したが、2000年代にスウェーデンは「**A-26**」計画として**第５世代潜水艦**の開発を再スタートさせた。AIPのスターリング機関を搭載し、表面は摩擦係数の低いゴムで覆われている。ゴムでステルス性が保持され、衝撃にも強くなっている。

本艦の新コンセプトとしては、船体のモジュール化が挙げられる。輪切りの船体を挟んだり抜いたりするのだ。機能の異なるモジュールにも交換でき、艦の用途や性格が変化する。基本型は全長63mで、もっとも小さいペラギー型は50mに縮まり、沿岸の哨戒を主任務とする。オセアニック型は基本モデルの輸出仕様、そしてオセアニック拡張型は80m以上あり、VLSの基数、作戦行動範囲、航海日数が増える。

ロシア海軍では将来的にも原潜と通常動力艦の両方を用い続ける方針で、第5世代潜水艦として数種の新型艦が計画されている。

まず原潜としては、2030年代からの運用が予定されている**「ハスキー」**がある。本艦はヤーセン型の後継で、多機能潜水艦の決定版とされている。多くの種類の装備を積み、これまで数種の潜水艦に割り振られていたすべての任務をこなすのだ。その流線型のセイル後方には3または6基のVLS(垂直発射機)があるが、「A-26」のように船体モジュールを増設することでVLSは20基まで増やせる。試験中の極超音速巡航ミサイルが搭載され、またUUV(無人潜水艇)をネットワークシステムで運用する。

通常動力艦としては、2017年に**カリーナ型**の開発が発表された。本艦はAIP(非大気依存推進)を採用予定だが、ロシアが最近開発に成功したリチウムイオン電池も搭載されるかも知れない。

## 注目される第5世代潜水艦

### モジュール化され用途によって長さが変わる「A-26」

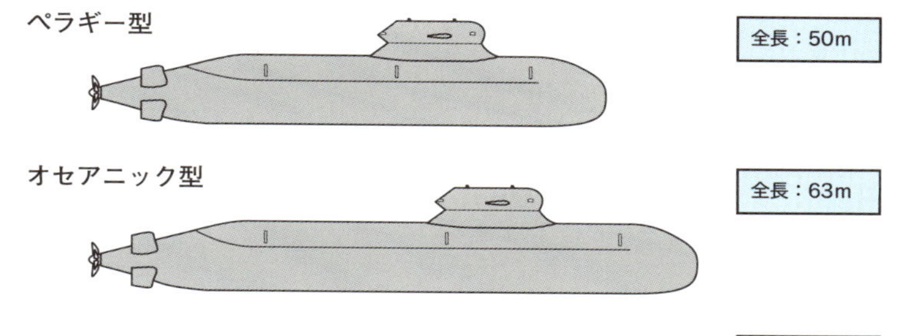


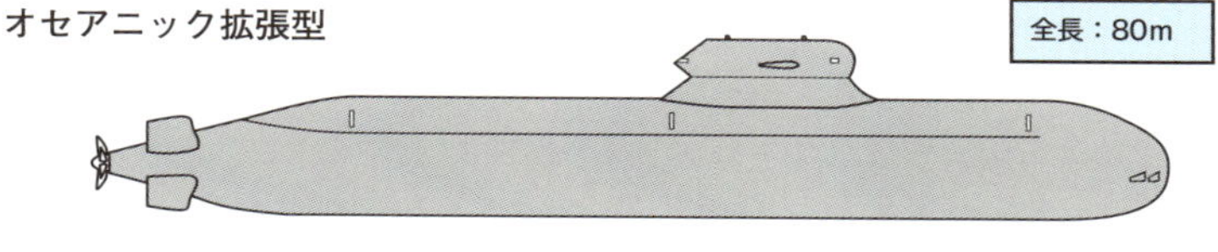


「A-26」基本タイプ

全長：63m
兵装：魚雷発射管×4、最大18基、機雷、UUV、SDV搭載

船体構造はモジュール化されていて輪切りの船体を
用途に合わせてつなぎ建造する。

### ステルス性を向上したロシアの次世代原潜ハスキー型

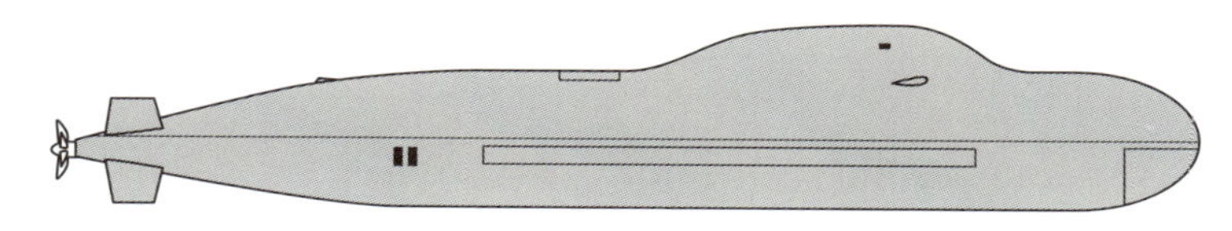

ハスキー型

水中排水量6,000t、艦表面は消音スレートとステルス塗料で処理され、対赤外線、対電磁、推進水流消去などの装置、また部品には音響吸収材料が使用される。極超音速ミサイルは速度マッハ6、射程は400km。UUVはデコイ、攻撃、索敵、監視、通信中継などに使用される。

関連項目

●主要国の潜水艦発展史③ソ連/ロシア→No.013
●主要国の潜水艦発展史⑤欧州→No.015
●潜水艦の動力④スターリングエンジン→No.028
●現代潜水艦の任務③陸上攻撃と特殊部隊支援→No.061

# 索引

## 英字



## 数字



## あ

## か



## さ

## た



## な

## は



## ま



## や



## ら

## 参考文献

『世界の艦船』各号　海人社
『丸スペシャル』各号　潮書房
『丸』各号　潮書房
『軍事研究』各号　ジャパン・ミリタリー・レビュー
『戦史叢書』各巻　朝雲新聞社
『世界の艦船増刊　第2次大戦のアメリカ軍艦』　海人社
『世界の艦船増刊　第2次大戦のイギリス軍艦』　海人社
『世界の艦船増刊　第2次大戦のイタリア軍艦』　海人社
『世界の艦船増刊　第2次大戦のフランス軍艦』　海人社
『世界の艦船増刊　潜水艦100のトリビア』　海人社
『世界の艦船増刊　アメリカ潜水艦史』　海人社
『世界の艦船別冊　ソ連／ロシア原潜建造史』　アンドレイ・V・ポルトフ著　海人社
『世界の艦船増刊　世界の海軍2018-2019』　海人社
『潜水艦入門』　木俣滋郎著　光人社NF文庫
『最強　世界の潜水艦図鑑』坂本明著　学研パブリッシング
『図解　軍艦』　高平鳴海／坂本雅之著　新紀元社
『図解　空母』　野神明人／坂本雅之著　新紀元社
『図解　火砲』　水野大樹著　新紀元社
『連合艦隊艦船ガイド』　篠原幸好、他著　新紀元社
『ミサイル事典』　小都元著　新紀元社
『幻想ネーミング辞典』　新紀元社
『図解・帝国海軍連合艦隊』　橋本純／林譲治著　並木書房
『世界の軍用ヘリコプター』　日本兵器研究会編　アリアドネ企画
『わかりやすい艦艇の基礎知識』　菊池雅之著　イカロス出版
『アメリカ海軍　「オハイオ」級原子力潜水艦／「ロサンゼルス」級攻撃型原子力潜水艦』　JShips編集部編　イカロス出版
『海上自衛隊　「そうりゅう」型／「おやしお」型潜水艦』　JShips編集部編　イカロス出版
『知られざる潜水艦の秘密』　柿谷哲也著　SBクリエイティブ
『潜水艦のメカニズム完全ガイド』　佐野正著　秀和システム
『潜水艦　誰も知らない驚きの話』　博学こだわり倶楽部編　河出書房新社
『日本海軍の潜水艦 その系譜と戦歴全記録』　勝目純也著　大日本絵画
『Uボート戦士列伝 激戦を生き抜いた21人の証言』　メラニー・ウィギンズ著　早川書房
『マハン海上権力史論』　アルフレッド・T・マハン著　原書房
『大図解　世界の潜水艦』　坂本明著　グリーンアロー出版社
『世界の潜水艦』　坂本明著　文林堂
『これが潜水艦だ』　中村秀樹著　光人社
『水中兵器』　新見志郎著　光人社
『大図解　世界のミサイル・ロケット兵器』　坂本明著　グリーンアロー出版社
『潜水艦戦争　1939-1945　上下』　レオンス・ペイヤール著　早川書房

『潜水艦気質よもやま物語』　槇幸著　光人社
『スカパ・フローへの道―ギュンター・プリーン回想録』　ギュンター・プリーン著　中央公論新社
『海龍と回天』　学習研究社
『陸軍潜水艦：潜航輸送艇マルゆの記録』　土井全二郎著　光人社
『潜水艦完全ファイル』　中村秀樹著　笠倉出版社
『潜水艦を探せ：ソノブイ感度あり』　岡崎拓生著　光人社
『日本潜水艦戦史』　坂本金美著　図書出版社
『日本潜水艦戦史』　木俣滋郎著　図書出版社
『デーニッツと灰色狼　Uボート戦記　上下』　ウォルフガング・フランク著　学習研究社
『Uボート部隊の全貌』　ティモシー・P・マリガン著　学研パブリッシング
『第二次世界大戦　地図で読む世界の歴史』　ジョン・ピムロット著　河出書房新社
『第二次大戦の潜水艦』　リチャード・ハンブル／マーク・バーギン著　三省堂
『アメリカ潜水艦隊の戦い』フリント・ホィットロック／ロン・スミス著　元就出版社
『潜水艦対潜水艦―深海の知られざるハイテク戦争』　リチャード コンプトン・ホール著　光文社
『潜望鏡上げ：潜水艦艦長への道』　山内敏秀著　かや書房
『潜水艦の戦う技術』　山内敏秀著　SBクリエイティブ
『Uボート作戦』　W・フランク著　図書出版社
『中国はなぜ「海洋大国」を目指すのか』胡波著　富士山出版社
『中国の海上権力』　浅野亮／山内敏秀／森本清二郎／松田琢磨／松田琢磨／重入義治著　創土社
『中国の海洋戦略：アジアの安全保障体制』　宮田敦司著　批評社
『米中海戦はもう始まっている 21世紀の太平洋戦争』　マイケル・ファベイ著　文藝春秋
『歴群［図解］マスター　潜水艦』　白石光著　学研パブリッシング
『潜水艦大作戦』　太平洋戦争研究会編　新人物往来社

F-Files No.057

# 図解　潜水艦

2018年11月4日　初版発行

| | |
|---|---|
| 著者 | 高平鳴海（たかひら　なるみ） |
| | 野神明人（のがみ　あきと） |
| | 米田鷹雄（よねた　たかお） |
| 本文イラスト | 福地貴子 |
| 図解構成 | 福地貴子 |
| 編集 | 上野明信 |
| | 株式会社新紀元社 編集部 |
| DTP | 株式会社明昌堂 |
| 発行者 | 宮田一登志 |
| 発行所 | 株式会社新紀元社 |
| | 〒101-0054　東京都千代田区神田錦町1-7 |
| | 錦町一丁目ビル2F |
| | TEL：03-3219-0921 |
| | FAX：03-3219-0922 |
| | http://www.shinkigensha.co.jp/ |
| | 郵便振替　00110-4-27618 |
| 印刷・製本 | 中央精版印刷株式会社 |

ISBN978-4-7753-1620-7
定価はカバーに表示してあります。
Printed in Japan